高职高专"十二五"规划教材

机械基础与训练

（上）

主编　黄　伟　蒋祖信
主审　梁国高

北　京
冶金工业出版社
2024

内 容 提 要

本书共分10章，主要介绍了工程材料及钢的热处理、工程力学基础、各类机构与传动（包括平面连杆机构、带传动与链传动、齿轮传动、凸轮机构与间歇运动机构）、通用零部件（轴承与轴、螺纹、键、花键、销、联轴器、离合器）的选择与设计计算、润滑与密封等内容。

本书既可作为高职院校机械类专业及近机类专业的教材，又可供相关专业工程技术人员参考。

图书在版编目 (CIP) 数据

机械基础与训练 . 上/黄伟，蒋祖信主编 . —北京：冶金工业出版社，2015.8 (2024.8 重印)

高职高专"十二五"规划教材

ISBN 978-7-5024-6951-1

Ⅰ. ①机…　Ⅱ. ①黄…　②蒋…　Ⅲ. ①机械学—高等职业教育—教材　Ⅳ. ①TH11

中国版本图书馆 CIP 数据核字 (2015) 第 155308 号

机械基础与训练　（上）

出版发行	冶金工业出版社	**电　话**	(010)64027926
地　址	北京市东城区嵩祝院北巷 39 号	**邮　编**	100009
网　址	www.mip1953.com	**电子信箱**	service@ mip1953.com

责任编辑　戈　兰　美术编辑　彭子赫　版式设计　葛新霞
责任校对　王永欣　责任印制　禹　蕊

北京印刷集团有限责任公司印刷
2015 年 8 月第 1 版，2024 年 8 月第 4 次印刷
787mm×1092mm　1/16；17.25 印张；414 千字；262 页
定价 **40.00 元**

投稿电话　(010)64027932　投稿信箱　tougao@cnmip. com. cn
营销中心电话　(010)64044283
冶金工业出版社天猫旗舰店　yjgycbs. tmall. com
（本书如有印装质量问题，本社营销中心负责退换）

前　言

　　"机械基础与训练"是机械类及近机类专业的必修课。《机械基础与训练》（上、下）是四川机电职业技术学院机电一体化专业建设成果之一，是该专业配套教材。在编写过程中，编者认真总结长期的教学实践经验，广泛吸取兄弟院校同类教材的优点，本着"着重职业技能训练，基础理论以够用为度"的原则进行编写，着重突出以下特色：注重内容的科学性、实用性、通用性，尽量满足不同专业的需求，面向就业、突出实用，强调基础知识、基本技能。

　　本书分为10章，包含常用机构的工作原理、工程力学、通用零部件的选择与设计计算、润滑与密封等内容。在结构编排上调整了课程体系，将常用机构部分前移，将原理与零件尽可能融入在一起，既注重各自的体系，又注重相互之间的联系；在内容上避免了过深的理论阐述，以"够用"为原则，突出实践；在讲解上尽可能深入浅出，便于学生学习理解。

　　本书由黄伟、蒋祖信担任主编，高文敏、许勇军、王艳、陈春、焦莉参编，梁国高担任主审。其中第1章由陈春编写，第2章由许勇军编写，第3、6、7章由高文敏编写，绪论和第4、5章由黄伟编写，第8章由蒋祖信、黄伟、焦莉编写，第9、10章由王艳编写。

　　本书在编写过程中，得到了四川鸿舰重型机械制造有限公司的马毅、陈宗伟、刘晓青、向盛国、夏均等企业专家的指导和支持，他们为本书提供了大量的工程案例，对部分章节的编写提出了许多中肯的意见，在此深表感谢。同时，本书也参考了许多相关文献资料，在此也对参考文献的作者表示感谢。

　　由于编者水平有限，书中不妥之处，衷心希望广大读者批评指正。

编　者
2015 年 3 月

目　录

0　绪论 ·· 1

  0.1　课程性质、任务和基本要求 ···························· 1

    0.1.1　课程性质 ··· 1

    0.1.2　课程任务和基本要求 ······························· 1

  0.2　机械设计的要求、原则和步骤 ························ 1

    0.2.1　机械零件的工作能力和设计准则 ··················· 2

    0.2.2　机械零件的设计步骤 ······························· 2

    0.2.3　机械零件的标准化、系列化和通用化 ··············· 2

1　工程材料及钢的热处理 ·································· 4

  1.1　金属材料的力学性能 ································ 4

    1.1.1　强度 ··· 4

    1.1.2　塑性 ··· 5

    1.1.3　硬度 ··· 5

    1.1.4　疲劳极限 ··· 7

    1.1.5　冲击韧性 ··· 8

  1.2　常用金属材料 ······································ 8

    1.2.1　工业用钢 ··· 8

    1.2.2　铸铁 ··· 13

    1.2.3　有色金属及其合金 ··································· 16

  1.3　非金属材料及复合材料 ······························ 18

    1.3.1　高分子材料 ··· 18

    1.3.2　陶瓷材料 ··· 20

    1.3.3　复合材料 ··· 20

  1.4　钢的热处理 ·· 21

    1.4.1　退火 ··· 21

    1.4.2　正火 ··· 22

    1.4.3　淬火 ··· 23

    1.4.4　回火 ··· 25

    1.4.5　表面淬火 ··· 25

    1.4.6　化学热处理 ··· 26

  思考题与习题 ··· 27

2　工程力学基础 ……………………………………………………………… 29

2.1　静力学基础 ………………………………………………………………… 29

2.1.1　静力学的基本概念 …………………………………………………… 29

2.1.2　静力学公理 …………………………………………………………… 30

2.1.3　约束和约束反力 ……………………………………………………… 31

2.1.4　平面汇交力系的合成与平衡 ………………………………………… 33

2.1.5　力矩与平面力偶系 …………………………………………………… 36

2.1.6　平面一般力系的简化与平衡 ………………………………………… 39

2.2　机械零件的失效及设计准则 …………………………………………… 44

2.2.1　失效 …………………………………………………………………… 44

2.2.2　设计准则 ……………………………………………………………… 44

2.3　平面机构中拉（压）构件的强度和变形计算 ………………………… 45

2.3.1　轴向拉伸与压缩的概念 ……………………………………………… 45

2.3.2　内力 …………………………………………………………………… 46

2.3.3　轴向拉伸或压缩时横截面上的应力 ………………………………… 48

2.3.4　材料在轴向拉伸或压缩时的力学性能 ……………………………… 48

2.3.5　许用应力和安全系数 ………………………………………………… 50

2.3.6　拉（压）杆的变形 …………………………………………………… 52

2.4　剪切与挤压强度计算 …………………………………………………… 52

2.4.1　剪切的概念与实用计算 ……………………………………………… 52

2.4.2　挤压的概念与实用计算 ……………………………………………… 53

2.5　圆轴扭转 ………………………………………………………………… 53

2.5.1　扭矩和扭矩图 ………………………………………………………… 54

2.5.2　圆轴扭转时的应力与强度计算 ……………………………………… 54

2.5.3　圆轴扭转时的变形与刚度计算 ……………………………………… 57

2.6　平面弯曲 ………………………………………………………………… 58

2.6.1　直梁平面弯曲的概念 ………………………………………………… 58

2.6.2　梁弯曲时横截面上的内力——剪力和弯矩 ………………………… 59

2.6.3　弯矩图 ………………………………………………………………… 59

2.6.4　平面弯曲正应力与弯曲强度条件 …………………………………… 61

2.7　组合变形时的强度计算 ………………………………………………… 64

2.7.1　弯曲与拉压组合变形的强度计算 …………………………………… 64

2.7.2　梁弯扭时的强度条件及计算 ………………………………………… 66

思考题与习题 …………………………………………………………………… 66

3　平面连杆机构 ……………………………………………………………… 70

3.1　机器和机构 ……………………………………………………………… 70

3.1.1　机器和机构的相关概念 ……………………………………………… 70

3.1.2　构件、零件和部件 ··· 71

3.2　运动副 ··· 72

3.2.1　运动副的种类 ··· 72

3.2.2　运动副的表示方法 ··· 73

3.2.3　构件的表示方法 ··· 73

3.3　平面机构的运动简图与自由度 ·· 73

3.3.1　平面机构的运动简图 ·· 73

3.3.2　平面机构的自由度 ··· 75

3.4　平面四杆机构及其应用 ··· 78

3.4.1　铰链四杆机构 ··· 78

3.4.2　四杆机构的演化 ··· 80

3.4.3　平面四杆机构的运动特性与传力特性 ··· 81

思考题与习题 ·· 83

4　带传动和链传动 ·· 85

4.1　带传动概述 ·· 85

4.1.1　带传动的类型和应用 ·· 85

4.1.2　带传动的特点 ··· 86

4.1.3　V 带的结构和标准 ·· 87

4.1.4　V 带轮的材料和结构 ··· 88

4.2　带传动的工作原理 ·· 90

4.2.1　带传动的受力分析和应力分析 ·· 90

4.2.2　带传动的应力分析 ··· 92

4.2.3　传动带的弹性滑动和传动比 ··· 93

4.3　普通 V 带传动设计计算 ··· 94

4.3.1　带传动的失效形式和设计准则 ·· 94

4.3.2　单根 V 带的基本额定功率 ··· 94

4.3.3　V 带的设计步骤和方法 ··· 98

4.4　带传动的张紧与安装维护 ·· 102

4.4.1　传动带的张紧 ··· 102

4.4.2　带传动的安装与维护 ··· 103

4.5　链传动 ··· 104

4.5.1　链传动的组成和类型 ··· 104

4.5.2　链传动的特点和应用 ··· 104

4.5.3　套筒滚子链的结构 ··· 105

4.5.4　滚子链的规格 ··· 106

4.5.5　链轮的结构 ·· 106

4.5.6　链传动的运动特性、受力分析及失效形式 ······································ 108

4.5.7　链传动的正确使用和维护 ··· 110

思考题与习题 ………………………………………………………………… 112

5　齿轮传动 …………………………………………………………………… 114

5.1　齿轮传动概述 ……………………………………………………… 114
5.1.1　齿轮传动的应用和特点 ……………………………………… 114
5.1.2　齿轮传动的类型和要求 ……………………………………… 114
5.1.3　齿轮的精度 …………………………………………………… 116

5.2　渐开线及渐开线直齿圆柱齿轮 …………………………………… 117
5.2.1　齿廓啮合基本定律 …………………………………………… 117
5.2.2　渐开线的形成和性质 ………………………………………… 118
5.2.3　渐开线直齿圆柱齿轮主要参数与尺寸计算 ………………… 119
5.2.4　渐开线直齿圆柱齿轮的测量计算 …………………………… 122

5.3　渐开线齿廓啮合特性及啮合传动 ………………………………… 124
5.3.1　渐开线齿廓啮合特性 ………………………………………… 124
5.3.2　渐开线直齿圆柱齿轮的啮合传动 …………………………… 125
5.3.3　渐开线齿轮连续传动 ………………………………………… 127

5.4　渐开线齿轮轮齿的切削加工及变位齿轮 ………………………… 127
5.4.1　仿形法 ………………………………………………………… 127
5.4.2　展成法 ………………………………………………………… 128
5.4.3　渐开线齿廓的根切 …………………………………………… 130
5.4.4　变位齿轮 ……………………………………………………… 130

5.5　轮齿的失效形式和齿轮材料 ……………………………………… 132
5.5.1　交变应力和疲劳破坏 ………………………………………… 132
5.5.2　轮齿的失效形式 ……………………………………………… 132
5.5.3　齿轮传动的计算准则 ………………………………………… 134
5.5.4　齿轮材料 ……………………………………………………… 134
5.5.5　齿轮的热处理 ………………………………………………… 135
5.5.6　齿轮材料的许用应力 ………………………………………… 137

5.6　渐开线直齿圆柱齿轮传动的受力与强度 ………………………… 139
5.6.1　渐开线直齿圆柱齿轮的受力分析和计算载荷 ……………… 139
5.6.2　渐开线直齿圆柱齿轮强度计算 ……………………………… 140
5.6.3　齿轮传动参数的选择 ………………………………………… 143

5.7　斜齿圆柱齿轮传动 ………………………………………………… 146
5.7.1　斜齿圆柱齿轮齿廓面的形成及啮合 ………………………… 146
5.7.2　斜齿圆柱齿轮的基本参数和几何尺寸计算 ………………… 147
5.7.3　平行轴斜齿轮传动 …………………………………………… 149
5.7.4　斜齿圆柱齿轮的当量齿数 …………………………………… 149
5.7.5　斜齿圆柱齿轮的受力分析与强度计算 ……………………… 150

5.8　直齿圆锥齿轮传动 ………………………………………………… 153

5.8.1　圆锥齿轮传动的特点及齿廓曲面的形成 ……………………………… 153

5.8.2　直齿圆锥齿轮传动的几何尺寸计算 …………………………………… 155

5.8.3　直齿圆锥齿轮传动的受力分析 ………………………………………… 156

5.9　齿轮的结构设计及齿轮传动的润滑与效率 ……………………………………… 157

5.9.1　齿轮的结构设计 ………………………………………………………… 157

5.9.2　齿轮传动的润滑 ………………………………………………………… 158

5.9.3　齿轮传动的效率 ………………………………………………………… 159

5.10　蜗杆传动 ……………………………………………………………………… 160

5.10.1　蜗杆传动的特点和类型 ………………………………………………… 160

5.10.2　蜗杆传动的主要参数和几何尺寸 ……………………………………… 162

5.10.3　蜗杆传动的受力分析 …………………………………………………… 165

5.10.4　蜗杆传动的润滑 ………………………………………………………… 166

思考题与习题 …………………………………………………………………………… 167

6　轮系和减速器 ………………………………………………………………………… 170

6.1　轮系的功用和分类 …………………………………………………………… 170

6.1.1　轮系的功用 ……………………………………………………………… 170

6.1.2　轮系的分类 ……………………………………………………………… 170

6.2　定轴轮系的传动比和应用 …………………………………………………… 171

6.2.1　定轴轮系传动比 ………………………………………………………… 171

6.2.2　定轴轮系应用 …………………………………………………………… 172

6.3　周转轮系的传动比 …………………………………………………………… 173

6.4　混合轮系传动比 ……………………………………………………………… 174

6.5　减速器 ………………………………………………………………………… 175

思考题与习题 …………………………………………………………………………… 177

7　其他常用机构 ………………………………………………………………………… 178

7.1　凸轮机构 ……………………………………………………………………… 178

7.1.1　凸轮机构的应用和分类 ………………………………………………… 178

7.1.2　凸轮机构的工作过程和运动规律 ……………………………………… 180

7.1.3　用图解法绘制盘形凸轮工作轮廓 ……………………………………… 182

7.1.4　凸轮机构设计中应注意的问题 ………………………………………… 184

7.2　间歇运动机构 ………………………………………………………………… 186

7.2.1　棘轮机构 ………………………………………………………………… 186

7.2.2　槽轮机构 ………………………………………………………………… 187

7.2.3　不完全齿轮机构 ………………………………………………………… 187

思考题与习题 …………………………………………………………………………… 188

8　轴承与轴 ……………………………………………………………………………… 190

8.1　滑动轴承 ……………………………………………………………………… 190

8.1.1　滑动轴承的分类 ……………………………………………… 190
8.1.2　滑动轴承的结构 ……………………………………………… 190
8.1.3　轴瓦结构 …………………………………………………… 192
8.1.4　轴承材料 …………………………………………………… 193
8.2　滚动轴承的结构、类型和代号 ……………………………………… 194
8.2.1　滚动轴承的结构 ……………………………………………… 194
8.2.2　滚动轴承的类型 ……………………………………………… 194
8.2.3　滚动轴承的代号 ……………………………………………… 196
8.2.4　滚动轴承类型选择 …………………………………………… 198
8.3　滚动轴承的选择计算 ………………………………………………… 198
8.3.1　滚动轴承的失效形式与计算准则 …………………………… 198
8.3.2　基本概念 …………………………………………………… 199
8.3.3　基本计算 …………………………………………………… 201
8.4　轴的类型、结构和轴上零件的固定方法 …………………………… 207
8.4.1　轴的分类 …………………………………………………… 207
8.4.2　轴的结构 …………………………………………………… 208
8.5　轴系的组合设计 ……………………………………………………… 212
8.5.1　轴系的固定（轴系支承结构形式）…………………………… 212
8.5.2　轴承的配置 ………………………………………………… 213
8.5.3　轴系组合结构的调整 ………………………………………… 214
8.5.4　提高轴系的支承刚度 ………………………………………… 214
8.5.5　滚动轴承的配合与装拆 ……………………………………… 215
8.6　轴的（静）强度校核 ………………………………………………… 217
8.6.1　轴的材料 …………………………………………………… 217
8.6.2　轴的强度校核 ……………………………………………… 218
8.6.3　轴的计算简图 ……………………………………………… 219
8.6.4　轴的静强度校核 …………………………………………… 220
8.7　轴的设计步骤 ………………………………………………………… 222
思考题与习题 ……………………………………………………………… 225

9　连接 …………………………………………………………………… 228

9.1　标准螺纹连接件 ……………………………………………………… 228
9.2　螺纹连接的拧紧和防松 ……………………………………………… 231
9.2.1　螺纹连接的预紧 …………………………………………… 231
9.2.2　螺栓连接的防松 …………………………………………… 232
9.3　键连接 ………………………………………………………………… 233
9.3.1　键连接的类型、结构和特点 ………………………………… 233
9.3.2　平键连接的尺寸选择及强度校核 …………………………… 235
9.4　花键连接 ……………………………………………………………… 238

9.5　销连接 ·· 239

9.6　联轴器 ·· 239

　9.6.1　联轴器的分类 ································ 239

　9.6.2　联轴器的选择 ································ 244

9.7　离合器 ·· 246

　9.7.1　牙嵌离合器 ··································· 247

　9.7.2　摩擦式离合器 ································ 247

　9.7.3　定向离合器 ··································· 248

思考题与习题 ··· 249

10　润滑与密封 ·· 250

10.1　常用润滑材料及其选用 ··················· 250

　10.1.1　润滑油 ·· 250

　10.1.2　润滑脂 ·· 252

　10.1.3　润滑剂的选用原则 ····················· 253

10.2　润滑方式及其选用 ·························· 254

　10.2.1　常用润滑方式 ···························· 254

　10.2.2　润滑方式的选择 ························· 255

10.3　密封装置 ··· 256

　10.3.1　密封的基本方法 ························· 256

　10.3.2　常用密封的类型 ························· 256

　10.3.3　密封装置的选择与应用 ··············· 259

思考题与习题 ··· 261

参考文献 ·· 262

0 绪　　论

0.1　课程性质、任务和基本要求

0.1.1　课程性质

　　"机械基础与训练"是机械工程及相关专业的一门主要专业技术基础课，同时也是一门综合性的、能直接用于生产实践的设计性课程。它综合运用高等数学、机械制图、机械工程材料、互换性与技术测量、机械制造工艺基础等课程的基本知识，完成常用机构、通用零件的分析、设计与加工制造问题。

0.1.2　课程任务和基本要求

0.1.2.1　课程任务

　　培养学生掌握常用机构和通用零件的基本知识、基本理论；初步具有选用和设计常用机构和通用零件的能力以及使用和维护一般机械的能力；初步具有分析和解决制造工艺问题的能力；为学习专业课程和新的科学技术打好基础，也为解决生产实际问题和技术改造工作打好基础。

0.1.2.2　课程基本要求

　　（1）熟悉常用机构的工作原理、特点、应用及设计的基本知识。

　　（2）熟悉通用零件的工作原理、特点、结构、标准，掌握通用零件的选用和设计的基本方法。

　　（3）具有运用标准、规范、手册、图册等技术资料的能力。

　　（4）初步具有选用和设计通用零件与简单机械传动装置的能力。

　　（5）初步具有正确使用和维护一般机械的能力。

　　（6）掌握机械制造工艺学的基本理论（包括工艺和装配尺寸链理论、加工精度和误差分析理论、表面质量等）。

　　（7）具有制定中等复杂零件的机械加工工艺规程、一般产品的装配工艺规程。

　　（8）了解现代制造技术的新成就、发展方向和一些先进的制造技术，以扩大视野、开阔思路、提高工艺水平、增强学生的社会竞争力及就业能力。

0.2　机械设计的要求、原则和步骤

　　机械设计包括设计新机械和改进原有机械两种。

　　机械设计的基本要求是：在保证实现预定功能的前提下，满足性能好、效率高、成本低的要求，并且在规定的工作条件下和规定的使用期限内能正常工作，且操作简便、维修

简单和外形美观。

机械是由许多机械零件组成的，只有所有零件都满足机械设计的基本要求，才能保证机械实现预定的功能。因此，各零件要有合理的结构、合适的材料、良好的工艺性和妥善的维护。通用零件还应注意标准化、系列化和通用化。

0.2.1 机械零件的工作能力和设计准则

机械零件在某一条件下工作，当丧失规定的功能时称为失效。在不失效的前提下，零件所能达到的工作限度称为工作能力。

机械零件失效的原因大致有以下几种：

（1）强度不足，发生断裂。

（2）刚度不足，变形过量。

（3）严重磨损，间隙过大，使零件丧失精度。

（4）破坏正常工作条件，如带传动的打滑。

（5）振动稳定性不足。

为保证零件的工作能力，应分析零件工作时的主要失效形式，找出零件不失效的判定条件，确定相应的计算量，再根据判定条件，计算出零件的主要尺寸和参数，这就是零件的设计准则。

0.2.2 机械零件的设计步骤

应根据具体情况确定机械零件的设计步骤。一般机械零件的设计按下列步骤进行：

（1）根据零件的具体使用条件，选择零件的类型和结构。

（2）分析零件的工作情况，确定作用在零件上载荷的大小和位置。

（3）选用零件的材料及其热处理方法。

（4）分析零件的失效形式，确定计算准则。

（5）确定零件的主要几何尺寸。

（6）设计零件的结构。

（7）绘制零件的工作图、制定技术要求，编写设计说明书。

0.2.3 机械零件的标准化、系列化和通用化

制定一些强制性机械零件的标准，使产品的品种、规格、质量、技术条件和检验、试验方法等必须与此标准相符合，称为机械零件的标准化。按标准生产的零件称为标准件。

通用化是指在不同规格的同类产品或不同产品中采用同一机构和尺寸的零件，以减少零件的种类，简化生产的管理过程，降低生产成本，缩短生产周期。

将尺寸和结构拟定出一定数量的原始模型，然后根据需求，按一定规律优化组合成产品系列，称为系列化。在机械设计中，需要确定零件的各种参数，而这些参数不是孤立的，一旦选定，这个参数值就会按照一定的规律影响一切有关的参数。如螺栓的尺寸确定后，就会影响螺母的尺寸、螺栓孔的尺寸、加工孔的钻头尺寸等。由于参数值不断关联，因此机械零件的各种参数不能随意确定。在国家标准中，规定了《优先数和优先数系》，确定零件尺寸时应采用优先数系。

标准化、系列化和通用化给机械制造和机械设备维护带来诸多好处：

（1）由专门化工厂大量生产标准件，能保证质量、节约材料、降低成本。

（2）选用标准件可以简化设计工作，缩短产品的生产周期。

（3）选用参数标准化的零件，在机械制造过程中可以减少刀具和量具的数量。

（4）具有互换性，从而简化机器的安装和维修。

我国现行标准分为国家标准（GB）、行业标准和专业标准等，国际上推行国际标准化组织（ISO）的标准，我国也正在逐步向 ISO 标准靠近。

1 工程材料及钢的热处理

材料是人类用来制作各种产品的物质。人类生活与生产都离不开材料，它的品种、数量和质量是衡量一个国家现代化程度的重要标志。现代材料种类繁多，据统计，目前世界上的材料已经达到了 40 多万种，并且每年还以 5% 的速度增加。

工程材料有各种不同的分类方法。一般都将工程材料按化学成分分为金属材料、非金属材料和复合材料三大类。

（1）金属材料。金属材料是最重要的工程材料，它包括金属和以金属为基的合金。工业上把金属和其合金分为黑色金属材料和有色金属材料两大部分。

1）黑色金属材料：铁和以铁为基的合金（钢、铸铁和铁合金）。

2）有色金属材料：黑色金属以外的所有金属及其合金。

应用最广的是黑色金属。以铁为基的合金材料占整个结构材料和工具材料的 90% 以上。黑色金属材料的工程性能比较优越，价格也较便宜，是最重要的工程金属材料。

（2）非金属材料。非金属材料也是重要的工程材料。它包括耐火材料、耐火隔热材料、耐蚀（酸）非金属材料、陶瓷材料和高分子材料等。

（3）复合材料。复合材料就是用两种或两种以上不同材料组合的材料，其性能是其他单质材料所不具备的。复合材料可以由各种不同种类的材料复合组成。它在强度、刚度和耐蚀性方面都比单纯的金属、陶瓷和聚合物都优越，是特殊的工程材料，具有广阔的发展前景。

工程材料之所以获得广泛应用，是因为它们具备许多优异的性能，这些性能主要包括以下两类：

（1）使用性能。使用性能是材料在使用过程中所表现出来的特性。它主要有力学性能（强度、硬度、塑性、韧性等）、物理性能（密度、导电性、导热性、磁性等）、化学性能（抗氧化性、耐腐蚀性）等。

（2）工艺性能。工艺性能指材料承受各种加工、处理的能力，如铸造性、锻造性、热处理性、切削加工性等。

限于篇幅，本章主要介绍金属材料的力学性能、分类、牌号和应用，并简单介绍其他非金属材料及钢的热处理方法。

1.1 金属材料的力学性能

力学性能就是材料在外力作用下所表现出来的特性。任何机器都是由零件、部件所组成，零部件在使用过程中都会承受各种外力，因此力学性能是选材时的重要依据。力学性能的主要指标是强度、塑性、硬度、冲击韧性、疲劳强度等。

1.1.1 强度

强度是材料在外力作用下，抵抗塑性变形和破坏的能力。强度越高，抵抗外力的能力越大。

根据载荷作用方式不同，强度可分为抗拉强度、抗压强度、抗弯强度、抗剪强度、抗扭强度等。通过拉伸试验可测定材料的抗拉强度。

（1）屈服强度（屈服点）。材料出现屈服现象时的应力，即开始出现塑性变形时的应力，称为屈服强度或屈服极限 σ_s，单位为 Pa（帕），工程上常用 MPa（兆帕）表示。$1\,Pa = 1\,N/m^2$，$1\,MPa = 10^6\,Pa = 1\,N/mm^2$。

$$\sigma_s = F_s / A_0$$

式中　σ_s——屈服强度，MPa；

　　　F_s——试样屈服时的载荷，N；

　　　A_0——试样原始截面积，mm^2。

（2）抗拉强度。抗拉强度是试样在拉断前所能承受的最大应力，用 σ_b 表示。

$$\sigma_b = F_b / A_0$$

式中　σ_b——抗拉强度，MPa；

　　　F_b——试样断裂前的最大载荷，N。

1.1.2　塑性

断裂前材料发生不可逆永久变形的能力称为塑性。常用的塑性判据主要有拉伸断裂后的断后伸长率和断面收缩率。

（1）断后伸长率。试样拉断后，标距的伸长与原始标距的百分比称为断后伸长率，以 δ 表示。

$$\delta = \frac{L_1 - L_0}{L_0} \times 100\%$$

式中　L_1——试样拉断后的标距，mm；

　　　L_0——试样原始标距，mm。

（2）断面收缩率。试样拉断后，缩颈处横截面积的最大缩减量与原始横截面积的百分比称为断面收缩率，以 ψ 表示。

$$\psi = \frac{A_0 - A_1}{A_0} \times 100\%$$

式中　A_0——试样原始截面积，mm^2；

　　　A_1——试样断裂后缩颈处的最小横截面积，mm^2。

δ 或 ψ 数值越大，则材料的塑性越好。

1.1.3　硬度

硬度能够反映金属材料在化学成分、金相组织和热处理状态上的差异，是检验产品质量、研制新材料和确定合理的加工工艺所不可缺少的检测性能之一。

硬度实际上是指一个小的金属表面或很小的体积内抵抗弹性变形、塑性变形或抵抗破裂的一种抗力。因此硬度不是一个单纯的确定的物理量，不是基本的力学性能指标，而是一个由材料的弹性、强度、塑性、韧性等一系列不同力学性能组成的综合性能指标。所以硬度所表示的量不仅决定于材料本身，还决定于试验方法和试验条件。

硬度试验方法很多，一般可分为三类：压入法（如布氏硬度、洛氏硬度、维氏硬度、显微硬度）；划痕法（如莫氏硬度）；回跳法（如肖氏硬度）。目前机械制造生产中应用最广泛的硬度是布氏硬度、洛氏硬度和维氏硬度。

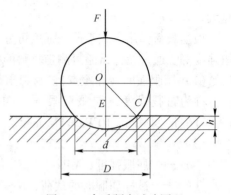

图 1-1 布氏硬度试验原理

（1）布氏硬度。布氏硬度的测定原理是用一定大小的试验力 F（N），把直径为 D（mm）的淬火钢球或硬质合金球压入被测金属的表面（见图 1-1），保持规定时间后卸出试验力，用度数显微镜测出压痕平均直径 d（mm），然后按公式求出布氏硬度 HB 值，或者根据 d 从已备好的布氏硬度表中查出 HB 值。

$$HBS(HBW) = 0.102 \frac{F}{\pi Dh} = 0.102 \frac{2F}{\pi D(D - \sqrt{D^2 - d^2})}$$

淬火钢球做压头测得的硬度值以符号 HBS 表示，用硬质合金球做压头测得的硬度值以符号 HBW 表示。符号 HBS 和 HBW 之前的数字为硬度值，符号后面依次用相应数值注明压头直径（mm）、试验力（0.102N）、试验力保持时间（s），但在 10～15s 不标注。例如：500HBW5/750 表示用直径 5mm 的硬质合金球在 7355N 试验力作用下保持 10～15s 测得的布氏硬度值为 500；120HBS10/1000/30 表示用直径 10mm 的钢球压头在 9807N 试验力作用下保持 30s 测得的布氏硬度值为 120。

目前，布氏硬度主要用于铸铁、非铁金属以及经退火、正火和调质处理的钢材。

（2）洛氏硬度。洛氏硬度试验是目前应用最广的性能试验方法，它是采用直接测量压痕深度来确定硬度值的。

为适应人们习惯上数值越大硬度越高的观念，人为地规定一常数 K 减去压痕深度 h 的值作为洛氏硬度指标，并规定每 0.002mm 为一个洛氏硬度单位，用符号 HR 表示，因此洛氏硬度值为：

$$HR = \frac{K - h}{0.002}$$

由此可见，洛氏硬度值是一无量纲的材料性能指标。使用金刚石压头时，常数 K 为 0.2，使用钢球压头时，常数 K 为 0.26。

为了能用一种硬度计测定从软到硬的材料硬度，采用了不同的压头和总负荷组成几种不同的洛氏硬度标度，每一个标度用一个字母在洛氏硬度符号 HR 后加以注明，我国常用的是 HRA、HRB 和 HRC 三种，试验条件（参见 GB/T 230.1—2009）及应用范围见表 1-1。洛氏硬度值标注方法为硬度符号前面注明硬度数值，如 30HRC、75HRA 等。

表 1-1 常用的三种洛氏硬度的试验条件及应用范围

硬度符号	压头类型	总试验力 F/kN	硬度值有效范围	应用举例
HRA	120°金刚石圆锥体	0.5884	20～88HRA	硬质合金、表面淬火层、渗碳层
HRB	φ1.5875mm 钢球	0.9807	20～100HRB	非铁金属、退火、正火钢等
HRC	120°金刚石圆锥体	1.4711	20～70HRC	淬火钢、调质钢等

注：总试验力 = 初始试验力 + 主试验力；初始试验力都为 98N。

洛氏硬度值 HRC 可以用于硬度很高的材料，操作简单迅速，而且压痕很小，故在钢件热处理质量检查中应用最多。

（3）维氏硬度。维氏硬度是以 49.03～980.7N 的负荷，将相对面夹角为 136°的方锥形金刚石压入器压材料表面，保持规定时间后，测量压痕对角线长度，然后按公式来计算硬度的大小，用符号 HV 表示。HV 前面的数值为硬度值，后面则为试验力，如果试验力保持时间不是通常的 10～15s，还需在试验力值后标注保持时间。如：600HV30/20，表示采用 30kgf（2951.8N）的试验力，保持 20s，得到硬度值为 600。

维氏硬度计测量范围宽广，可以测量工业上所用到的几乎全部金属材料，从很软的材料（几个维氏硬度单位）到很硬的材料（3000 个维氏硬度单位）都可测量，特别适用于表面强化处理（如化学热处理）的零件和很薄的试样。但维氏硬度试验的生产率不如洛氏硬度试验生产率高，不宜用于成批生产的常规检验。

1.1.4　疲劳极限

材料在循环应力和应变作用下，在一处或几处产生局部永久性累积损伤，经一定循环次数后产生裂纹或突然发生完全断裂的过程称为材料的疲劳。

疲劳失效与静载荷下的失效不同，断裂前没有明显的塑性变形，发生断裂较突然。这种断裂具有很大的危险性，常常造成严重的事故。据统计，大部分机械零件的失效是由金属疲劳引起的。因此，工程上非常重视对疲劳规律的研究。无裂纹体材料的疲劳性能判据主要有疲劳极限和疲劳缺口敏感度等。

在交变载荷下，金属材料承受的交变应力（σ）和断裂时应力循环次数（N）之间的关系，通常用疲劳曲线来描述，如图 1-2 所示。金属材料承受的最大交变应力 σ 越大，则断裂时交变的次数 N 越小；反之 σ 越小，则 N 越大。当应力低于某值时，应力循环到无数次也不会发生疲劳断裂，此应力值称为材料的疲劳极限，以 σ_p 表示。

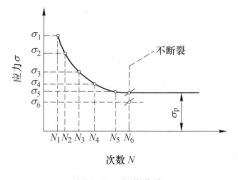

图 1-2　疲劳曲线

常用钢铁材料的疲劳曲线（见图 1-3a）有明显的水平部分，其他大多数金属材料的疲劳曲线（见图 1-3b）上没有水平部分，在这种情况下，规定某一循环次数 N_0 断裂时所对应的应力作为条件疲劳极限，以 $\sigma_{\mathrm{R}(N)}$ 表示。

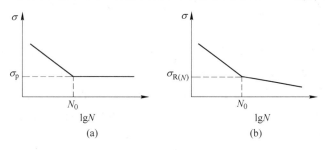

图 1-3　两种疲劳曲线
（a）钢铁材料；（b）部分非铁合金

由于疲劳断裂通常是在机件最薄弱部位或内外部缺陷所造成的应力集中处发生，因此疲劳断裂对许多因素很敏感，如循环应力特性、环境介质、温度、机件表面状态、内部组织缺陷等，这些因素导致疲劳裂纹的产生或加速裂纹扩展而降低疲劳寿命。

为了提高机件的疲劳抗力，防止疲劳断裂事故的发生，在进行机件设计和加工时，应选择合理的结构形状，防止表面损伤，避免应力集中。由于金属表面是疲劳裂纹易于产生的地方，而实际零件大部分都承受交变弯曲或交变扭转载荷，表面处应力最大。因此，表面强化处理就成为提高疲劳极限的有效途径。

1.1.5　冲击韧性

材料抵抗冲击载荷作用而不被破坏的能力称为冲击韧性（或称韧性）。目前，常用冲击试验来测定材料的冲击韧性。

把带有缺口的标准试样放在冲击试验机上，由置于一定高度的重锤自由落下并一次冲断，通过计算试样缺口处单位截面积上所消耗的冲击功来表示材料的冲击韧性的好坏。一般用 a_k 表示，其值越低，表示材料在受到冲击时越易断裂；反之，韧性越好，受到冲击时不易断裂。

1.2　常用金属材料

1.2.1　工业用钢

钢是指以铁为主要元素、含碳量一般在 2% 以下并含有其他元素的材料。

1.2.1.1　钢的分类

工业用钢的种类繁多，《钢分类》（GB/T 13304—2008）对钢的分类做出了具体的规定。

该标准第一部分规定了按照化学成分对钢进行分类的基本原则，将钢分为非合金钢、低合金钢和合金钢三大类，并且规定了非合金钢、低合金钢和合金钢中合金元素的含量的基本界限值。

该标准第二部分规定了非合金钢、低合金钢和合金钢按主要质量等级、主要性能及使用特性分类的基本原则和要求。

根据目的不同，可以按照不同的方法对钢进行分类。常用的分类方法有：按冶金方法分类、按化学成分分类、按冶金质量分类、按金相组织分类、按使用加工方法和按用途分类。

（1）按冶金方法分类。根据冶炼方法和冶炼设备的不同，钢可以分为电炉钢、平炉钢和转炉钢三大类。按炉衬材料的不同每大类又可分为碱性和酸性两类。电炉钢还可以分为电弧炉钢、感应炉钢、真空感应炉钢和电渣炉钢等。转炉钢还可以分为底吹、侧吹、顶吹和纯氧吹炼等转炉钢。平炉钢多为碱性，平炉钢由于冶炼时间长、能耗高，正在逐步被淘汰。

按脱氧程度和浇注制度的不同，钢可分为沸腾钢、镇静钢和特殊镇静钢，分别用 F、Z 和 TZ 表示冶炼时钢的脱氧方法。

（2）按化学成分分类。根据 GB/T 13304.1—2008，按照化学成分分类，钢可分为非合金钢、低合金钢和合金钢。

非合金钢是铁-碳合金，其中含有少量有害杂质元素（如硫、磷等）和在脱氧过程中引进的一些元素（如硅、锰等）。它主要有两类：碳素结构钢和高级碳素结构钢。其按含碳量也可分为低碳钢（$w(C) \leqslant 0.25\%$）、中碳钢（$w(C) = 0.25\% \sim 0.60\%$）、高碳钢（$w(C) > 0.60\%$）。

低合金钢是在碳素结构钢的基础上加入少量合金元素（一般含量小于 3.5%），用以提高钢的性能。

合金钢是为了改善钢的某些性能而特意加入一定量合金元素的钢。根据钢中所含合金元素，合金钢又可分为锰钢、铬钢、硅锰钢、铬锰钢、铬锰钼钢等很多类。

（3）按冶金质量分类。按冶金质量（有害杂质硫、磷含量）分类，钢可以分为普通质量钢、优质钢和特殊质量钢。

（4）按使用加工方法分类。按照在钢材使用时的制造加工方式可以将钢分为压力加工用钢、切削加工用钢和冷顶锻用钢。

（5）按用途分类。按照用途不同可以把钢分为碳素结构钢、优质碳素结构钢、低合金高强度结构钢、合金结构钢、弹簧钢、碳素工具钢、合金工具钢、高速工具钢、轴承钢、不锈耐酸钢、耐热钢和电工用硅钢 12 大类。

为了满足专门用途的需要，由上述钢类又派生出一些专门用途的钢，简称为专门钢。它们包括焊接用钢、钢轨钢、铆螺钢、锚链钢、地质钻探管用钢、船用钢、汽车大梁用钢、矿用钢、压力容器用钢、桥梁用钢、锅炉用钢、焊接气瓶用钢、车辆车轴钢、机车车轴用钢、耐候钢和管线钢等。

1.2.1.2 钢的牌号

限于篇幅，本节只介绍几种常用钢类的牌号表示方法、执行标准、牌号（钢号）、主要特点和用途。

A 碳素结构钢

（1）牌号表示方法。钢的牌号由代表屈服点的汉语拼音"Q"、屈服点数值（单位为 MPa）和质量等级符号、脱氧方法符号按顺序组成，如 Q235AF 等。

在碳素结构钢的牌号组成中，表示镇静钢的符号"Z"和表示特殊镇静钢的符号"TZ"可以省略。

（2）执行标准和牌号。GB/T 700—2006 规定了碳素结构钢的具体牌号和化学成分、力学性能等技术条件。

在标准中现含有 Q195、Q215、Q235、Q275 四个牌号，它们的主要区别在于化学成分（主要是碳含量）和力学性能不同。

（3）主要特点和用途。碳素结构钢按钢中硫、磷含量划分质量等级。其中，Q195 不分质量等级；Q215 分为 A 和 B 两级；Q235 和 Q275 分为 A、B、C、D 四个等级。按冶炼时脱氧程度的不同，碳素结构钢又可分为沸腾钢（F）、镇静钢（Z）和特殊镇静钢（TZ）。

碳素结构钢是一种普通碳素钢，不含合金元素，通常也称为普碳钢。在各类钢中碳素结构钢的价格最低，具有适当的强度，良好的塑性、韧性、工艺性能和加工性能。这类钢的产量最高，用途很广，多轧制成板材、型材（圆、方、扁、工、槽、角等）、线材和异型材，用于制造厂房、桥梁和船舶等建筑工程结构。这类钢材一般在热轧状态下直接使用。

B　优质碳素结构钢

（1）牌号表示方法。钢的牌号采用阿拉伯数字或阿拉伯数字和化学元素符号以及其他规定的符号表示，以两位阿拉伯数字表示平均含碳量（以万分之几计），如 08F、45、65Mn。

较高锰含量（0.70%~1.20%）的优质碳素结构钢在表示平均含碳量的阿拉伯数字后面加上化学元素 Mn 符号。例如：65Mn 即是平均含碳量为 0.65%、含锰量为 0.90%~1.20% 的优质碳素结构钢。

优质碳素结构钢按冶金质量分为优质钢、高级优质钢和特级优质钢。高级优质钢在牌号后面加 A，特级优质钢加 E，优质钢在牌号上不另外加符号。例如：平均含碳量为 0.20% 的高级优质碳素结构钢的牌号表示为 20A。质量等级间的区别在于硫、磷含量的高低。

镇静钢一般不另外标符号。例如：平均含碳量为 0.45% 的优质碳素结构钢镇静钢，其牌号表示为 45。

（2）执行标准和牌号。GB/T 699—1999 规定了优质碳素结构钢的牌号、化学成分、力学性能等技术条件以及钢材的试验方法和验收规则。

标准中现有 08F、45、85、70Mn 等 31 个牌号。

（3）主要特点和用途。优质碳素结构钢牌号的区别主要在于含碳量不同。通常根据含碳量将优质碳素结构钢分为低碳钢（$w(C) \leqslant 0.25\%$）、中碳钢（$w(C) = 0.25\%~0.60\%$）和高碳钢（$w(C) > 0.60\%$）。低碳钢主要用于冷加工和焊接结构，在制造受磨损零件时，可进行表面渗碳。中碳钢主要用于强度要求较高的机械零件，根据要求的强度不同，进行淬火和回火处理。高碳钢主要用于制造弹簧和耐磨损机械零件。这类钢一般都在热处理状态下使用。有时也把其中的 65、70、85、65Mn 四个牌号称为优质碳素弹簧钢。

优质碳素结构钢产量较高，用途较广，多轧制或锻制成圆、方、扁等形状比较简单的型材，供使用单位再加工成零部件来使用。这类钢一般需经正火或调质等热处理后使用，多用于制作机械产品一般的结构零部件。

C　合金结构钢

（1）牌号表示方法。钢的牌号采用阿拉伯数字和化学元素符号表示。采用两位阿拉伯数字表示平均碳含量（以万分之几计），放在牌号头部。合金元素含量表示方法为：当平均合金元素含量低于 1.5% 时，牌号中仅标明元素，一般不标明含量；当平均合金元素含量为 1.50%~2.49%、2.50%~3.49%… 时，相应地在合金元素符号后面加上整数 2、3、…注出其近似含量。例如：碳、铬、锰、硅的平均含量分别为 0.35%、1.25%、0.95%、1.25% 的合金结构钢，其牌号表示为 35CrMnSi；碳、铬、镍的平均含量分别为 0.12%、0.75%、2.95% 的合金结构钢，牌号表示为 12CrNi3。

合金结构钢均为镇静钢，表示脱氧方法的符号"Z"予以省略。

合金结构钢按冶金质量的不同分为优质钢、高级优质钢和特级优质钢。高级优质钢在牌号后面加 A，特级优质钢加 E，优质钢在牌号上不另外加符号。

专用合金结构钢在牌号的头部加上代表产品用途的符号表示。例如：碳、铬、锰、硅的平均含量分别为 0.30%、0.95%、0.95%、1.05% 的铆螺钢，其牌号表示为 ML30CrMnSi；碳、锰的平均含量分别为 0.30%、1.60% 的锚链钢，其牌号为 M30Mn2。

（2）执行标准和牌号。GB/T 3077—1999 规定了合金结构钢的牌号、化学成分、力学性能、低倍组织、表面质量、脱碳层深度、非金属夹杂物等方面的技术要求。标准中现含有 24 个钢组（或称钢种），共计 77 个牌号。钢组是按钢中所含有的合金元素来划分的，每个钢组都含有多个牌号。例如：Cr 钢组含有 15Cr、50Cr 等 8 个牌号。

（3）主要特点和用途。合金结构钢是在碳素结构钢的基础上，加入一种或几种合金元素，用以提高钢的强度、韧性和淬透性。根据化学成分（主要是含碳量）、热处理工艺和用途的不同，合金结构钢又可分为渗碳钢、调质钢和氮化钢。

合金结构钢的钢材品种主要有热轧棒材和厚钢板、薄钢板、冷拉钢、锻造扁钢等。这类钢材主要用于制造截面尺寸较大的机械零件，广泛用于制造汽车、船舶、重型机床等交通工具和设备的各种传动件和紧固件。

D　碳素工具钢

（1）牌号表示方法。碳素工具钢的牌号用汉字"碳"的拼音字母"T"、阿拉伯数字和化学符号来表示，阿拉伯数字表示平均含碳量（以千分之几计）。

普通含锰量（不高于 0.40%）的碳素工具钢的牌号是由"T"和其后的阿拉伯数字组成。例如：平均含碳量为 1.0% 的碳素工具钢其牌号为 T10。

较高含锰量（0.40%～0.60%）的碳素工具钢的牌号，在"T"和阿拉伯数字后加锰元素符号。例如：平均含碳量为 0.8%、含锰量为 0.40%～0.60% 的碳素工具钢的牌号表示为 T8Mn。

高级优质碳素工具钢，在牌号尾部加符号"A"。例如：平均含碳量为 1.0% 的高级优质碳素工具钢的牌号表示为 T10A。

（2）执行标准和牌号。GB/T 1298—2008 规定了碳素工具钢的牌号、化学成分、硬度、断口和低倍组织、脱碳层深度、淬透性、钢材表面质量等技术条件。标准中含有 T7、T8、T8Mn、T9、T10、T11、T12 和 T13 等 8 个牌号。

（3）主要特点和用途。碳素工具钢是一种高碳钢。其最低的碳含量为 0.65%，最高可达 1.35%。为了提高钢的综合性能，在 T8 钢中加入 0.40%～0.60% 的锰得到 T8Mn 钢。

碳素工具钢钢材按使用加工方法分为压力加工用钢（热压力加工和冷压力加工）和切削加工用钢。钢材的主要品种有热轧圆钢和方钢、锻制圆钢和方钢、冷拉及银亮钢条钢。这类钢材主要用于制造各种工具，如车刀、锉刀、刨刀、锯条等，还用来制造形状简单、精度较低的量具和刃具等。

碳素工具钢钢材制造的刀具，当工作温度大于 250℃ 时，刀具的硬度和耐磨性（即钢的红硬性）急剧下降，性能变差。

E　高速工具钢

（1）牌号表示方法。高速工具钢牌号表示方法与合金结构钢的相同，采用合金元素符号和阿拉伯数字表示。高速工具钢所有牌号都是高碳钢（含碳量不小于 0.7%），故不用标明含碳量数字，阿拉伯数字仅表示合金元素的平均含量。若合金元素含量小于 1.5%，牌号中仅标明元素，不标出含量。例如：平均含碳量为 0.85%、含钨量 6.00%、含钼量 5.00%、含铬量 4.00%、含钒量 2.00% 的高速工具钢，其牌号表示为 W6Mo5Cr4V2。

（2）执行标准和牌号。目前我国执行的关于高速工具钢的标准有《高速工具钢》（GB/T 9943—2008）、《高速工具钢钢板》（GB/T 9941—2009）。标准对高速工具钢的牌号、化学成分、冶炼方法、交货状态、硬度、断口和低倍组织、共晶碳化物的非均匀度、脱碳层深度和钢材表面质量等技术要求都做出了详细的规定。

按合金元素含量和性能特点，高速工具钢可分为钨高速钢、钼高速钢和超硬高速钢。钨高速钢以 W18Cr4V 为代表；钼高速工具钢以 W6Mo5Cr4V2 为代表，其韧性、塑性优于钨高速钢，但加热时易脱碳；超硬高速钢以 W2Mo9Cr4VCo8 为代表，硬度可高达 70HRC。

（3）主要特点和用途。高速工具钢俗称锋钢。钢中碳含量高，多数牌号不低于 0.95%。钢中合金元素钨、钼、铬、钒、钴的含量高。

钨是形成高速工具钢的耐磨性和热硬性的主要元素；钼与钨有相似的作用，钼还与钒一起促进弥散、细小的回火碳化物的形成，高的钼、钒含量对高速工具钢获得高的回火硬度做出贡献，同时又能改善碳化物的非均匀性，提高钢的工艺性能；铬主要用以提高钢的淬透性；钴强化钢的基体，提高钢的红硬性（高温硬度）。

高速工具钢有很高的淬透性，经回火处理后钢具有很高的硬度（63～70HRC）、高温硬度和耐磨性。用其制造的刀具和刃具在 500～600℃ 下高温切削时，仍能保持高的硬度（约 62HRC），切削速度比碳素工具钢和合金工具钢制造的刀具提高 1～3 倍、使用寿命提高 7～14 倍。

高速工具钢钢材主要品种有热轧、锻制、盘条、冷拉及银亮钢棒，大截面锻制圆钢和热轧及冷轧钢板。高速工具钢用于制作刀具（车刀、铣刀、绞刀、拉刀、麻花钻等）及模具、轧辊和耐磨的机械零件。

F　轴承钢

（1）牌号表示方法。轴承钢按化学成分和使用特性分为高碳铬轴承钢、渗碳轴承钢、高碳铬不锈轴承钢和高温轴承钢 4 大类。

高碳铬轴承钢牌号表示方法是在牌号头部加符号"G"，但不标明含碳量。铬含量以千分之几计，其他合金元素的表示方法与合金结构钢的合金含量表示相同。例如：平均含铬量为 1.5% 的轴承钢其牌号是 GCr15。

渗碳轴承钢的牌号表示采用合金结构钢的牌号表示方法，仅在牌号的头部加符号"G"。例如：平均含碳量为 0.2%、含铬量为 0.35%～0.65%、含镍量为 0.40%～0.70%、含钼量为 0.10%～0.35% 的渗碳轴承钢，其牌号表示为 G20CrNiMo。高级优质渗碳轴承钢在牌号的尾部加"A"，如 G20CrNiMoA。

高碳铬不锈轴承钢和高温轴承钢牌号表示方法采用不锈钢和耐热钢的牌号表示方法，牌号头部不加符号"G"。例如：平均含碳量为 0.9%、含铬量为 18% 的高碳铬不锈轴承钢，其牌号表示为 9Cr18；平均含碳量为 1.02%、含铬量为 14%、含钼量为 4% 的高温轴承钢，其牌号表示为 10Cr14Mo4。

（2）执行标准和牌号。目前我国执行的轴承钢标准有《高碳铬轴承钢技术条件》（GB/T 18254—2002）、《渗碳轴承钢技术条件》（GB 3203—1982）、《高碳铬不锈轴承钢》

（GB/T 3086—2008）等。上述标准对轴承钢的牌号、化学成分、冶炼方法、交货状态、力学性能、工艺性能、低倍组织、断口、退火组织、共晶碳化物的非均匀度、非金属夹杂物、显微孔隙、脱碳层深度和钢材表面质量等都做出了明确的规定。轴承钢在各钢类中是检验项目最多的钢类，可见对其质量要求之严格。

在上述标准中含有轴承钢 15 个牌号，其中高碳铬轴承钢包括 GCr15 等 5 个牌号；渗碳轴承钢含有 G20CrMo 等 6 个牌号；高碳铬不锈轴承钢含有 9Cr18 和 9Cr18Mo 等 2 个牌号；高温轴承钢含有 Cr4Mo4V 和 Cr14Mo4 等 2 个牌号。

（3）主要特点和用途。轴承钢具有高的硬度、抗拉强度、接触疲劳强度和耐磨性，相当的韧性，满足在一定条件下对耐蚀性和耐高温性能的要求。

高碳铬轴承钢含碳量高（0.95% ~ 1.05%），淬火后可获得高且均匀的硬度，疲劳寿命长，缺点是耐大载荷冲击韧性稍差。高碳铬轴承钢主要用作一般使用条件下滚动轴承的套圈和滚动体。渗碳轴承钢含碳量低（不大于 0.23%），经渗碳后，表面硬度提高，而心部仍具有良好的韧性，能承受较大冲击载荷，主要用于制作大型机械内受冲击载荷较大的轴承。高碳铬不锈轴承钢含碳量高（0.90% ~ 1.05%），因而在获得高硬度的同时具有足够的耐蚀性，主要用于制作处于恶劣的腐蚀条件下工作的轴承。高温轴承钢的硬度高，且在高达 430℃ 的工作温度下仍可保持相当高的硬度，高温强度好，具有一定的抗氧化性，加工性能较好，主要用于制作高温发动机轴承。

轴承钢钢材的主要品种有热轧和锻制的圆钢、冷拉圆钢及钢丝。

1.2.2 铸铁

铸铁是指碳的质量分数大于 2.11% 的铁碳合金。工业上最常用的铸铁一般是碳的质量分数为 2.5% ~ 4% 的灰铸铁。铸铁的强度、塑性和韧性较差，不能锻造。但其碳的质量分数接近于共晶成分，所以具有优良的铸造性能。石墨本身具有润滑作用，因此铸铁具有良好的减摩性和切削加工性。此外，铸铁的生产过程简易，成本低廉，因此在工业生产中得到广泛应用。在各类机械中，铸铁件占机器总重量的 45% ~ 90%。

根据铸铁在结晶过程中的石墨化程度不同，铸铁可分为灰铸铁、白口铸铁和麻口铸铁三类。根据铸铁中石墨形态的不同，铸铁又可分为灰铸铁、可锻铸铁、球墨铸铁、蠕墨铸铁和特种性能铸铁等。

（1）白口铸铁。白口铸铁是组织中的碳都以渗碳体（Fe_3C）形式存在的铸铁，其因断口白亮而得名。由于大量渗碳体的存在，白口铸铁硬而脆，难以切削加工，因此很少直接使用，可作为炼钢原料和可锻铸铁坯料。有时通过控制成分和冷却条件，可获得表层为白口铸铁的冷硬铸铁，用做机车车轮、轧辊等耐磨工件。

（2）灰铸铁。灰铸铁中大部分的碳都以石墨的形式存在，其断口呈灰色，工业上所用的铸铁大部分属于这类铸铁。

灰铸铁的牌号以"灰铁"的拼音首字母"HT"及后面三位表示最低抗拉强度的数字表示。如 HT300 表示最低抗拉强度为 300MPa 的灰铸铁。灰铸铁的牌号、性能及用途见表1-2。

表 1-2　灰铸铁的牌号、性能及用途

分类	牌号	铸件主要壁厚/mm	试棒毛坯直径/mm	抗拉强度 σ_b/MPa	抗压强度 σ_{bc}/MPa	硬度 HB	显微组织 基体	显微组织 石墨	应用举例
普通灰铸铁	HT100	所有尺寸	30	100	500	143~229	F+P（少）	粗片	—
	HT150	4~8	13	280	650	170~241	F+P	较粗片	端盖、汽轮泵体、轴承座、阀壳、管子及管路附件、手轮；一般机床底座、床身及其他复杂零件、滑座、工作台等
		>8~15	20	200		170~241			
		>15~30	30	150		163~229			
		>30~50	45	120		163~229			
		>50	60	100		143~229			
	HT200	6~8	13	320	750	187~255	P	中等片	汽缸、齿轮、底架、机件、飞轮、齿条、衬筒；一般机床床身及中等压力液压筒、液压泵和阀的壳体等
		>8~15	20	250		170~241			
		>15~30	30	200		170~241			
		>30~50	45	180		170~241			
		>50	60	160		163~229			
孕育铸铁	HT250	>8~15	20	290	1000	187~255	细珠光体	较强片	阀壳、油缸、汽缸、联轴器、机体、齿轮、齿轮箱外壳、飞轮、衬筒、凸轮、轴承座等
		>15~30	30	250		170~241			
		>30~50	45	220		170~241			
		>50	60	200		163~229			
	HT300	>15~30	30	300	1100	187~255	索氏体或托氏体	细小片	齿轮、凸轮、车床卡盘、剪床、压力机的机身；导板、自动车床及其他重载荷机床的床身；高压液压筒、液压泵和滑阀的体壳等
		>30~50	45	270		170~241			
		>50	60	260		170~241			
	HT350	>15~30	30	350	1200	197~269			
		>30~50	45	320		187~255			
		>50	60	310		170~241			
	HT400	>20~30	30	400	—	207~269			
		>30~50	45	380		187~269			
		>50	60	370		197~269			

　　灰铸铁工艺性能优良，可铸造形状复杂的薄壁件；同时因为石墨片强度低、脆性大，切削时易于断屑又利于润滑，有良好的减摩性；并且石墨片能有效地吸收机械振动能量，有良好的消振性；但石墨片力学性能差，严重削弱抗拉强度。为提高灰铸铁性能，常在浇注前对铁液进行孕育处理，促使石墨片细小而分布均匀，使其强度有很大提高，塑性、韧度也有改善。经孕育处理的铸铁称为孕育铸铁。

　　孕育处理就是在浇注前往铁液中加入孕育剂（如硅铁、硅钙合金等），以产生大量人工晶核从而得到分布均匀的细小片状石墨和细小珠光体组织。

　　孕育铸铁的强度有较大提高，塑性和韧性也有较大改善，并且由于孕育剂的加入，可使冷却速度对结晶过程的影响减小，使铸铁的结晶几乎在整个体积内同时进行，可使铸铁在各个部位获得均匀一致的组织。因而孕育铸铁适用于对强度、硬度和耐磨性要求较高的重要铸件，尤其是厚大铸件，如床身、配换齿轮、凸轮轴、气缸套等。

（3）可锻铸铁。可锻铸铁是由白口铸铁在固态下经长时间石墨化退火处理而得到的具有团絮状石墨的一种铸铁。它不但比灰铸铁具有较高的强度，并且还具有较高的塑性和韧性，其断后伸长率可达12%。但它实际上是不能锻造成型的。

可锻铸铁的牌号以"可铁"的汉语拼音首字母"KT"及后面两组数字组成，第一组数字表示铸铁的最低抗拉强度，第二组数字表示其最低伸长率。"KTH"和"KTZ"分别表示铁素体基体可锻铸铁和珠光体基体可锻铸铁的代号。例如：KTZ700-02表示珠光体可锻铸铁，其抗拉强度为700MPa，最低伸长率为2%。

常用可锻铸铁的牌号，性能和应用可参考GB/T 9440—2010。

可锻铸铁的力学性能优于灰铸铁，并接近于同类基体的球墨铸铁，但与球墨铸铁相比，具有铁水处理简易、质量稳定、废品率低等优点。故生产中，常用可锻铸铁制造一些截面较薄而形状较复杂、工作时受振动而强度、韧性要求较高的零件。

（4）球墨铸铁。球墨铸铁是在浇注前经过球化处理和孕育处理后而获得的一种铸铁，其基体上分布着细小的球状石墨。球墨铸铁有着比灰铸铁高得多的强度及良好的塑性与韧性。

球墨铸铁的牌号用"QT"及其后两组代表最低抗拉强度和伸长率的数字表示。常用球墨铸铁的牌号、性能及用途见表1-3。

球墨铸铁的热处理主要有退火、正火、调质、等温淬火等，通过改变球墨铸铁的基本组织改变其性能，从而满足不同的使用要求。

表1-3　球墨铸铁的牌号、性能及用途

牌　号	力　学　性　能				基 体 组 织 类 型	用 途 举 例
	σ_b/MPa	$\sigma_{0.2}$/MPa	δ/%	HBS		
	不　　大　　于					
QT400-18	400	250	18	130～180	铁素体	承受冲击、振动的零件如汽车、拖拉机轮毂、差速器壳、拨叉、农机具零件、中低压阀门、上下水及输气管道、压缩机高低压气缸、电机机壳、齿轮箱、飞轮壳等
QT400-15	400	250	15	130～180	铁素体	
QT450-10	450	310	10	160～210	铁素体	
QT500-7	500	320	7	170～230	铁素体+珠光体	机器座架、传动轴飞轮、电动机架、内燃机的机油泵齿轮、铁路机车轴瓦等
QT600-3	600	370	3	190～270	珠光体+铁素体	载荷大、受力复杂的零件，如汽车、拖拉机曲轴、连杆、凸轮轴、部分磨床、铣床、车床的主轴、机床蜗杆、蜗轮、轧钢机轧辊、大齿轮、气缸体、桥式起重机大小滚轮等
QT700-2	700	420	2	225～305	珠光体	
QT800-2	800	480	2	245～335	珠光体或回火组织	
QT900-2	900	600	2	280～360	贝氏体或回火马氏体	高强度齿轮，如汽车后桥螺旋锥齿轮、大减速器齿轮，内燃机曲轴、凸轮轴等

（5）蠕墨铸铁。蠕墨铸铁是经过蠕化处理和孕育处理后而获得的一种新型铸铁，组织中的碳主要以蠕虫状石墨形式存在。蠕墨铸铁兼有灰铸铁和球墨铸铁的性能，具有较高的强度、硬度、耐磨性、热导率，而铸造工艺要求和成本比球墨铸铁低，在工业中用于生产气缸盖、钢锭模、减压阀、制动盘等。

1.2.3　有色金属及其合金

工业中称除了钢铁（黑色金属）以外的其他金属及其合金为有色金属。由于有色金属具有某些特殊的性能，如良好的导热性、导电性及耐蚀性，已经成为现代工业技术不可缺少的重要材料。

1.2.3.1　铜及铜合金

（1）纯铜。纯铜呈紫红色，因此又称紫铜。它具有良好的导热性、导电性，极好的塑性和较好的耐蚀性。但力学性能较差，不宜用来制造结构零件，常用于制造导电材料和耐蚀元件。

（2）黄铜。黄铜是铜（Cu）与锌（Zn）的合金。它的色泽美观，有良好的防腐性能和机械加工性能。黄铜中锌的质量分数为 20%~40%，并随着锌的含量增加，强度增加而塑性下降。黄铜可以铸造，也可以锻造。除了铜和锌以外，再加入其他少量元素的铜的合金称特殊黄铜，如锡黄铜、铅黄铜等。黄铜一般用于制造耐腐蚀和耐磨零件，如阀门、子弹壳、管件等。

黄铜的牌号用"黄"字汉语拼音字母"H"加数字表示，该数字表示平均含铜质量分数的百分数。如 H62 表示含铜质量分数为 62%、含锌质量分数为 38%。特殊黄铜则在牌号中标出合金元素的含量。如 HPb59-1 表示含铜质量分数为 59%、含铅（Pb）1% 左右的铅黄铜。

（3）青铜。凡主加元素不是锌而是锡、铝等其他元素的铜通称为青铜。青铜分为锡青铜和无锡青铜。

1）锡青铜。锡青铜是铜与锡的合金。它有很好的力学性能、铸造性能、耐腐蚀性和减摩性，是一种很重要的减摩材料，主要用于摩擦零件和耐腐蚀零件的制造，如蜗轮、轴瓦、衬套等。

2）无锡青铜。除锡以外的其他合金元素与铜组成的合金，统称为无锡青铜。它主要包括铝青铜、硅青铜和铍青铜等。它们通常作为锡青铜的廉价代用材料使用。

青铜的牌号以"Q"为代号，后面标出主要元素的符号和质量。如 QSn4-3，表示含锡质量分数为 4%、含锌质量分数为 3%，其余为铜（93%）的压力加工青铜。铸造铜合金的牌号用"ZCu"及合金元素符号和含量组成。如 ZCuSn5Pb5Zn5 表示含锡、铅、锌的质量分数约为 5%，其余为铜（85%）的铸造锡青铜。

1.2.3.2　铝和铝合金

（1）纯铝。纯铝是一种密度小（$2.27g/cm^3$），熔点低（660℃），导电、导热性好，强度、硬度低的金属。由于铝表面能生成一层极其致密的氧化铝薄膜，能够阻止铝继续氧化，故铝在空气中具有良好的抗氧化能力。铝主要用于制作导电材料或耐蚀性零件。

（2）铝合金。铝中加入适量的铜、镁、硅、锰等元素即构成了铝合金。它具有足够的强度、良好的塑性和耐蚀性，且多数可以进行热处理强化。根据铝合金的成分及加工成型的特点，铝合金可分为变形铝合金和铸造铝合金两大类。

1）变形铝合金。变形铝合金具有较高的强度和良好的塑性，可以进行各种压力加工，也可进行焊接加工，主要用于制造各类型材和结构件，如飞机构架、螺旋桨、起落架等。

　　2）铸造铝合金。铸造铝合金包括铝镁、铝锌、铝硅、铝铜等合金。它们具有良好的铸造性能，可以铸成各种形状复杂的零件，但塑性差，不宜进行压力加工。铸造铝合金应用最广的是硅铝合金。各种铝合金的牌号均以"ZL"加三位数字组成，第一位数字表示合金类别，第二、三位数字是顺序号，如ZL102、ZL201等。

　　（3）变形铝和铝合金牌号的表示方法。变形铝和铝合金牌号的表示方法采用国际四位数字体系牌号。四位数字体系牌号的第一、三、四位为阿拉伯数字，第二位为英文大写字母（C、I、L、N、O、P、Q、Z字母除外）。牌号的第一位数字表示铝及铝合金的组别，见表1-4。除改型合金外，铝合金组别按主要合金元素来确定。牌号的第二位字母表示原始纯铝或铝合金的改型情况，最后两位数字表示同一组中不同铝合金或表示铝的纯度。

表1-4　变形铝和铝合金组别代号

组　　别	牌号系列
纯铝（铝的质量分数不小于99.00%）	1×××
以铜为主要元素的铝合金	2×××
以锰为主要元素的铝合金	3×××
以硅为主要元素的铝合金	4×××
以镁为主要元素的铝合金	5×××
以镁和硅为主要元素并以 Mg_2Si 的铝合金相位强化相的铝合金	6×××
以锌为主要元素的铝合金	7×××
以其他合金元素为主要元素的铝合金	8×××
备用合金组	9×××

　　变形铝和铝合金新旧牌号对照、主要性能及应用见表1-5。旧牌号中以LF表示防锈铝，以LY表示硬铝，以LC表示超硬铝，以LD表示锻铝，以LT表示特殊铝。

表1-5　常用变形铝合金代号、成分、性能及应用

新牌号	相当于旧代号	主要化学成分/%				材料状态	力学性能			用　途　举　例
		Cu	Mg	Mn	Zn		σ_b/MPa	δ/%	HBS	
5A05	LF5	0.10	4.8～5.5	0.3～0.6	0.20	退火	220	15	65	焊接油箱、焊条、铆钉及中等载荷零件及制品
						强化	250	8	100	
3A21	LF21	0.20	0.05	1.0～1.6	0.10	退火	125	21	30	焊接油箱、焊条、铆钉及轻载荷零件及制品
						强化	165	3	55	
2A01	LY1	2.2～3.0	0.2～0.5	0.20	0.10	退火	160	24	38	中等强度、工作温度低于100℃的结构用铆钉
						强化	300	24	70	
2A11	LY11	3.8～4.8	0.4～0.8	0.4～0.8	0.30	退火	250	10	—	中等强度的结构件，如螺栓、铆钉、滑轮等
						强化	400	13	115	
7A04	LC4	1.4～2.0	1.8～2.8	0.2～0.6	5.0～7.0	退火	260	—	—	主要受力构件，如飞机大梁、起落架等
						强化	400	8	150	
2A05	LD5	1.8～2.6	0.4～0.8	0.4～0.8	0.3	退火	—	—	—	变形复杂的中等强度的锻件、冲压件等
						强化	420	13	105	

新牌号	相当于旧代号	主要化学成分/%				材料状态	力学性能			用　途　举　例
		Cu	Mg	Mn	Zn		σ_b /MPa	δ/%	HBS	
2A50	LD6	1.8 ~ 2.6	0.4 ~ 0.8	0.4 ~ 0.8	0.3	退火	—	—	—	形状复杂的模锻件、压气机轮和风扇叶轮等
						强化	410	8	95	
2A79	LD7	1.9 ~ 2.5	1.4 ~ 1.8	0.2	0.3	退火	—	—	—	高温下工作的复杂锻件，如活塞、叶轮等
						强化	415	13	105	

1.2.3.3　轴承合金

轴承合金是用来制造滑动轴承的特定材料。对轴承合金的要求是：滑动摩擦系数要小、耐磨性要好、抗压强度要高、导热性要好。

（1）锡基轴承合金（锡基巴氏合金）。锡基轴承合金中含有锑和铜等元素。例如 ZSnSb11Cu6，其中 Z 表示铸造，含 Sb 的质量分数为11%，含 Cu 的质量分数为6%，其余的是 Sn。

（2）铅基轴承合金（铅基巴氏合金）。铅基轴承合金中含有锑、锡和铜等元素。常用的合金为 ZPbSb16Sn16Cu2，该合金含 Sb 的质量分数为16%，含 Sn 的质量分数为16%，含 Cu 的质量分数为2%，其余为铅。

1.3　非金属材料及复合材料

非金属材料又分为高分子材料和陶瓷材料。虽然高分子材料和陶瓷材料的某些力学性能不如金属材料，但它们具有金属材料不具备的某些特性，如耐腐蚀、电绝缘、隔音、减振、耐高温、质轻、原料来源丰富、价廉以及成型加工容易等优点，因而近年来发展很快。

1.3.1　高分子材料

高分子材料是相对分子质量大于 500 的有机化合物的总称，有时也称为聚合物或高聚物。一些常见的高分子材料相对分子质量是很大的，如橡胶相对分子质量为 10 万左右，聚乙烯相对分子质量在几万至几百万之间。而低分子物质相对分子质量如水只有 18、氨为 17。

虽然高分子物质相对质量大，且结构复杂多变，但组成高分子的大分子链都是由一种或几种简单的低分子有机化合物重复连接而成的。

高分子材料的分类方法很多，常用的有以下几种：

（1）按合成反应分为加聚聚合物和缩聚聚合物，所以高分子化合物常称为高聚物或聚合物。高分子材料称为高聚物材料。

（2）按高聚物的热行为和成型工艺特点分为热固性和热塑性两大类。加热加压成型后，不能再熔融或改变形状的高聚物称为热固性高聚物。相反，加热软化或熔融而冷却固化的过程可反复进行的高聚物称为热塑性高聚物。这种分类便于认识高聚物的特性。

（3）按用途分有塑料、橡胶、合成纤维、黏结剂、涂料等。

1.3.1.1 塑料

塑料是以合成树脂为基本原料,加入各种添加剂后在一定温度、压力下塑制成型的材料。其品种多,广泛应用于日常生活及工业上。

A 塑料分类

根据受热后所表现的性能不同,塑料可分为热塑性塑料和热固性塑料两大类。

热塑性塑料经加热软化并熔融成流动的液体,冷却后即可固化成型。此过程是物理变化,可反复多次进行,其性能并不发生显著变化,如聚乙烯、聚氯乙烯等。这类塑料优点是成型加工方便,可重复回收利用,有较高的力学性能,但其耐热性和刚性较差。

热固性塑料在常温下也是固体,加热之初,它的化学结构产生了变化,具有可塑性,可塑制成一定形状的塑件,当加热达到一定程度后,形状固定下来,不再变化。若继续加热也不会变软,不再具有可塑性,所以只能一次成型,废品不能回收利用。在这一变化过程中,既有物理变化,又有化学变化,变化过程是不可逆的,如酚醛、环氧等。这类塑料耐热性高,高压不易变形,但力学性能不好。

按塑料的应用范围可分为通用塑料、工程塑料、特殊塑料。工程塑料是指用以代替金属材料作为工程结构的塑料。它具有强度高、质轻、绝缘、减摩、耐热、耐蚀等特种性能,且成型简单、生产率高,是一种良好的工程材料。

B 常用的工程塑料

(1) ABS塑料:力学性能较好,且耐热、耐腐蚀,易于成型,常用来制作泵的叶轮、齿轮,家用电器的外壳、小轿车车身等。

(2) 聚酰胺(PA):又名尼龙,是热塑性塑料,具有坚韧、耐磨、耐疲劳、耐油、耐水、无毒等优良的综合性能,可用作一般机械零件、减摩、耐磨件及传动件,如轴承、齿轮、蜗轮、高压密封圈等。

(3) 酚醛塑料:又称电木,是热固性塑料,具有优良的耐热、绝缘、化学稳定性及尺寸稳定性,广泛用于电话机外壳、开关、插座以及齿轮、凸轮、带轮等。

(4) 氨基塑料:热固性塑料,具有良好的绝缘性、自熄性、防毒性、耐电弧性和耐热性,可作为一般机械零件、绝缘件和其他电器零件。

(5) 环氧树脂:热固性塑料,具有较高的强度、较好的韧性、优良的电绝缘性、高的化学稳定性和尺寸稳定性,可制作塑料模具、电气电子元件及线圈的灌封与固定等,同时也是一种很好的胶粘剂。

(6) 有机玻璃(PMMA):具有良好的透明性能,其透光度和韧性都比无机玻璃好,主要制作油标、油杯、设备标牌、机壳等。

1.3.1.2 橡胶

橡胶是一种天然或人工合成的、具有显著高弹性的聚合物。工业上使用的橡胶是在天然橡胶中加入各种添加剂,经硫化处理后所得到的产品,具有高的弹性模量和抗拉强度,是重要的高聚物材料。

橡胶具有良好的吸振性、耐磨性、绝缘性、足够的强度和积储能量的能力,广泛用于制作密封件、减振件、传动件、轮胎、电线等。

工业上常用牌号有丁苯橡胶、顺丁橡胶、氯丁橡胶、丁基橡胶等。

1.3.2　陶瓷材料

陶瓷材料大致可分为传统陶瓷（普通陶瓷）及特种陶瓷（新型陶瓷）两大类。其生产过程比较复杂，但基本的工艺是由原料的制备、坯料的成型和制品的烧成或烧结三大步骤。

传统陶瓷主要是指黏土制品，原料经粉碎、成型、烧制而成产品。特种陶瓷是用化工原料（包括氧化物、氮化物、碳化物、硅化物、硼化物、氟化物等）采用烧结工艺制成的具有各种特殊力学、物理或化学性能的陶瓷。

若按性能特点和用途分类，传统陶瓷可分为日用陶瓷、建筑陶瓷、电器绝缘陶瓷、化工陶瓷、多孔陶瓷（过滤、隔热用瓷）等；特种陶瓷可分为电容器陶瓷、压电陶瓷、磁性陶瓷、电光陶瓷、高温陶瓷等，广泛用于尖端科学领域中。

1.3.3　复合材料

1.3.3.1　复合材料的概念

由两种或两种以上化学成分不同的物质，经人工合成获得的多相材料称复合材料。自然界中，许多物质都可看成是复合材料，如树木、竹子是由纤维素和木质素复合而成，动物的骨骼是由硬而脆的无机盐和软而韧的蛋白质骨胶组成的复合材料。

人工合成的复合材料一般是由高韧性、低强度、低模量的基体和高强度、高模量的增强组分组成。这种材料既保持了各组分材料的特点，又使各组分之间取长补短，互相协调，形成优于原有材料的特性。

1.3.3.2　复合材料的种类

复合结构材料种类较多，目前较常见的是以高分子材料、陶瓷材料、金属材料为基体，以粒子、纤维和片状为增强体组成的各种复合材料，见表1-6。

表1-6　复合材料的种类

增强体		基　　体							
		金属	无机非金属				有机材料		
			陶瓷	玻璃	水泥	碳素	木材	塑料	橡胶
金属		金属基复合材料	陶瓷基复合材料	金属网嵌玻璃	钢筋水泥	无	无	金属丝增强材料	金属丝增强橡胶
无机非金属	陶瓷纤维粒料	金属基超硬合金	增强陶瓷	陶瓷增强玻璃	增强水泥	无	无	陶瓷纤维增强塑料	陶瓷纤维增强橡胶
	碳素纤维粒料	碳纤维增强金属	增强陶瓷	陶瓷增强玻璃	增强水泥	碳纤增强碳合金材料	无	碳纤维增强塑料	碳纤炭黑增强橡胶
	玻璃纤维粒料	无	无	无	增强水泥	无	无	玻璃纤维增强塑料	玻璃纤维增强橡胶
有机材料	木材	无	无	无	水泥木丝板	无	无	纤维板	无
	高聚物纤维	无	无	无	增强水泥	无	塑料合板	高聚物纤维增强塑料	高聚物纤维增强橡胶
	橡胶胶粒	无	无	无	无	无	橡胶合板	高聚物合金	高聚物合金

按基体材料的不同可将复合材料分为非金属基复合材料（如塑料基复合材料、橡胶基复合材料、陶瓷基复合材料等）和金属基复合材料两类。

按照增强材料的不同可将复合材料分为三类：纤维增强材料，如纤维增强橡胶（如橡胶轮胎、传动皮带）、纤维增强材料（如玻璃钢）等；颗粒增强复合材料，如金属陶瓷、烧结弥散硬化合金等；叠层复合材料，如双层金属（巴氏合金-钢双金属滑动轴承材料）等。三类增强材料中，纤维增强复合材料发展最快。

1.3.3.3 复合材料的性能

（1）比强度和比模量高。比强度和比模量是度量材料承载能力的一个重要指标，这对要求自重小、运转速度高的结构零件很重要。

（2）抗疲劳性能好。复合材料的疲劳强度都很高，一般金属材料的疲劳强度为抗拉强度的 40%~50%，而碳纤维增强塑料是 70%~80%，这是由于基体中密布着大量纤维，疲劳断裂时，裂纹的扩展常要经历非常曲折和复杂的路径，故疲劳强度很高。

（3）减振性能好。复合材料中，纤维与基体之间的界面具有吸振能力。

（4）高温性能好。大多数增强纤维在高温下仍保持高的强度，用其增强金属和树脂时能显著提高高温性能。例如铝合金在 400℃时弹性模量大幅度下降并接近于零，而用碳纤维增强后，在此温度下弹性模量基本保持不变。

（5）工作安全性好。因纤维增强复合材料基体中有大量独立的纤维，因此这类材料的构件一旦超载并发生少量纤维断裂时，载荷会重新迅速分配在未破坏的纤维上，从而使这类结构不至于在极短时间内有整体破坏的危险，提高了工作的安全可靠性。

1.4 钢的热处理

许多金属材料都可以通过热处理来改善其性能，以满足人们的需要。下面以钢为例介绍热处理工艺。

钢的热处理是将固态的钢，通过不同的方式加热、保温和冷却，来改变钢的表面或内部组织结构，从而改善钢的性能的一种工艺方法。热处理是机器零件及工具制造过程中的一个重要工序，它是发挥材料潜力，改善使用性能，提高产品质量，延长使用寿命的有效措施。

根据热处理的目的和工艺方法的不同，热处理一般可分为整体热处理、表面热处理和化学热处理三大类。其中整体热处理有退火、正火、淬火和回火；表面热处理有火焰加热表面淬火、感应加热表面淬火和其他表面热处理；化学热处理有渗碳、渗氮、碳氮共渗（氰化）、其他化学热处理。

1.4.1 退火

将钢件加热到临界温度以上 30~50℃（临界温度是指钢件加热或冷却时，内部组织开始从一种组织向另一种组织转变时的温度或转变结束时的温度），并在此温度保持一定时间，然后随炉缓慢冷却的热处理工艺称为退火。

退火的目的是：

（1）降低钢的硬度使之易于切削加工；

（2）提高钢的塑性和韧性，以便于切削和冷变形加工；

（3）消除钢的组织缺陷，如晶粒粗大、成分不均等，为热锻、热轧或热处理做好组织准备；

（4）消除前一工序（铸造、锻造或焊接等）中所产生的内应力，以防变形或开裂。

按钢的成分和处理目的不同，常用的退火方法可分为完全退火、球化退火、去除应力退火等。

（1）完全退火。完全退火又称重结晶退火，一般简称退火。其工艺过程是将钢件加热到临界温度以上 30～50℃，保温一定时间后，随炉缓慢冷却（或埋在沙中或石灰中冷却）到 500℃ 以下在空气中冷却。

完全退火可以达到细化晶粒、均匀组织、降低硬度、充分消除应力的目的，所以常作为淬火前的预先热处理。完全退火主要适用于低、中碳结构钢的铸件、锻件、热轧型材及焊接件等。如 20CrMnTi 钢制的汽车齿轮锻件，在切削加工前进行完全退火。

（2）球化退火。其工艺过程是将钢件加热到临界温度以上 20～30℃，保温足够时间后缓慢冷却至 600℃ 以下再出炉空冷。

球化退火能降低硬度，改善工件的切削加工性能，淬火时变形开裂倾向减少，所以工具钢、弹簧钢、滚动轴承钢等锻轧后必须进行球化退火。

（3）去应力退火（低温退火）。其工艺是将钢件加热到 500～650℃，经过一段时间保温待冷却至 200～300℃ 以下出炉冷却。

去应力退火主要用于消除铸件、锻件、热轧件、焊接件和冷挤压件等内应力。在去应力退火过程中，钢的组织不发生变化，只是消除内应力。

内应力是指在无外力作用时，存在于物体内部的应力。一般当加热、冷却不均匀及冷加工变形时，都会产生内应力。机械零件在锻造、铸造、焊接或切削加工过程中，都会造成内应力。如发动机缸体、减速器箱体在铸造后，若不消除内应力就进行切削加工，则加工后由于内应力重新分布而产生变形，将严重影响其精度。对于精密零件也需要消除内应力，以防止变形。

1.4.2　正火

将钢件加热到临界温度以上 30～50℃，并在此温度保温一定时间后，放在空气中冷却的热处理工艺称为正火。

正火与退火的目的基本相同，主要区别在于冷却速度不同。正火的冷却速度比退火快，故正火后钢的组织比较细，其强度、硬度比退火高。正火实际上是退火的一种特殊形式。

正火的主要用途有：对普通结构钢零件，当力学性能要求不高时可以作为最终热处理；对于重要的结构钢零件，可作预热处理；可以改善低碳钢的切削加工性能。

正火与退火的目的基本相同，在实际选用时可以从以下三个方面考虑：

（1）从切削加工性能方面考虑。一般来说，钢材硬度在 170～230HBS 范围内，切削加工性能比较好。因为硬度高，刀具易于磨损，难于加工；硬度过低，切削时易于产生"粘刀"，加工后零件表面粗糙。所以，低碳钢宜用正火提高硬度，而高碳钢宜用退火降低硬度。

（2）从使用性能方面考虑。如对零件性能要求不高，可用正火作为最终热处理。例如，用 35 号钢制作的齿轮泵的齿轮，就采用正火作为最终热处理。但当零件形状复杂、厚薄不均匀时，正火的冷却速度较快，有使零件产生开裂的危险，则应采用退火。对于中、低碳钢来说，正火处理比退火处理有较好的力学性能，见表 1-7。

表 1-7　45 钢正火、退火状态的力学性能

状　态	σ_b/MPa	$\delta_5/\%$	$a_k/J \cdot cm^{-2}$	HBS
退火	650 ~ 700	15 ~ 20	40 ~ 60	180
正火	700 ~ 800	15 ~ 20	50 ~ 80	220

（3）从经济方面考虑。正火比退火周期短，生产效率高，成本低，操作简便，故在可能的条件下，应优先采用正火。

1.4.3　淬火

将钢件加热到临界温度以上 20 ~ 30℃，保温后快速冷却的热处理工艺称为淬火。

淬火的目的在于提高钢件的硬度和强度。对于工具钢来说，淬火的主要目的是提高钢件的硬度，以保证刀具的切削性能和冲压模具的耐磨性能。而对于中碳钢制造的零件来说主要目的是提高钢件的强度和韧性，但因高强度和高韧性并不能在淬火后同时得到，而是经过回火处理后才能获得，故淬火是为以后的回火作好结构和性能上的准备。

1.4.3.1　淬火加热温度的选择

各种钢的加热温度主要由其组织类型和临界温度来确定。为防止钢件内部组织的粗化，一般淬火加热温度不宜太高，只允许超出各种钢的临界温度 30 ~ 50℃。常用碳钢和部分合金钢的淬火加热温度选择见表 1-8。

表 1-8　常用碳钢和部分合金钢的淬火加热温度　　　　　　　　　℃

钢　号	淬火温度	钢　号	淬火温度
30	870 ~ 890	40Cr	830 ~ 860
35	850 ~ 890	40CrNi	810 ~ 840
45	820 ~ 860	60Si2Mn	840 ~ 870
50	810 ~ 850	50CrV	820 ~ 860
65	800 ~ 840	GCr15	820 ~ 860
70	780 ~ 830	CrWMn	820 ~ 850
T8	770 ~ 820	Cr12	960 ~ 980
T10	770 ~ 820	5CrMnMo	820 ~ 850
T12	770 ~ 810	3Cr2Mn8V	1050 ~ 1100
T13	770 ~ 810	W18Cr4V	1260 ~ 1290
65Mn	810 ~ 840	3Cr13	1000 ~ 1050

1.4.3.2 淬火冷却介质

淬火操作难度比较大，主要因为淬火要求快速冷却，而要获得快速冷却，必须将加热保温后的钢件放入冷却介质中冷却。但快速冷却总是不可避免地造成很大的内应力，往往会引起钢件的变形开裂。要解决该矛盾，可以从两个方面着手：一是寻找一种比较理想的冷却介质；二是改进淬火的冷却方法。

常用的冷却介质有水、矿物油、盐和碱的水溶液等，不同的冷却介质有不同的冷却能力。常用冷却介质的冷却性能见表 1-9。

表 1-9 常用碳钢和部分合金钢的淬火温度

淬火冷却介质	下列温度范围内的冷却速度/℃·s^{-1}	
	650~550℃	300~200℃
水（18℃）	600	270
水（50℃）	600	270
10%碱水溶液	1200	300
10%盐水溶液	1100	300
矿物油（50℃）	100	20

水是属于冷却能力较强的冷却介质，适用于碳素结构钢的单液淬火，也适用于低合金工具钢及碳素工具钢的双液淬火。盐、碱水溶液，比水冷却能力更强、冷却速度更大，因此适用于低碳钢和中碳钢的淬火。油类属于冷却能力较弱的淬火冷却介质，适用于合金钢以及小截面或形状复杂的碳钢工件的淬火。

1.4.3.3 淬火的冷却方法

在实际中，目前还没有一种冷却介质能够完全满足理想淬火冷却的要求，所以还需要考虑淬火方法。

（1）单液淬火法。它是将加热的钢件放入一种淬火介质中连续冷却至室温的操作方法。例如：碳钢在水中淬火、合金钢在油中淬火等均属于单液淬火法。该方法操作简单，容易实现自动化。但在连续冷却至室温的过程中，水淬火容易产生变形和开裂，油淬火容易产生硬度不足或硬度不均匀等现象。

（2）双液淬火法。它是将加热工件先在冷却能力较强的水中急冷，冷却至 573K 左右取出，并迅速放入冷却能力较弱的油中冷却的操作方法。双液淬火法既可使工件淬硬，又可减小工件的内应力，降低了工件变形开裂的程度，但操作的技术要求较高。双液淬火法主要应用于高碳工具钢所制的易于开裂的工件，如丝锥、丝刀等。

（3）分级淬火法。它是将加热的钢件直接放入 323~533K 的盐浴或碱浴内淬火，在该温度下稍加停留（2~5min），待钢件表面和心部温度基本一致，然后取出空冷的操作方法。分级淬火法由于使钢件的内外温差减小，淬火内应力减小，故是防止钢件变形、开裂的一种有效的淬火方法。但由于它在盐浴或碱浴中的冷却速度快，所以只适用于尺寸较小的钢件。

（4）等温淬火法。它是将加热钢件放入稍高于 230℃ 的硝盐浴中，停留较长的时间，再取出钢件在空气中冷却的操作方法。等温淬火法可以使钢件获得较高的硬度和韧性，淬火后钢件内部的内应力很小,工件变形小。因此,等温淬火法常用于形状复杂、变形要求高、强度和韧性要求较好的工件。

1.4.4 回火

将淬火后的钢件加热到临界温度以下所需的温度,保温一定时间,然后冷却下来的热处理工艺称为回火。

钢件经过淬火后,虽然获得了很大的硬度,强度也有所增加,但内部存在很大的内应力,易造成钢件的变形,甚至开裂,而且脆性很大,承受冲击载荷能力差,不能满足使用要求。因此,淬火后的钢必须进行回火。

1.4.4.1 回火的目的

(1)减小或消除工件淬火时产生的内应力,防止工件在使用过程中产生变形与开裂。

(2)提高钢的塑性与韧性,适当调整钢的硬度,减少脆性,以满足工件所需的使用性能。

(3)稳定组织,保证工件在使用过程中不发生钢的内部组织转变,从而保证工件的形状和尺寸不发生变化,保证工件的精度。

1.4.4.2 回火的种类及应用

根据一般钢件的性能要求不同,按其回火温度范围,可将回火分为以下几种:

(1)低温回火(150~250℃)。这种回火主要是为了降低钢件中的残余应力和脆性,而保证钢件在淬火后所得到的高硬度和耐磨性。各种高碳钢工具、模具及高硬度零件应采用低温回火,硬度一般在58~64HRC。

(2)中温回火(350~500℃)。这种回火主要是在照顾到有一定韧性的条件下使钢具有高弹性和高强度,故主要用于各种弹簧的处理,如汽车钢板弹簧等。中温回火后,一般硬度为35~45HRC。

(3)高温回火(500~550℃)。这种回火主要是为了得到强度、塑性、韧性都较好的综合力学性能。一般习惯将淬火加高温回火相结合的热处理称为调质处理。调质后钢硬度一般在20~35HRC。调质处理广泛应用于各种重要的结构零件,特别是那些在交变载荷作用下工作的零件,如连杆、齿轮和轴等零件均采用调质处理。

除了上述三种常用回火方法以外,某些重要的精密工件,为了保持淬火后的高硬度及尺寸稳定性,有时仅在50~150℃进行长时间的加热(10~15h),这种低温长时间的回火称为稳定尺寸处理或时效处理。应该注意到的是,从以上各温度范围中看出,没有250~350℃阶段的回火,因为这正是钢容易发生低温回火脆性的温度范围。

1.4.5 表面淬火

表面淬火是将钢件的表面层淬透到一定深度,而心部仍然保持未淬火状态的一种局部淬火方法。它是利用快速加热使钢件表面很快达到淬火的温度,并不等热量传到中心,迅速予以冷却的方法来实现的。其主要目的是使钢件的表面获得高硬度和耐磨性,而心部仍保持足够的塑性和韧性。根据表面淬火的加热方式不同,表面淬火可分为火焰加热表面淬火和感应加热表面淬火。

（1）火焰加热表面淬火。火焰加热表面淬火是利用乙炔-氧火焰喷射在零件表面上，使它快速加热，当达到淬火温度时立即喷水淬火冷却，从而获得预期的表面硬度和淬硬层深度的一种表面淬火方法。

火焰表面淬火零件的常用材料为中碳钢和中碳合金结构钢（合金元素总量小于3%），例如35、45、40Cr、65Mn等。如果含碳量太低，淬火后硬度较低；如果碳和合金元素含量过高，则易淬裂。火焰表面淬火方法还可用于铸铁件和合金铸铁的表面淬火。火焰表面淬火的淬硬层一般为2~6mm。

火焰表面淬火由于方法简单，无需特殊设备，可用于单件或小批量生产的大型零件和需要局部淬火的工具或零件，如大型轴类、齿轮和锤子等。但火焰表面淬火较易过热，淬火质量往往不够稳定，因此限制了它在机械工业中的广泛采用。

（2）感应加热表面淬火。感应加热表面淬火是采用一定的方法使工件表面产生一定频率的感应电流，将零件表面迅速加热，然后迅速淬火冷却的一种热处理方法。这种方法易于控制，生产效率高，产品质量好，还便于实现机械自动化，是目前应用最为广泛的一种表面淬火方法。

感应加热基本原理是：当向感应器（空心铜管绕成的感应线圈）通以交流电时，即在其内部和周围产生一与电流相同频率的交变磁场。若把工件置于磁场中，则在工件内部产生感应电流，并由于电阻的作用而被加热。由于交流电的集肤效应，靠近工件表面的电流密度大，而中心几乎为零。工件表面温度快速升高到相变点以上，而心部温度仍在相变点以下。感应加热后，采用水、乳化液或聚乙烯醇水溶液喷射淬火，淬火后进行150~250℃低温回火，以降低淬火应力，并保持高硬度和高耐磨性。感应加热表面淬火一般用于中碳钢和中碳低合金钢，如45、40Cr、40MnB钢等，也用于齿轮、轴类零件的表面硬化，提高耐磨性。

1.4.6　化学热处理

化学热处理是将钢件置于一定介质中加热后保温，使介质中的某些元素的活性原子渗入钢件表层，以改变钢件表面层的化学成分，从而达到使钢件表面层具有某些特殊的力学或物理、化学性能的一种热处理工艺。与表面淬火相比，化学热处理的主要特点是：钢件表面层不仅有组织的变化，而且有成分的变化。

化学热处理工艺种类较多，其中最常见的有渗碳、氮化和碳氮共渗（氰化）等。

（1）渗碳。渗碳指将低碳钢件放入渗碳活性介质中，在900~950℃加热、保温，使活性碳原子渗入钢件表面层的热处理方法。其目的是使钢件表面在热处理后表面具有高硬度和耐磨性，而心部仍然具有一定的强度和较高的塑性和韧性。

按采用的渗碳剂不同，渗碳法分为固体渗碳、气体渗碳和液态渗碳三种，常用的是前两种，尤其是气体渗碳。

1）固体渗碳。固定渗碳是指将零件置于四周填满固体渗透剂的箱中，用盖和耐火泥将箱密封后，送入炉中，加热至渗碳温度，经保温一定时间后出炉，取出渗碳件进行淬火和低温回火的热处理工艺。

固体渗碳设备简单，容易上马，适用大小不同的零件和单件小批量生产，但其生产率低，劳动条件差，质量不易控制。目前大量生产中广泛采用的是气体渗碳法，固体渗碳在一些中、小型工厂中仍有采用。

渗碳后的钢件常采用淬火加低温回火，其目的是使表层具有高的硬度和耐磨性。而心部仍保持一定强度和较高的韧性。一些承受冲击的耐磨零件，如轴、齿轮、凸轮、活塞销等大都进行渗碳，但在高温下工作的耐磨件不宜用渗碳处理。

2）气体渗碳。气体渗碳是指将零件置于密封的加热炉中（如井式气体渗碳炉），通入气体渗碳剂（如煤油、甲醇＋丙酮），在 $900 \sim 950℃$ 加热、保温，对钢件表面层进行渗碳的热处理工艺。

渗碳的优点是生产效率高，渗层质量好，劳动条件好，便于直接淬火。其缺点是渗层含碳量不易控制，耗电量大。

（2）氮化。氮化是指向钢的表面渗入氮原子的过程。其目的是为了提高工件表面的硬度、疲劳强度、耐磨性及耐蚀性。

氮化用钢通常是含有 Cr、Mo、Al、Ti、V 等合金元素的中碳钢，如 38CrMoAl。氮化温度较低，一般为 $550 \sim 570℃$。氮化层厚度随工件不同而有所区别，一般不超过 $0.6 \sim 0.7mm$。工件在氮化前需进行调质处理，以保证氮化件心部具有较高的强度和韧性。

（3）碳氮共渗。碳氮共渗是指使工件表面同时渗入碳和氮的化学热处理工艺，也称氰化。它主要有液体和气体氰化两种。液体氰化有毒，很少应用。气体氰化又分高温和低温两种。

低温气体氰化又称气体软氮化，其实质就是氮化，但比一般气体氮化处理时间短，氮化层有一定韧性，软氮化层较薄，仅为 $0.01 \sim 0.02mm$。

高温气体氰化以渗碳为主，工艺与气体渗碳相似，渗剂为煤油和氨气。氮的渗入使碳的渗入加快，从而使共渗温度降低，处理时间缩短。氰化温度一般为 $800 \sim 870℃$，当保温 $3 \sim 4h$ 时，氰化层可达 $0.5 \sim 0.6mm$。与渗碳一样，高温氰化后须进行淬火和低温回火。由于氰化温度不高，不发生晶粒长大，一般都采用直接淬火。氰化件淬火后硬度较高，其耐磨性比渗碳件好。氰化层比渗碳层有更高的压应力，因而氰化件的耐疲劳性能和耐蚀性更为优越。

氰化用钢主要是低碳钢，也可用中碳钢。与渗碳相比，氰化具有处理温度低、时间短，生产效率高，工件变形小等优点，但其渗层较薄，主要用于形状复杂、要求变形小的小型耐磨件。

思考题与习题

1-1 低碳钢拉伸应力-应变曲线可分为哪几个变形阶段？各阶段各具有什么明显特征？

1-2 现有标准圆形长短试样各一根，经拉伸试验测得其伸长率 δ_{10}、δ_5 均为 25%，求两试样拉断后的标距长度。两试样中哪一根的塑性好？为什么？

1-3 什么是疲劳极限？为什么表面强化处理能有效地提高疲劳极限？

1-4 为什么疲劳断裂对机械零件潜藏着很大危险性？

1-5 碳素结构钢、优质碳素结构钢、碳素工具钢各自有何性能特点？

1-6 指出下列各牌号钢的类别、含碳量、主要用途：

T8，Q345，20Cr，40Cr，20CrMnTi，2Cr13，GCr15，60Si2Mn，W18Cr4V，CrWMn，4Cr9Si2，9SiCr，0Cr19Ni9Ti

1-7 什么是钢的热处理？热处理的基本过程包括哪几个阶段？怎样分类？

1-8 什么是退火？退火的目的是什么？常用的退火方法有哪些？

1-9 什么是淬火？淬火的目的是什么？淬火的冷却方法有哪些？

1-10 什么是回火？回火的目的是什么？回火的种类有哪些？

1-11 什么是表面淬火？表面淬火的目的是什么？

1-12 什么是钢的化学热处理？最常见的化学热处理工艺有哪些？

2 工程力学基础

静力学是研究物体受力及平衡一般规律的科学。静力学理论是从生产实践中总结出来的，是对工程结构构件进行受力分析和计算的基础，在工程技术中有着广泛的应用。静力学主要研究以下三个方面：

(1) 物体的受力分析。

(2) 力系的等效替换与简化。

(3) 力系的平衡条件及其应用。

2.1 静力学基础

2.1.1 静力学的基本概念

2.1.1.1 力的概念

力是物体间的相互机械作用。这种机械作用使物体的运动状态或形状尺寸发生改变。力使物体的运动状态发生改变称为力的外效应；力使物体形状尺寸发生改变称为力的内效应。

2.1.1.2 力的三要素及表示方法

物体间机械作用的形式是多种多样的，如重力、压力、摩擦力等。力对物体的效应（外效应和内效应）取决于力的大小、方向和作用点，这三者被称为力的三要素。力是一个既有大小又有方向的物理量，称为力矢量。它用一条有向线段表示，线段的长度（按一定比例尺）表示力的大小，线段的方位和箭头表示力的方向，线段的起始点（或终点）表示力的作用点，如图 2-1 所示。力的国际单位为牛顿（N）。

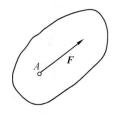

图 2-1　力的表示方法

2.1.1.3 力系与等效力系

若干个力组成的系统称为力系。如果一个力系与另一个力系对物体的作用效应相同，则这两个力系互称为等效力系。若一个力与一个力系等效，则称这个力为该力系的合力，而该力系中的各力称为这个力的分力。已知分力求其合力的过程称为力的合成，已知合力求其分力的过程称为力的分解。

2.1.1.4 平衡与平衡力系

平衡是指物体相对于地球处于静止或匀速直线运动的状态。若一力系使物体处于平衡状态，则该力系称为平衡力系。

2.1.1.5　刚体的概念

所谓刚体，是指在外力作用下，大小和形状保持不变的物体。这是一个理想化的力学模型，事实上是不存在的。实际物体在力的作用下，都会产生程度不同的变形。但微小变形对所研究物体的平衡问题不起主要作用，可以忽略不计，这样可以使问题的研究大为简化。静力学中研究的物体均可视为刚体。

2.1.2　静力学公理

2.1.2.1　公理1：二力平衡公理

作用在刚体上的两个力，使刚体保持平衡的必要和充分条件是：这两个力大小相等，方向相反，且作用在同一条直线上。对于变形体而言，二力平衡公理只是必要条件，但不是充分条件。例如在绳索两端施加一对等值、反向、共线的拉力时可以平衡，但受到一对等值、反向、共线的压力时就不能平衡了。

2.1.2.2　公理2：加减平衡力系公理

在已知力系上加上或者减去任意平衡力系，并不改变原力系对刚体的作用。
推论1：力的可传性原理
作用在刚体上某点的力，可以沿着它的作用线移动到刚体内任意一点，并不改变该力对刚体的作用效应。如图2-2所示的小车，在A点作用力F和在B点作用力F对小车的作用效果是相同的。

2.1.2.3　公理3：力的平行四边形公理

作用在物体上同一点的两个力，可以合成为一个合力。合力的作用点也在该点，合力的大小和方向由这两个力为邻边构成的平行四边形的对角线确定，如图2-3所示。或者说，合力矢等于这两个力矢的几何和，即$F_R = F_1 + F_2$。

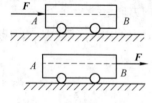
图2-2　力的可传性

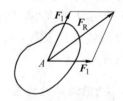
图2-3　两个力的合成

推论2：三力平衡汇交原理
作用在刚体上三个相互平衡的力，若其中两个力的作用线汇交于一点，则第三个力的作用线通过汇交点。
证明：刚体受三力F_1、F_2、F_3作用而平衡，如图2-4所示。根据力的可传性，将力F_1和F_2移到汇交点O，并合成为力F_{12}，则F_3应与F_{12}平衡。根据二力平衡条件，F_3与F_{12}必等值、反向、共线，所以F_3必通过O点，且与F_1、F_2共面，定理得证。

2.1.2.4 公理4：作用与反作用公理

两物体间的作用力与反作用力总是同时存在，且作用力与反作用力大小相等、方向相反、沿同一条直线，分别作用在这两个物体上。此公理说明力永远是成对出现的，物体间的作用总是相互的，有作用力

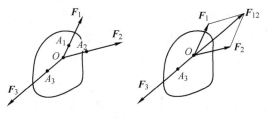

图2-4 三力平衡汇交

就必有反作用力，它们互相依存、同时出现、同时消失，分别作用在相互作用的两物体上。必须强调的是，作用力与反作用力公理中所讲的两个力，决不能与二力平衡公理中的两个力混淆，这两个公理有着本质的区别。

2.1.3 约束和约束反力

凡在空间的位置不受任何限制，可以做任意运动的物体称为自由体，如在空间飞行的飞机、炮弹和火箭等。凡是因为受到周围其他物体的限制而不能做任意运动的物体称为非自由体，如机车、机床的刀具等。凡是能限制某些物体运动的其他物体称为约束。如铁轨对于机车、轴承对于电机转子、机床刀夹对于刀具等，都是约束。约束对非自由体的作用实质上就是力的作用，这种力称为约束反力，简称反力。反力的作用点是约束与非自由体的接触点。反力的方向总是与该约束所能限制的运动方向相反。运用这一准则，可以确定约束反力的方向或作用线的位置。至于约束反力的大小总是未知的。在静力学中可以利用相关平衡条件求出约束反力。

2.1.3.1 约束的基本类型

（1）柔性约束。由柔软的绳索、链条、皮带等构成的约束称为柔性约束，如图2-5所示。

（2）光滑面约束。光滑面约束的约束反力必须垂直于接触处的公切面，而指向非自由体，如图2-6所示。此类约束反力称为法向反力。

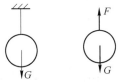
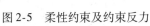
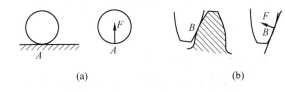

图2-5 柔性约束及约束反力　　　　图2-6 光滑面约束及约束反力

（3）光滑铰链约束。如图2-7所示，在两个构件 A、B 上分别有直径相同的圆孔，再将一直径略小于孔径的圆柱体销钉 C 插入该两构件的圆孔中，将两构件连接在一起，这种连接称为铰链连接，两个构件受到的约束称为光滑圆柱铰链约束。受这种约束的物体，只可绕销钉的中心轴线转动，而不能相对销钉沿任意径向方向运动。这种约束实质是两个光滑圆柱面的接触，其约束反力作用线必然通过销钉中心并垂直圆孔在 D 点的切线，约束力的指向和大小与作用在物体上的其他力有关，所以光滑圆柱铰链的约束反力的大小和方向都是未知的，通常用大小未知的两个垂直分力表示。

（4）固定铰支座。这类约束可认为是光滑圆柱铰链约束的演变形式，两个构件中有一个固定在地面或机架上。这种约束的约束反力的作用线也不能预先确定，可以用大小未知的两个垂直分力表示，如图2-8所示。

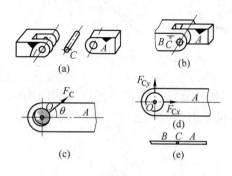

图2-7　光滑铰链约束及约束反力

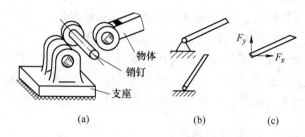

图2-8　固定铰链约束及约束反力

（5）滚动铰支座。在桥梁、屋架等工程结构中经常采用这种约束。如图2-9所示为桥梁采用的滚动铰支座，这种支座可以沿固定面滚动，常用于支承较长的梁，它允许梁的支承端沿支承面移动。因此这种约束的特点与光滑接触面约束相同，约束反力垂直于支承面指向被约束物体。

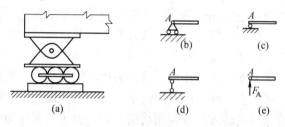

图2-9　滚动铰支座及约束反力

（6）固定端约束。有时物体会受到完全固结作用，如深埋在地里的电线杆。这时物体的 A 端（见图2-10）在空间各个方向上的运动（包括平移和转动）都受到限制，这类约束称为固定端约束。其约束反力可这样理解：一方面，物体受约束部位不能平移，因而受到一约束反力作用；另一方面，也不能转动，因而还受到一约束反力偶的作用。

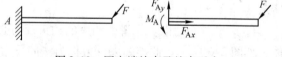

图2-10　固定端约束及约束反力

2.1.3.2　约束的求解

通常在解决实际工程问题时，需要根据已知力，利用相应平衡条件，求出未知力。为此，需要根据已知条件和待求的力，有选择地研究某个具体构件或构件系统的运动或平衡。这一被确定要具体研究的构件或构件系统称为研究对象。

对研究对象进行分析研究时，要将它从周围的物体中分离出来，并画出其受力图。我们就将这种因解除了约束，而被人为认为成自由体的构件称为分离体。将分离体上所受的全部主动力和约束反力以力矢表示在分离体上，如此所得到的图形，就称为受力图。恰当地选取研究对象，正确地画出构件的受力图是解决力学问题的关键。画受力图的具体步骤如下：

（1）明确研究对象，画出分离体。

（2）在分离体上画出全部主动力。

（3）在分离体上画出全部约束反力。

【例2-1】 图2-11（a）所示为一三铰拱桥，由左、右两半拱铰接而成。设半拱自重不计，在半拱 *AB* 上作用有载荷 *F*，试画出左半拱片 *AB* 的受力图。

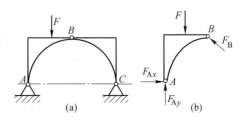

解：左半拱片 *AB* 的受力图如图 2-11（b）所示。

图 2-11　例 2-1 图

【例2-2】 试画出图2-12（a）所示结构的整体、*AB* 杆、*AC* 杆和拉绳的受力图。

解：结构的整体受力图如图 2-12（b）所示，*AB* 杆的受力图如图 2-12（c）所示，*AC* 杆的受力图如图 2-12（d）所示，拉绳受力图如图 2-12（e）所示。

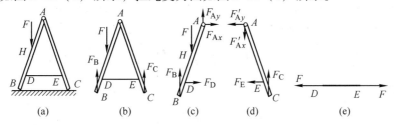

图 2-12　例 2-2 图

画受力图必须注意以下事项：

（1）首先必须明确研究对象，并画出分离体。分离体的形状和方位须和原物体保持一致。

（2）在分离体上要画出全部主动力和约束反力，不能多画也不能少画。在画约束反力时，必须严格按照约束性质画出，不能随意取舍。

（3）画物体受力图时，必须注意作用力与反作用力的关系。

（4）画受力图时，要注意应用二力平衡公理、三力汇交原理。

（5）在画物体系统受力图时，内力不能画出。

2.1.4　平面汇交力系的合成与平衡

为了便于系统地研究力系，可以按照力系中各力作用线的分布情况来分类。凡力的作用线都在同一平面内的力系称为平面力系，凡力的作用线不在同一平面内的力系称为空间力系。本节主要研究平面力系的简化和合成方法、平衡条件和平衡方程、应用平衡方程求解物体平衡问题的方法步骤。

2.1.4.1　力的分解与合成

按照平行四边形法则，两个共作用点的力，可以合成为一个合力，解是唯一的；但反过来，要将一个已知力分解为两个力，如无足够的条件限制，其解将是不定的。

图 2-13 所示为力在坐标轴上的投影。

$$\left.\begin{array}{l} F_x = F\cos\alpha \\ F_y = F\sin\alpha \end{array}\right\}$$

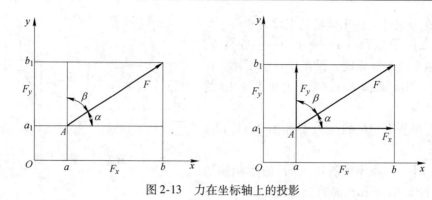

图 2-13　力在坐标轴上的投影

注意，力的投影是代数量，它的正负规定如下：如由 a 到 b（或由 a_1 到 b_1）的趋向与 x 轴（或 y 轴）的正向一致时，则力 F 的投影 F_x（或 F_y）取正值；反之，取负值。

若已知力 F 在直角坐标轴上的投影 F_x、F_y，则该力的大小和方向为：

$$\left.\begin{aligned}
F &= \sqrt{F_x^2 + F_y^2} \\
\cos\alpha &= \frac{F_x}{F} \\
\cos\beta &= \frac{F_y}{F}
\end{aligned}\right\}$$

可见利用力在直角坐标轴上的投影，可以同时表明力沿直角坐标轴分解时分力的大小和方向。

若刚体在平面上的一点作用着 n 个力 F_1，F_2，$\cdots$，F_n，按两个力合成的平行四边形法则（三角形）依次类推，从而得出力系的合力等于各分力的矢量和。

$$\boldsymbol{F} = \boldsymbol{F}_1 + \boldsymbol{F}_2 + \cdots + \boldsymbol{F}_n = \sum \boldsymbol{F}$$

一般地，其合力的投影为：

$$\left.\begin{aligned}
F_x &= F_{1x} + F_{2x} + \cdots + F_{nx} = \sum F_x \\
F_y &= F_{1y} + F_{2y} + \cdots + F_{ny} = \sum F_y
\end{aligned}\right\}$$

合力在某一轴上的投影等于各分力在同一轴上投影的代数和，此即为合力投影定理，如图 2-14 所示。合力投影定理是用解析法求解平面汇交力系合成与平衡问题的理论依据。

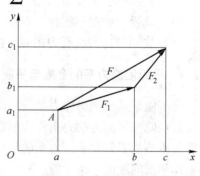

图 2-14　合力投影定理

2.1.4.2　平面汇交力系的平衡条件

平面汇交力系可以合成为一个合力，即平面汇交力系可用其合力来代替。显然，如果合力等于零，则物体在平面汇交力系的作用下处于平衡状态。

平面汇交力系平衡的必要和充分条件是该力系的合力 F 等于零，即

$$F = \sum F_n = \sqrt{\left(\sum F_{nx}\right)^2 + \left(\sum F_{ny}\right)^2} = 0$$

即平面汇交力系的平衡方程为：

$$\left.\begin{array}{l} \sum F_{nx} = 0 \\ \sum F_{ny} = 0 \end{array}\right\}$$

力系中所有各力在两个坐标轴中每一轴上投影的代数和都等于零。这是两个独立的方程，可以求解两个未知量。

【例2-3】 图2-15（a）所示为一吊环受到三条钢丝绳的拉力作用。已知 $F_1 = 2000N$，水平向左；$F_2 = 5000N$，与水平成 $30°$；$F_3 = 3000N$，铅直向下，试求合力大小。

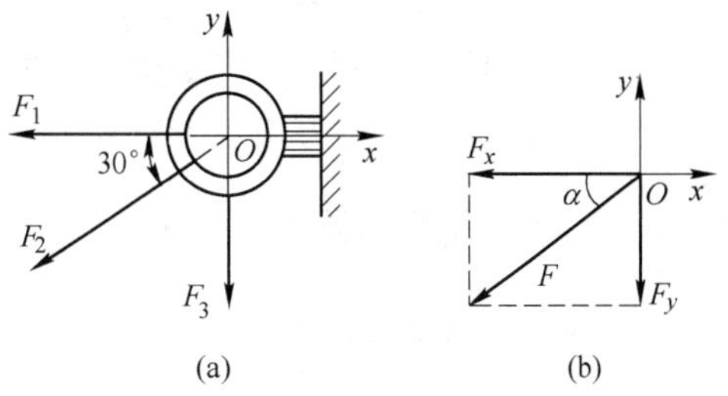

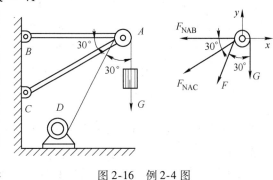

图2-15 例2-3图

解：以三力交点为原点建立坐标。

$F_{1x} = -F_1 = -2000N$，$F_{2x} = -F_2\cos30° = -5000 \times 0.866N = -4330N$，$F_{3x} = 0$

$F_{1y} = 0$，$F_{2y} = -F_2\sin30° = -5000 \times 0.5N = -2500N$，$F_{3y} = -F_3 = -3000N$

$F_x = \sum F_{nx} = -2000 - 4330 + 0 = -6330N$

$F_y = \sum F_{ny} = 0 - 2500 - 3000 = -5500N$

$F = \sqrt{F_x^2 + F_y^2} = \sqrt{(-6330)^2 + (-5500)^2} = 8386N$

由于 F_x、F_y 都是负值，所以合力应在第三象限，如图2-15（b）所示。

$$\cos\alpha = \frac{|F_x|}{F} = 6330/8386 = 0.7548$$

$$\alpha = 41°$$

【例2-4】 图2-16为一简易起重机装置，重量 $G = 2kN$ 的重物吊在钢丝绳的一端，钢丝绳的另一端跨过定滑轮 A，绕在绞车 D 的鼓轮上，定滑轮用直杆 AB 和 AC 支承，定滑轮半径较小，大小可忽略不计，定滑轮、直杆以及钢丝绳的重量不计，各处接触都为光滑。试求当重物被匀速提升时，杆 AB、AC 所受的力。

图2-16 例2-4图

解：因为杆 AB、AC 都与滑轮接触，所以杆 AB、AC 上所受的力就可以通过其对滑轮的受力分析求出。因此，取滑轮为研究对象，作出它的受力图并以其中心为原点建立直角坐标系。由平面汇交力系平衡条件列平衡方程有：

$$\sum F_x = 0 \qquad -F_{NAB} - F_{NAC}\cos30° - F\sin30° = 0$$

$$\sum F_y = 0 \qquad -F_{NAC}\sin30° - F\cos30° - G = 0$$

求出：

$$F_{NAC} = \frac{-G - F\cos30°}{\sin30°} = \frac{-2 - 2 \times 0.866}{0.5}kN = -7.46kN$$

$$F_{NAB} = -F_{NAC}\cos30° - F\sin30° = (7.46 \times 0.866 - 2 \times 0.5)kN = 5.46kN$$

负值表明力的实际指向与假设方向相反，即 AC 杆为受压杆件。

从以上例子可以看出，解静力学平衡问题的一般方法和步骤为：

（1）选择研究对象。所选研究对象应与已知力（或已求出的力）、未知力有直接关系，这样才能应用平衡条件由已知条件求未知力。

（2）画受力图。根据研究对象所受外部载荷、约束及其性质，对研究对象进行受力分析并得出它的受力图。

（3）建立坐标系。根据平衡条件列平衡方程，在建立坐标系时，最好有一轴与一个未知力垂直。在根据平衡条件列平衡方程时，要注意各力投影的正负号。如果计算结果中出现负号时，说明原假设方向与实际受力方向相反。

2.1.5　力矩与平面力偶系

2.1.5.1　力矩的概念

为了描述力对刚体运动的转动效应，引入力对点之矩（力矩）的概念。

力对点之矩用 $M_0(F)$ 来表示，即 $M_0(F) = \pm Fd$，如图 2-17 所示。

一般地，设平面上作用一力 F，在平面内任取一点 O 为矩心，O 点到力作用线的垂直距离 d 称为力臂。力对点之矩是一代数量，式中的正负号用来表明力矩的转动方向。矩心不同，力矩不同。规定：力使物体绕矩心做逆时针方向转动时，力矩取正号；反之，取负号。力矩的单位是 N·mm。由力矩的定义可知：

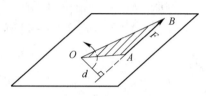

图 2-17　力对点之矩
$$M_0(F) = \pm 2\triangle OAB$$

（1）若将力 F 沿其作用线移动，则因为力的大小、方向和力臂都没有改变，所以不会改变该力对某一矩心的力矩。

（2）若 $F = 0$，则 $M_0(F) = 0$；若 $M_0(F) = 0$，$F \neq 0$，则 $d = 0$，即力 F 通过 O 点。力矩等于零的条件是：力等于零或力的作用线通过矩心。

2.1.5.2　合力矩定理

设在物体上 A 点作用有平面汇交力系 F_1，F_2，…，F_n，该力的合力 F 可由汇交力系的合成求得。

计算力系中各力对平面内任一点 O 的矩，令 $OA = l$，则
$$M_0(F_1) = -F_1d_1 = -F_1l\sin\alpha_1 = F_{1y}l$$
$$M_0(F_2) = F_{2y}l$$
$$M_0(F_n) = F_{ny}l$$

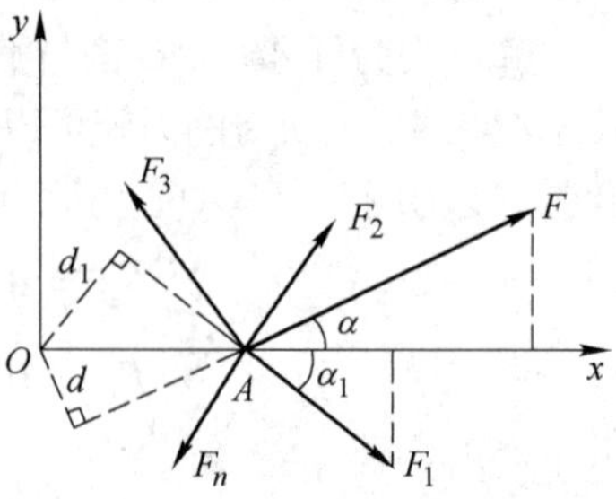

由图 2-18 可以看出，合力 F 对 O 点的矩为：
$$M_0(F) = Fd = Fl\sin\alpha = F_yl$$

据合力投影定理，有：
$$F_y = F_{1y} + F_{2y} + \cdots + F_{ny}$$

图 2-18　合力矩定理

两边同乘以 l，得：
$$F_y \times l = F_{1y} \times l + F_{2y} \times l + \cdots + F_{ny} \times l$$

即

$$M_O(F) = M_O(F_1) + M_O(F_2) + \cdots + M_O(F_n)$$

$$M_O(F) = \sum_{i=1}^{n} M_O(F_i)$$

平面汇交力系的合力对平面内任意一点之矩，等于其所有分力对同一点的力矩的代数和，此即为合力矩定理。

2.1.5.3 力矩的求法

力矩有两种求法，一是用力矩的定义式，即用力和力臂的乘积求力矩，注意，力臂 d 是矩心到力作用线的距离，即力臂必须垂直于力的作用线；二是用合力矩定理求解。

【例 2-5】 如图 2-19 所示，构件 OBC 的 O 端为铰链支座约束，力 F 作用于 C 点，其方向角为 α，又知 $OB = l$，$BC = h$，求力 F 对 O 点的力矩。

解：（1）利用力矩的定义进行求解。

如图 2-20（a）所示，过点 O 作出力 F 作用线的垂线，与其交于 a 点，则力臂 d 即为线段 Oa。再过 B 点作力作用线的平行线，与力臂的延长线交于 b 点，则有：

$$M_O(F) = -Fd = -F(Oa - ab) = -F(l\sin\alpha - h\cos\alpha)$$

（2）利用合力矩定理求解。如图 2-20（b）所示，将力 F 分解成一对正交的分力，力 F 的力矩就是这两个分力对点 O 的力矩的代数，即

$$M_O(F) = M_O(F_{ax}) + M_O(F_{ay}) = Fh\cos\alpha - Fl\sin\alpha = -F(l\sin\alpha - h\cos\alpha)$$

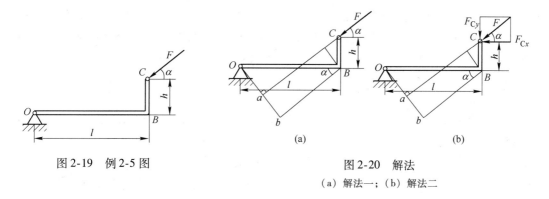

图 2-19　例 2-5 图　　　　图 2-20　解法
　　　　　　　　　　　　　　（a）解法一；（b）解法二

2.1.5.4 力偶及其性质

在工程实践中常见物体受两个大小相等、方向相反、作用线相互平行的力的作用，使物体产生转动，如用手拧水龙头、转动方向盘等。大小相等、方向相反、作用线相互平行的两力，如图 2-21 中的力 F 与 F' 就构成一力偶。记作 (F, F')。

力偶作用面是两个力所在的平面。力偶臂是两个力作用线之间的垂直距离 d。力偶的转向是力偶使物体转动的方向。力偶只能使物体转动或改变转动状态。力使物体转动的效应，用力对点的矩度量。如图 2-22 所示，设物体上作用一力偶臂为 d 的力偶 (F, F')，该力偶对任一点 O 的矩为：

$$M_O(F) + M_O(F') = F(x + d) - F_x' = Fd$$

由于点 O 是任意选取的，故力偶对作用面内任一点的矩等于力偶中力的大小和力偶臂

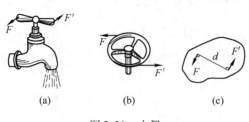

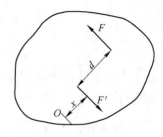

图 2-21　力偶　　　　　　　　　　　图 2-22　力偶对任一点的矩

的乘积（与矩心位置无关）。

力偶中力的大小和力偶臂的乘积为力偶矩，记作 $M(F，F')$ 或 M。

$$M(F，F') = \pm Fd$$

规定：力偶逆时针转向时，力偶矩为正，反之为负。力偶矩的单位是 N·m。力偶同力矩一样，是一代数量。力偶的三要素是大小、转向和作用平面。

力偶具有以下性质：

（1）力偶无合力。力偶不能用一个力来等效，也不能用一个力来平衡。可以将力和力偶看成组成力系的两个基本物理量。

（2）力偶对其作用平面内任一点的力矩，恒等于其力偶矩。

（3）力偶的等效性。作用在同一平面的两个力偶，若它们的力偶矩大小相等、转向相同，则这两个力偶是等效的。力偶可以在其作用面内任意移转而不改变它对物体的作用。即力偶对物体的作用与它在作用面内的位置无关。经验：不论将力偶加在 A、B 位置还是 C、D 位置（见图 2-23），对方向盘的作用效应不变。只要保持力偶矩不变，可以同时改变力偶中力的大小和力偶臂的长短，而不会改变力偶对物体的作用。

2.1.5.5　平面力偶系的合成与平衡

平面力偶系是指作用在刚体上同一平面内的多个力偶。多个力偶可以合成一个力偶，图 2-24 所示为两个力偶的合成。

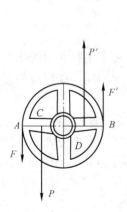

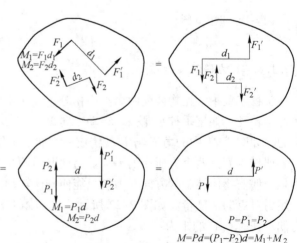

图 2-23　力偶的等效性　　　　　　　图 2-24　两个力偶的合成

$$M = M_1 + M_2 + \cdots + M_n = \sum_{i=1}^{n} M_i$$

平面力偶系合成的结果为一个合力偶，因而要使力偶系平衡，就必须使合力偶矩等于零，即 $\sum M_i = 0$。

【例2-6】 如图2-25（a）所示，梁 AB 受一主动力偶作用，其力偶矩 $M = 100\text{N} \cdot \text{m}$，梁长 $l = 5\text{m}$，梁的自重不计，求两支座的约束反力。

解：（1）以梁为研究对象，进行受力分析并画出受力图（见图2-25b）。F_A 必须与 F_B 大小相等、方向相反、作用线平行。

（2）列平衡方程。

$$\sum M = 0: F_B - M = 0, F_A = F_B = \frac{M}{l} = \frac{100}{5} = 20\text{N}$$

【例2-7】 电机轴通过联轴器与工件相连接，联轴器上四个螺栓 A、B、C、D 的孔心均匀地分布在同一圆周上，如图2-26所示，此圆周的直径 $d = 150\text{mm}$，电机轴传给联轴器的力偶矩 $M = 25\text{kN} \cdot \text{m}$，求每个螺栓所受的力。

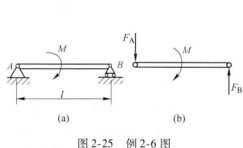

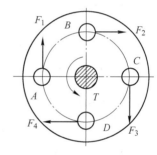

图 2-25　例2-6图　　　　　　图 2-26　例2-7图

解： 以联轴器为研究对象。作用于联轴器上的力有电动机传给联轴器的力偶矩 M，四个螺栓的约束反力，假设四个螺栓的受力均匀，则 $F_1 = F_2 = F_3 = F_4 = F$，其方向如图2-26所示。由平面力偶系平衡条件可知，F_1 与 F_3、F_2 与 F_4 组成两个力偶，并与电动机传给联轴器的力偶矩 M 平衡。

$$F = \frac{M}{2d} = \frac{2.5}{2 \times 0.15} = 8.33\text{kN}$$

2.1.6　平面一般力系的简化与平衡

平面一般力系指作用在物体上的各力作用线都在同一平面内，既不相交于一点又不完全平行的力系，如图2-27所示。

2.1.6.1　力的平移定理

作用于刚体上的力，可平移到刚体上的任意一点，但必须附加一力偶，如图2-28所示，其附加力偶矩等于原力对平移点的力矩。根据力的平移定理，可以将力分解为一个力和一个力偶；也可以将一个力和一个力偶合成为一个力。

$$M(F', F'') = \pm Fd = M_0(F)$$

上式表示，附加力偶矩等于原力 F 对平移点的力矩。于是，在作用于刚体上平移点的力 F' 和附加力偶 M 的共同作用下，其作用效应就与力 F 作用在 A 点时等效。

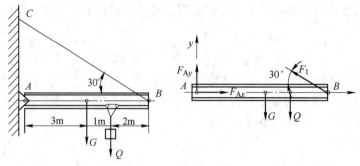

图 2-27　平面一般力系

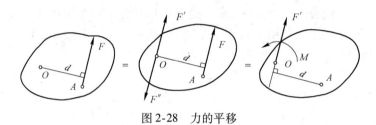

图 2-28　力的平移

2.1.6.2　平面一般力系向平面内任意一点的简化

平面一般力系向平面内一点简化，得到一个主矢 F'_R 和一个主矩 M_0（见图 2-29），主矢的大小等于原力系中各分力投影的平方和再开方，作用在简化中心上。其大小和方向与简化中心的选择无关。主矩等于原力系各分力对简化中心力矩的代数和，其值一般与简化中心的选择有关。

$$F'_R = \sqrt{\left(\sum F'_x\right)^2 + \left(\sum F'_y\right)^2} = \sqrt{\left(\sum F_x\right)^2 + \left(\sum F_y\right)^2}$$

$$\tan\alpha = \left|\frac{\sum F_y}{\sum F_x}\right|$$

$$M_0 = M_1 + M_2 + \cdots + M_n = M_0(F_1) + M_0(F_2) + \cdots + M_0(F_n)$$

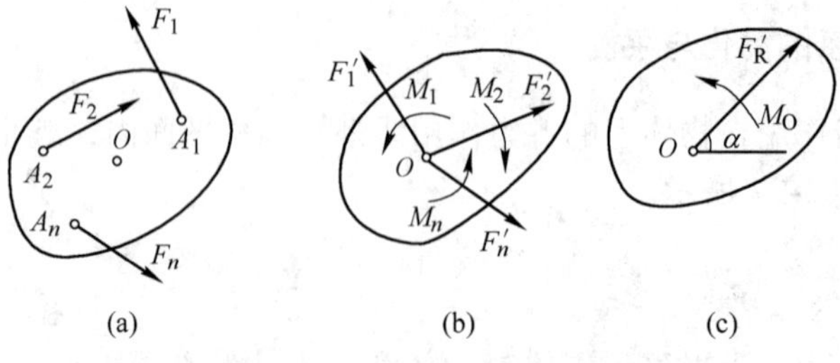

图 2-29　平面一般力系向一点的简化

平面一般力系向平面内任一点简化，得到一个主矢 F'_R 和一个主矩 M_0，但这不是力系简化的最终结果，如果进一步分析简化结果，则有下列情况：

（1）$F'_R \neq 0$，$M_O \neq 0$，原力系简化为一个力和一个力偶。据力的平移定理，这个力和力偶还可以继续合成为一个合力 F_R，其作用线离 O 点的距离为 $d = M_O / F'_R$。

（2）$F'_R \neq 0$，$M_O = 0$，原力系简化为一个力。主矢 F'_R 即为原力系的合力 F_R，作用于简化中心。

（3）$F'_R = 0$，$M_O \neq 0$，原力系简化为一个力偶，其矩等于原力系对简化中心的主矩。主矩与简化中心的位置无关。因为力偶对任一点的矩恒等于力偶矩，与矩心位置无关。

（4）$F'_R = 0$，$M_O = 0$，原力系是平衡力系。

2.1.6.3 平面一般力系的平衡

平面一般力系平衡的必要与充分条件为：$F'_R = 0$，$M_O = 0$，即

$$F_R = \sqrt{\left(\sum F_x\right)^2 + \left(\sum F_y\right)^2} = 0$$

$$M_O = \sum M_O(F) = 0$$

平面一般力系的平衡方程为：

$$\left.\begin{array}{l} \sum F_x = 0 \\ \sum F_y = 0 \\ \sum M_O(F) = 0 \end{array}\right\}$$

此方程可求解出三个未知量。易得平面平行力系（见图2-30）的平衡方程为：

$$\left.\begin{array}{l} \sum F_y = 0 \\ \sum M_O(F) = 0 \end{array}\right\}$$

平面平行力系的平衡方程，也可用两个力矩方程的形式，即

$$\left.\begin{array}{l} \sum M_A(F) = 0 \\ \sum M_B(F) = 0 \end{array}\right\}$$

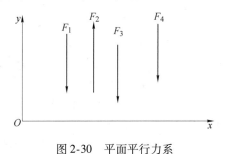

图 2-30　平面平行力系

式中，A、B 两点连线不能与各力的作用线平行。

平面平行力系只有两个独立的平衡方程，因此只能求出两个未知量。

【例 2-8】 塔式起重机的结构如图2-31所示。设机架重力 $G = 500kN$，重心在 C 点，与右轨相距 $a = 1.5m$。最大起吊重量 $P = 250kN$，与右轨 B 最远距离 $l = 10m$。平衡物重力为 G_1，与左轨 A 相距 $x = 6m$，二轨相距 $b = 3m$。试求起重机在满载与空载时都不至翻倒的平衡重物 G_1 的范围。

解： 取起重机为研究对象。其受力是一平面平行力系，如图2-32所示。

（1）要保障满载时机身平衡而不向右翻倒，则这些力必须满足平衡方程。在此状态下，A 点将处于离地与不离地的临界状态，即有 $F_{NA} = 0$。这样求出的 G_1 值是它应有的最小值。

$$\left.\begin{array}{l} \sum F_y = 0 \\ \sum M_O(F) = 0 \end{array}\right\}$$

$$\sum F_y = 0: \qquad -G_{1min} - G - P + F_{NB} = 0$$

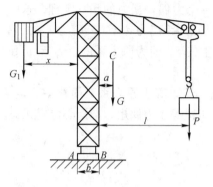

图 2-31   例 2-8 图

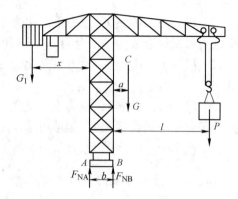

图 2-32   受力图 1

$$\sum M_{\text{B}}(F) = 0: \qquad G_{1\min}(x + b) - Ga - P_1 = 0$$

$$G_{1\min} = \frac{Ga + Pl}{x + b} = \frac{500 \times 1.5 + 250 \times 10}{6 + 3}\text{kN} = 361\text{kN}$$

（2）要保障空载时机身平衡而不向左翻倒，则这些力必须满足平衡方程。在此状态下，B 点将处于离地与不离地的临界状态，即有 $F_{\text{NB}} = 0$。这样求出的 G_1 值是它应有的最大值。

$$\sum M_{\text{A}}(F) = 0: \quad G_{1\min}x - G(a + b) = 0$$

$$G_{1\max} = \frac{G(a + b)}{x} = \frac{500 \times (1.5 + 3)}{6} = 375\text{kN}$$

因此，平衡重力 G_1 值的范围为 $361\text{kN} \leqslant G_1 \leqslant 375\text{kN}$。

2.1.6.4 物体系统的平衡条件

物系是指由多个构件通过一定的约束组成的系统。当整个物系处于平衡时，那么组成这一物系的所有构件也处于平衡。因此在求解有关物系的平衡问题时，既可以以整个系统为研究对象，也可以取单个构件为研究对象。对于每一种选取的研究对象，一般情况下都可以列出三个独立的平衡方程。

物系外力是系统外部物体对系统的作用力。物系内力是系统内部各构件之间的相互作用力。物系的外力和内力只是一个相对的概念，它们之间没有严格的区别。当研究整个系统平衡时，由于其内力总是成对出现、相互抵消，因此可以不予考虑。当研究系统中某一构件或部分构件的平衡问题时，系统内其他构件对它们的作用力就又成为这一研究对象的外力，必须予以考虑。

【例 2-9】 图 2-33（a）所示为一三铰拱桥。左右两半拱通过铰链 C 连接起来，并通过铰链 A、B 与桥基连接。已知 $G = 40\text{kN}$，$P = 10\text{kN}$。试求铰链 A、B、C 三处的约束反力。

解：（1）取整体为研究对象画出受力图，并建立如图 2-33（b）所示坐标系。列解平衡方程有：

$$\sum M_{\text{A}}(F) = 0: 12F_{\text{NBy}} - 9P - 11G - G = 0, \quad F_{\text{NBy}} = 47.5\text{kN}$$

$$\sum F_y = 0: F_{\text{NAy}} + F_{\text{NBy}} - P - 2G = 0, \quad F_{\text{NAy}} = 42.5\text{kN}$$

（2）取左半拱为研究对象画出受力图，并建立如图 2-33（c）所示坐标系。列解平衡方程有：

$$\sum M_C(F) = 0: 6F_{NAx} + 5G - 6F_{NAy} = 0, \quad F_{NAx} = 9.2\text{kN}$$

$$\sum F_x = 0: F_{NAx} - F_{NCx} = 0, \quad F_{NCx} = 9.2\text{kN}$$

$$\sum F_y = 0: -F_{NCy} + F_{NAy} - G = 0, \quad F_{NCy} = 2.5\text{kN}$$

（3）取整体为研究对象。列解平衡方程

$$\sum F_x = 0: F_{NAx} - F_{NBx} = 0, \quad F_{NBx} = 9.2\text{kN}$$

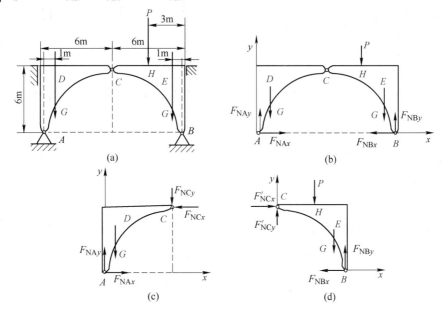

图 2-33　例 2-9 图

可见，解平面力系平衡问题的方法和步骤如下：

（1）明确题意，正确选择研究对象。

（2）分析研究对象的受力情况，画出受力图。这是解题的关键一步，尤其在处理物系平衡问题时，每确定一个研究对象就必须单独画出它的受力图，不能将几个研究对象的受力图都画在一起，以免混淆。另外，还要注意作用力、反作用力，外力、内力的区别。在受力图上内力不画出。

（3）建立坐标系。建立坐标系的原则应使每个方程中的未知量越少越好，最好每个方程中只有一个未知量。

（4）列解平衡方程，求未知量。在计算结果中，负号表示预先假设力的指向与实际指向相反。在运算中应连同符号一起代入其他方程中继续求解。

（5）讨论并校核计算结果。

物体系统中每个物体的受力分析方法和单个物体分析方法相同，但应注意以下几点：

（1）物系受力分析时往往需要画整体受力图。

（2）画单个物体受力图时，注意作用与反作用力的关系。

（3）注意判断二力构件（二力杆）。二力构件一般不作为单个物体画独立受力图。

【**例 2-10**】　组合梁 AC 和 CE 用铰链 C 相连，A 端为固定端，E 端为活动铰链支座。受力如图 2-34（a）所示。已知：$L = 8\text{m}$，$F = 5\text{kN}$，均布载荷集度 $q = 2.5\text{kN/m}$，力偶矩的大小 $M = 5\text{kN} \cdot \text{m}$，试求固端 A、铰链 C 和支座 E 的反力。

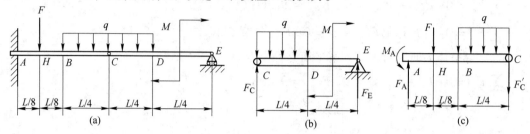

图 2-34　例 2-10 图

解：（1）取 CE 段为研究对象，受力分析如图 2-34（b）所示。列平衡方程有：

$$\sum F_y = 0 : F_C - q \times \frac{L}{4} + F_E = 0$$

$$\sum M_C(F) = 0 : -\frac{L}{4}q \times \frac{L}{8} - M + \frac{L}{2}F_E = 0$$

联立求解，可得：

$$F_E = 2.5\text{kN}（向上），F_C = 2.5\text{kN}（向上）$$

（2）取 AC 段为研究对象，受力分析如图 2-34（c）所示。列平衡方程有：

$$\sum F_y = 0 : F_A - F_C' - F - q \times \frac{L}{4} = 0$$

$$\sum M_A(F) = 0 : M_A - \frac{L}{4}q \times \frac{3L}{8} - \frac{L}{2}F_C' - \frac{L}{8}F = 0$$

$$M_A = 30\text{kN} \cdot \text{m}$$

$$F_A = -12.5\text{kN}（向下）$$

2.2　机械零件的失效及设计准则

2.2.1　失效

机械零件由于某些原因不能正常工作时，称为失效。其主要形式有断裂、大变形和表面损伤。

（1）断裂。断裂可分为韧性断裂、脆性断裂和疲劳断裂。最常见的是疲劳断裂，零件在交变应力作用下，工作时间较长时易发生。断裂是一种较为严重的失效形式，有时还会导致严重的人身设备事故。

（2）大变形。机械零件在工作时，会产生弹性变形。在允许范围内的小弹性变形对机器工作影响不大；但大的过量弹性变形会使零件或机器无法正常工作，有时还会造成较大振动，致使零件损坏。

（3）表面损伤。绝大多数零件都与别的零件发生配合关系，载荷作用于表面，因此，失效大都会出现在表面。表面损伤形式有疲劳、磨损、胶合、塑性变形等。

2.2.2　设计准则

一般零件的设计准则主要有强度准则、刚度准则、耐磨性准则、振动准则。本课程采

用的是强度准则和刚度准则，具体准则条件详见构件在各种变形情况下的运用。（后继章节中各有论述）

2.3　平面机构中拉（压）构件的强度和变形计算

所有构件都是由固体材料制成的，它们在外力作用下都会发生变形，故称为变形固体。变形固体在外力作用下所产生的物理现象是各种各样的，为了研究的方便，常常舍弃那些与所研究的问题无关或关系不大的特征，而只保留其主要特征，并通过作出某些假设将所研究的对象抽象成一种理想化的"模型"。例如，在理论力学中，为了从宏观上研究物体机械运动规律，可将物体抽象化为刚体；而在材料力学中，为了研究构件的强度、刚度和稳定性问题，则必须考虑构件的变形，即只能把构件看作变形固体。

为了简化性质复杂的变形固体，通常作出如下基本假设：

（1）续性假设。续性假设认为材料无间隙地分布于物体所占的整个空间中。根据这一假设，物体内因受力和变形而产生的内力和位移都将是连续的，因而可以表示为各点坐标的连续函数，从而有利于建立相应的数学模型。

（2）均匀性假设。均匀性假设认为物体内各点处的力学性能都是一样的，不随点的位置而变化。按此假设，从构件内部任何部位所切取的微元体，都具有与构件完全相同的力学性能。同样，通过试样所测得的材料性能，也可用于构件内的任何部位。应该指出，对于实际材料，其基本组成部分的力学性能往往存在不同程度的差异，但是，由于构件的尺寸远大于其基本组成部分的尺寸，按照统计学观点，仍可将材料看成是均匀的。

（3）各向同性假设。各向同性假设认为材料沿各个方向上的力学性能都是相同的。我们把具有这种属性的材料称为各向同性材料，如低碳钢、铸铁等。在各个方向上具有不同力学性能的材料则称为各向异性材料，如由增强纤维（碳纤维、玻璃纤维等）与基体材料（环氧树脂、陶瓷等）制成的复合材料。本书仅研究各向同性材料的构件。按此假设，在计算中就不用考虑材料力学性能的方向性，而可沿任意方位从构件中截取一部分作为研究对象。

此外，在材料力学中还假设构件在外力作用下所产生的变形与构件本身的几何尺寸相比是很小的，即小变形假设。根据这一假设，当考虑构件的平衡问题时，一般可略去变形的影响，因而可以直接应用理论力学的分析方法。

实际上，工程材料与上面所讲的"理想"材料并不完全相符合。但是，材料力学并不关心其微观上的差异，而只着眼于材料的宏观性能。实践表明，按这种理想化的材料模型研究问题，所得的结论能够很好地符合实际情况。即使对某些均匀性较差的材料（如铸铁、混凝土等），在工程上也可得到比较满意的结果。

2.3.1　轴向拉伸与压缩的概念

杆件受到与杆轴线重合的外力作用时，杆件的长度发生伸长或缩短，这种变形形式称为轴向拉伸或轴向压缩。简单桁架中的杆件通常发生轴向拉伸或压缩变形，如图 2-35（a）所示。

对于直杆，发生轴向拉伸或压缩的受力特点是，所受外力或其合力与杆轴线重合；变形特点是沿轴线方向将发生伸长或缩短变形，如图 2-35（b）所示。发生轴向拉伸与压缩的杆件一般简称为拉（压）杆。

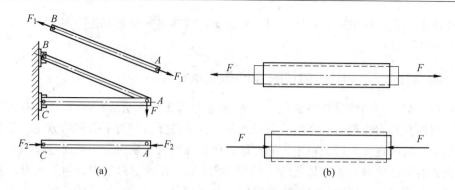

图 2-35　轴向拉伸或压缩

（a）轴向拉伸或轴向压缩实例；（b）轴向拉伸或轴向压缩力学模型

2.3.2　内力

2.3.2.1　内力的概念及特点

拉（压）杆在外力作用下产生变形，内部材料微粒之间的相对位置发生了改变，其相互作用力也发生了改变。这种由外力引起的杆件内部相互作用力的改变量，称为内力。

内力的特点是：

（1）完全由外力引起，并随着外力改变而改变。

（2）这个力若超过了材料所能承受的极限值，杆件就要断裂。

（3）内力反映了材料对外力有抗力，并传递外力。

内力的大小和分布形式与杆件的承载能力密切相关。为了保证杆件在外力作用下安全可靠地工作，必须弄清楚杆件的内力。

2.3.2.2　内力的求解

可用截面法求解内力。

截面法是用截面假想地把构件分成两部分，以显示并确定内力的方法。图 2-36 所示是以轴向拉伸杆为例，用截面法求得拉（压）杆任一横截面 m—m 上的内力（即轴力）的过程。

图 2-36 中，F_N' 与 F_N 是一对作用力与反作用力。因此，无论研究截面左段求出的内力 F_N，还是研究截面右段求出的内力 F_N'，都是 m—m 截面的内力。为了使取左段或取右段求得的同一截面上的轴力相一致，规定：轴力 F_N 的正负号由变形决定，拉伸时，为正；压缩时，为负。

截面法的步骤如下：

（1）截——沿欲求内力的截面上假想地用一截面把杆件分为两段。

（2）弃——抛弃一段（左段或右段），保留另一段为研究

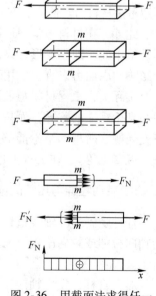

图 2-36　用截面法求得任一横截面 m—m 上的内力

对象。

（3）代——将抛弃段对保留段截面的作用力，用内力 F_N 代替。

（4）平——列平衡方程式求出该截面内力的大小。

截面法是求内力最基本的方法。应用此法应注意：

（1）外力不能沿作用线移动——力的可传性不成立；杆件是变形体，不是刚体。

（2）截面不能切在外力作用点处——要离开作用点。

2.3.2.3 轴力图

用平行于杆轴线的 x 坐标表示横截面位置，用垂直于 x 的坐标 F_N 表示横截面轴力的大小，按选定的比例，把轴力表示在 $x-F_N$ 坐标系中，描出的轴力随截面位置变化的曲线的图称为轴力图，如图 2-37 所示。

【例 2-11】 图 2-38（a）所示的等截面直杆，受轴向力 $F_1 = 15\text{kN}$，$F_2 = 10\text{kN}$ 的作用，求出杆 1—1，2—2 截面的轴力，并画出轴力图。

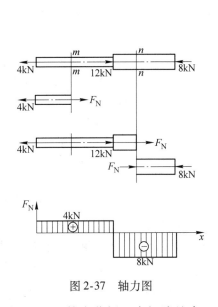

图 2-37 轴力图

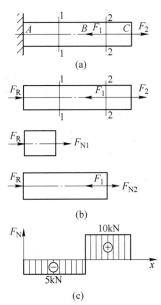

图 2-38 例 2-11 图

解：（1）外力分析。先解除约束，画杆件的受力图。

$$\sum F_x = 0: F_R - F_1 + F_2 = 0$$

解得：

$$F_R = 5\text{kN}$$

（2）内力分析。外力 F_R、F_1、F_2 将杆件分为 AB 段和 BC 段。在 AB 段，用 1—1 截面将杆件截分为两段，取左段为研究对象，右段对截面的作用力用 F_{N1} 来代替。假定内力 F_{N1} 为正，列平衡方程有：

$$\sum F_x = 0: F_{N1} + F_R = 0$$

解得：

$$F_{N1} = -F_R = -5\text{kN}$$

（3）画轴力图，如图 2-38（c）所示。

2.3.3　轴向拉伸或压缩时横截面上的应力

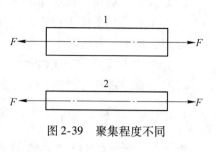

图 2-39　聚集程度不同

如图 2-39 所示，在相同的 F 力作用下，截面积小的杆 2 首先破坏。而二杆各横截面上的内力是相同的，只是内力在二杆横截面上的聚集程度不一样，这说明杆件的破坏是由内力在截面上的聚集程度决定的。内力在截面上分布的密集程度称为应力，其中垂直于杆横截面的应力称为正应力 σ，平行于横截面的应力称为切应力 τ。应力是截面单位面积上的内力。其单位为 N/mm^2 或 N/m^2。

$$1N/mm^2 = 1MPa(兆帕) = 10^6 N/m^2 = 10^6 Pa(帕)$$

观察图 2-39 所示杆件的变形，可以发现外力 F 使杆件拉伸。如果杆件上画有横向线，还可以看到横向线平行向外移动并与轴线保持垂直。

（1）变形现象：各条横向线都作了相对的平移；任意两条横向线之间的纵向线伸长均相同。

（2）平面假设：变形前为平面的横截面，变形后仍为平面，仅仅沿轴线方向平移一个段距离。也就是杆件在变形过程中横截面始终为平面。

（3）实质：发生均匀的伸长变形。

根据材料均匀性假设，设想杆件是由无数纵向纤维所组成，任一横截面处轴线方向均匀伸长，横截面上的分布内力（轴力）也应均匀，且方向垂直于横截面。

$$\sigma = \frac{F_N}{A}$$

式中，F_N 表示横截面轴力（N）；A 表示横截面面积（mm^2）。正应力 σ 的符号规定与 F_N 一致。拉应力为正；压应力为负。

2.3.4　材料在轴向拉伸或压缩时的力学性能

材料的力学性能是指材料在外力作用下，其强度和变形方面所表现出来的性能（也称机械性能）。研究材料的力学性能的目的是确定在变形和破坏情况下的一些重要性能指标，以作为选用材料，计算构件强度、刚度的依据。本节主要介绍低碳钢和铸铁在常温（指室温）、静载（指加载速度缓慢平稳）下的力学性能。

2.3.4.1　低碳钢拉（压）时的力学性能

将低碳钢加工成图 2-40 所示的试件并进行拉伸试验。由拉伸试验绘出 $F - \Delta L$ 曲线（载荷 - 变形曲线）。由于 $F - \Delta L$ 曲线与试样的尺寸有关，为了消除试件尺寸的影响，

图 2-40　低碳钢试件

常采用应力应变曲线，即 $\sigma - \varepsilon$ 曲线来代替 $F - \Delta L$ 曲线。图 2-41 所示为低碳钢试件拉断后的情况。图 2-42 所示为低碳钢试件拉伸时的曲线 $\sigma - \varepsilon$ 曲线。

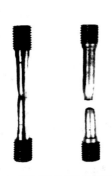

图 2-41 低碳钢试件拉断后情况

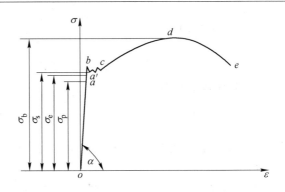

图 2-42 低碳钢试件拉伸时的曲线

（1） oa 段：在拉伸的初始阶段，应力 σ 与应变 ε 为直线关系直至 a 点，此时 a 点所对应的应力值称为比例极限，用 σ_p 表示。在 oa 段正应力与纵向线应变成正比，满足虎克定律。

$$\Delta L = \frac{F_N L}{EA}$$

$$\frac{\Delta L}{L} = \frac{F_N L}{EAL}$$

$$\varepsilon = \frac{\sigma}{E}$$

$$\sigma = E\varepsilon$$

式中，E 为弹性模量，σ 为应力，ε 为应变。

上式说明应力与应变成正比，即有 $E = \dfrac{\sigma}{\varepsilon} = \tan\alpha$ 。

（2） aa' 段：σ 与 ε 的关系已不再是直线，说明材料已不符合虎克定律。在 aa' 段内卸载，变形也随之消失，说明 aa' 段也发生弹性变形。

oa' 段称为弹性阶段。a' 点所对应的应力值记作 σ_e 为弹性极限。弹性极限与比例极限非常接近，可近似地用比例极限代替弹性极限。

（3） bc 段：应力超过弹性极限后继续加载，会出现一种现象，即应力增加很少或不增加，但应变会很快增加，这种现象称屈服。屈服极限 σ_s 是开始发生屈服的点所对应的应力，又称屈服强度。在屈服阶段应力不变而应变不断增加，材料似乎失去了抵抗变形的能力，因此产生了显著的塑性变形。此时若卸载，应变不会完全消失。所以 σ_s 是衡量材料强度的重要指标。

（4） cd 段：越过屈服阶段后，如要让试件继续变形，则必须继续加载，材料似被强化了一样，cd 段即强化阶段。强度极限是应变强化阶段的最高点（ d 点）所对应的应力。它表示材料所能承受的最大应力。过 d 点后，即应力达到强度极限后，试件局部发生剧烈收缩的现象称为颈缩，如图 2-43 所示，进而试件内部出现裂纹，名义应力下跌，至 e 点试件拉

图 2-43 颈缩

断后，弹性变形消失，但塑性变形仍保留下来。工程上用试件拉断后遗留下来的变形表示材料的塑性指标。

伸长率的计算式为：

$$\delta = \frac{L_1 - L}{L} \times 100\%$$

断面收缩率的计算式为：

$$\psi = \frac{A - A_1}{A} \times 100\%$$

式中，L_1 为试件拉断后的标距；L 是原标距；A_1 为试件断口处的最小横截面面积；A 为原横截面面积。

显然 δ、ψ 值越大，材料的塑性越好。$\delta \geqslant 5\%$ 的材料称为塑性材料，如钢材、铜、铝等。$\delta < 5\%$ 的材料称为脆性材料，如铸铁、混凝土、石料等。

一般认为低碳钢的抗拉性能与抗压性能是相同的。受压时，屈服阶段以后，试件会越压越扁，先是压成鼓形，最后变成饼状，故得不到压缩时的抗压强度，$\sigma - \varepsilon$ 曲线如图 2-44 所示。其他塑性材料拉伸时的力学性能如图 2-45 所示。对于没有明显屈服阶段的塑性材料，常用其产生 0.2% 塑性应变所对应的应力值作为名义屈服点，即屈服强度，用 $\sigma_{0.2}$ 表示。

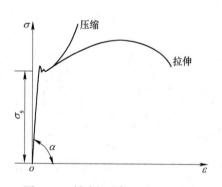

图 2-44　低碳钢试件压缩时的曲线

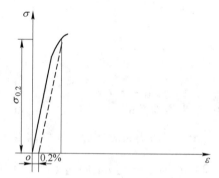

图 2-45　其他塑性材料拉伸时的曲线

2.3.4.2　铸铁拉（压）时的力学性能

铸铁拉伸曲线没有明显的直线部分和屈服阶段，如图 2-46 所示铸铁无缩颈现象而发生断裂破坏，塑性变形很小。把断裂时曲线最高点所对应的应力值记作 σ_b，称为抗拉强度。铸铁的抗拉强度较低。由于铸铁总是在较小的应力下工作，且变形很小，故可近似地认为符合虎克定律。通常在 $\sigma - \varepsilon$ 曲线上用割线 oa 近似地代替曲线 oa，并以割线 oa 的斜率作为弹性模量 E。曲线没有明显的直线部分，在应力较小时，可以近似地认为符合虎克定律。铸铁压缩时曲线没有屈服阶段，如图 2-47 所示，变形很小时沿与轴线大约成 45°的斜截面发生破裂破坏。把曲线最高点的应力值称为抗压强度，用 σ_{by} 表示。与拉伸时的曲线（虚线）比较可见，铸铁材料的抗压强度约是抗拉强度的 4～5 倍。其抗压性能远好于抗拉性能，这是脆性材料共有的属性。因此，工程中铸铁等脆性材料常用作受压构件，而不用作受拉构件。

2.3.5　许用应力和安全系数

任何工程材料能承受的应力都是有限度的。材料丧失正常工作能力时的应力称为极限

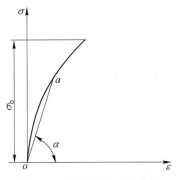
图 2-46　铸铁拉伸时的曲线

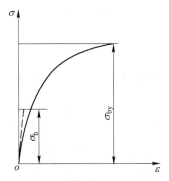
图 2-47　铸铁压缩时的曲线

应力。塑性材料在应力达到屈服点后，将发生明显的塑性变形，从而影响构件安全正常地工作，所以塑性变形是塑性材料破坏的标志。塑性材料的极限应力为屈服强度 σ_s（或屈服强度 $\sigma_{0.2}$）。脆性材料没有明显的塑性变形，断裂是脆性材料破坏的标志。其极限应力为抗拉强度 σ_b 和抗压强度 σ_{by}。构件的工作应力必须小于材料的极限应力。许用应力 $[\sigma]$ 是构件安全工作时，材料允许承受的最大应力。许用应力等于极限应力除以大于 1 的安全系数 n。塑性材料的安全系数取 1.2~2.5，脆性材料的安全系数取 2.0~3.5。安全工作的强度条件是最大工作应力不超过材料的许用应力，即

$$\sigma_{max} = \frac{F_N}{A} \leqslant [\sigma]$$

应用强度条件可解决三类问题：

（1）校核强度。已知外力 F、横截面积 A 和许用应力 $[\sigma]$，计算出最大工作应力，检验是否满足强度条件，从而判断构件是否能够安全可靠工作。

（2）设计截面。已知外力 F、许用应力 $[\sigma]$，由 $A \geqslant F_N/[\sigma]$ 计算出截面面积 A，然后根据工程要求的截面形状，设计出构件的截面尺寸。

（3）确定许可载荷。已知构件的截面面积 A、许用应力 $[\sigma]$，由 $F_{Nmax} \leqslant A[\sigma]$ 计算出构件所能承受的最大内力 F_{Nmax}，再根据内力与外力的关系，确定出构件允许的许可载荷值 $[F]$。

工程实际中，进行构件的强度计算时，根据有关设计规范，最大工作应力若大于许用应力，但只要不超过许用应力的 5% 也是允许的。

【例 2-12】　图 2-48 为某铣床工作台进给油缸，缸内工作油压 $p = 2MPa$，油缸内径 $D = 75mm$，活塞杆直径 $d = 18mm$，已知活塞杆材料的许用应力 $[\sigma] = 50MPa$，试校核活塞杆的强度。

解：（1）求活塞杆的轴力。

$$F_N = pA_1 = p\frac{\pi}{4}(D^2 - d^2) = 2 \times \frac{\pi}{4}(75^2 - 18^2)$$

（2）按强度条件校核。

$$\sigma = \frac{F_N}{A} = \frac{2 \times \dfrac{\pi}{4}(75^2 - 18^2)}{\dfrac{\pi}{4} \times 18^2} MPa = 32.6MPa$$

$\sigma < [\sigma]$，活塞杆的强度足够。

2.3.6　拉（压）杆的变形

（1）绝对变形。如图 2-49 所示，轴向变形是拉（压）杆的纵向伸长（或缩短）量，用 ΔL 表示。

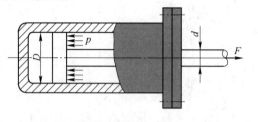

图 2-48　进给油缸

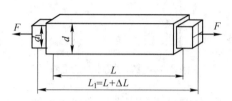

图 2-49　拉（压）杆的变形

$$\Delta L = L_1 - L$$

ΔL 在拉伸时为正，压缩时为负。

横向变形是横向缩短（或伸长）量，用 Δd 表示。$\Delta d = d_1 - d$，拉伸时为"负"；压缩时为"正"。

（2）相对变形。绝对变形与杆件的原长有关，不能准确反映杆件变形的程度。消除杆长的影响，可以得到单位长度的变形量，即相对变形。

$$\varepsilon = \frac{\Delta L}{L} \qquad \varepsilon' = \frac{\Delta d}{d}$$

式中，ε 是轴向线应变；ε' 是横向线应变。ε 和 ε' 都是无量纲量。

（3）横向变形系数。实验表明，当应力不超过某一限度时，其横向线应变 ε 与轴向线应变 ε' 的比值为一常数，记作 μ，称为横向变形系数或泊松比。

$$\varepsilon' = -\mu\varepsilon$$

2.4　剪切与挤压强度计算

在工程中，为了将构件相互连接起来，常用铆钉、螺栓、键或销钉等连接，这些起连接作用的部件统称为连接件。连接件的受力与变形一般是很复杂的，很难做出精确的理论分析。因此，工程中通常采用实用的简化分析方法或称为假定计算方法。其要点是：一方面假定应力分布规律，从而计算出各部分的名义应力；另一方面，根据实物或模拟实验，并采用同样的计算方法，由破坏载荷确定材料的极限应力，然后，再根据上述两方面的结果建立其强度条件。实践表明，这种假定计算方法是可靠的。现以铆钉等连接为例，介绍有关概念与计算方法。

2.4.1　剪切的概念与实用计算

考察如图 2-50（a）所示的铆钉连接，显然，铆钉在两侧面上分别受到大小相等、方向相反、作用线相距很近的两组外力系的作用（见图 2-50b）。铆钉在这样的外力作用下，将沿两侧外力之间，并与外力作用线平行的截面 m—m 发生相对错动，这种变形形式称为剪切。发生剪切变形的截面 m—m 称为受剪面或剪切面。应用截面法，可求得受剪面 m—

m 上的剪力 F_s（见图 2-50c）。在工程实用计算中，通常假定受剪面上的切应力均匀分布，因此，受剪面上的名义切应力 τ 为：

$$\tau = \frac{F_s}{A_s}$$

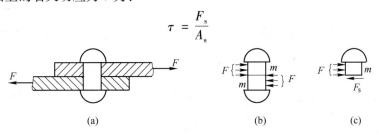

图 2-50　剪切的实用计算

然后，通过直接试验，求得剪切破坏时材料的极限名义切应力，再除以安全因数，即得材料的许用切应力。于是，剪切强度条件为：

$$\tau = \frac{F_s}{A_s} \leqslant [\tau]$$

式中，F_s 为受剪面上的剪力；A_s 为受剪面的面积。

2.4.2 挤压的概念与实用计算

在如图 2-50 所示的铆钉连接中，铆钉除发生剪切变形外，在连接板孔边与铆钉之间还存在着相互压紧的现象，称为挤压。挤压发生在构件相互接触的局部面积上（这也是与压缩的最大区别），它在构件接触面附近的局部区域内发生较大的接触应力，称为挤压应力，并用下角标 bs 表示。挤压应力是垂直于接触面的正应力。当挤压应力过大时，将会在二者接触的局部区域产生过量的塑性变形，从而导致二者失效。挤压接触面上的应力分布同样也是很复杂的，在工程计算中也是采用假定计算，即假定挤压应力在有效挤压面上均匀分布。于是，可得名义挤压应力为：

$$\sigma_{bs} = \frac{F_{bs}}{A_{bs}}$$

式中，F_{bs} 为接触面上的挤压力；A_{bs} 为有效挤压面面积。

当挤压面为平面接触时，有效挤压面面积等于实际承压面积（如平键）；当挤压面为圆柱面接触时，有效挤压面面积为实际承压面积在垂直于挤压力的直径平面上的投影面积（如螺栓、销钉等）。然后，通过直接试验，求出材料的极限名义挤压应力，从而确定许用挤压应力 $[\sigma_{bs}]$。于是，挤压强度条件为：

$$\sigma_{bs} = \frac{F_{bs}}{A_{bs}} \leqslant [\sigma_{bs}]$$

应当注意，挤压应力是在连接件和被连接件之间相互作用的。因而，当两者材料不同时，应校核其中许用挤压应力较低的材料的挤压强度。

上面介绍的实用计算方法，从理论上看虽不够完善，但对一般的连接件来说，用这种简化方法计算还是比较方便和切合实际的，故在工程计算中被广泛地应用着。

2.5　圆轴扭转

扭转是杆件的基本变形之一，图 2-51 所示为扭转实例。工程中常把以扭转变形为主要变形的直杆称为轴。圆轴在工程中最常见，本节将研究圆轴扭转时的应力与强度计算。

扭转变形的特点有：

（1）受力特点。在杆件两端垂直于杆轴线的平面内作用一对大小相等，方向相反的外力偶。

（2）变形特点。横截面绕轴线发生相对转动，出现扭转变形。

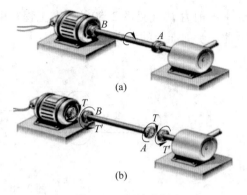

2.5.1　扭矩和扭矩图

图 2-51　扭转实例

首先计算作用于轴上的外力偶矩，再分析圆轴横截面的内力，然后计算轴的应力和变形，最后进行轴的强度及刚度计算。外力偶矩按下式计算：

$$M_e = 9.55 \times 10^6 \frac{P}{n}$$

式中，M_e 为外力偶矩（N·mm）；P 为功率（kW）；n 为转速（r/min）。

主动轮的输入功率所产生的力偶矩转向与轴的转向相同；从动轮的输出功率所产生的力偶矩转向与轴的转向相反。圆轴扭转时的内力是扭矩。

用截面法求横截面的内力方法如图 2-52 所示。

规定（右手螺旋法则）：以右手手心对着轴，四指沿扭矩的方向屈起，拇指的方向离开截面，扭矩为正，反之为负。注意：扭矩的正、负不是计算出来的。

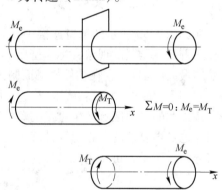

图 2-52　截面法求横截面的内力

如图 2-53 所示，输入一个不变转矩 M_{e1}，不计摩擦，轴输出的阻力矩为 $M_{e2} = 2M_{e1}/3$，$M_{e3} = M_{e1}/3$，外力偶矩 M_{e1}、M_{e2}、M_{e3} 将轴分为 AB 和 BC 两段，应用截面法可求出各段横截面的扭矩。

扭矩图是用平行于杆轴线的 x 坐标表示横截面的位置，用垂直于 x 轴的坐标 M_T 表示横截面扭矩的大小，描画出截面扭矩随截面位置变化的曲线。

2.5.2　圆轴扭转时的应力与强度计算

前面已经讨论了扭转的扭矩的计算、扭矩图的绘制、圆轴扭转的应力的计算公式、强度条件。在本节中讨论扭转的强度应用、刚度条件及应用、应力与变形有关。

2.5.2.1　扭转变形

观察图 2-54 扭转变形，在小变形的情况下：

（1）各圆周线的形状、大小及圆周线之间的距离均无变化；各圆周线绕轴线转动了不

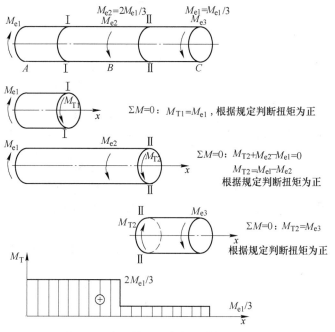

图 2-53　应用截面法求各段横截面的扭矩

同的角度。

（2）所有纵向线仍近似地为直线，只是同时倾斜了同一角度 γ。

扭转变形的平面假设：圆轴扭转时，横截面保持平面，并且只在原地发生刚性转动。

在平面假设的基础上，扭转变形可以看做是各横截面像刚性平面一样，绕轴线做相对转动，由此可以得出：

（1）扭转变形时，由于圆轴相邻横截面间的距离不变，即圆轴没有纵向变形发生，所以横截面上没有正应力。

（2）扭转变形时，各纵向线同时倾斜了相同的角度；各

图 2-54　扭转变形

横截面绕轴线转动了不同的角度，相邻截面产生了相对转动并相互错动，发生了剪切变形，所以横截面上有切应力。

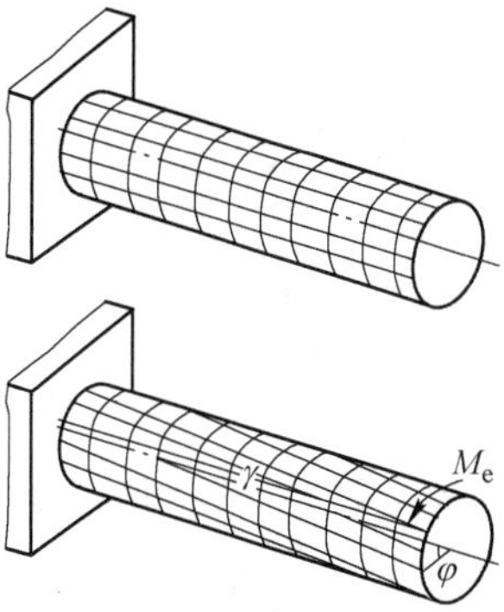

2.5.2.2　切应力

由图 2-55，根据静力平衡条件，推导出截面上任一点的切应力计算公式：

$$\tau_\rho = \frac{M_T\rho}{I_P}$$

式中，τ_ρ 为横截面上任一点的切应力（MPa）；M_T 为横截面上的扭矩（N·mm）；ρ 为欲求应力的点到圆心的距离（mm）；I_P 为截面对圆心的极惯性矩（mm^4）。

圆轴扭转时，横截面边缘上各点的切应力的分布如图 2-56 所示，横截面边缘上各点的切应力最大（$\rho = R$），其值为：

$$\tau_{\max} = \frac{M_T R}{I_P}$$

令 $W_P = \dfrac{I_P}{R}$，则有

$$\tau_{\max} = \frac{M_T}{W_P}$$

式中，W_P 为抗扭截面系数（mm³）。极惯性矩与抗扭截面系数表示了截面的几何性质，其大小与截面的形状和尺寸有关。

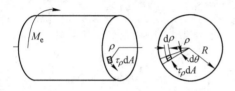

图 2-55 截面扭矩

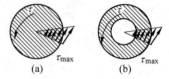

图 2-56 切应力的分布

（1）实心轴如图 2-57（a）所示，设直径为 D，则有：

$$I_P = \frac{\pi D^4}{32} \approx 0.1 D^4$$

$$W_P = \frac{I_P}{R} = \frac{\pi D^3}{16} \approx 0.2 D^3$$

（2）空心轴如图 2-57（b）所示，设外径为 D，内径为 d，$\alpha = d/D$，则有：

$$I_P = \frac{\pi D^4}{32} - \frac{\pi d^4}{32} = \frac{\pi D^4}{32}(1 - \alpha^4) \approx 0.1 D^4 (1 - \alpha^4)$$

$$W_P = \frac{I_P}{R} = \frac{\pi D^3}{16}(1 - \alpha^4) \approx 0.2 D^3 (1 - \alpha^4)$$

2.5.2.3 圆轴扭转时的强度计算

$$\tau_{\max} = \frac{M_{T\max}}{W_P} \leqslant [\tau]$$

对于阶梯轴，因为抗扭截面系数 W_P 不是常量，最大工作应力 $\tau_{\max}$ 不一定发生在最大扭矩 $M_{T\max}$ 所在的截面上。要综合考虑扭矩 M_T 和抗扭截面系数 W_P，按这两个因素来确定最大切应力 $\tau_{\max}$。对于许用切应力 $[\tau]$，通常塑性材料取 $[\tau] = (0.5 \sim 0.6)[\sigma_l]$，脆性材料取 $[\tau] = (0.8 \sim 1.0)[\sigma_l]$。

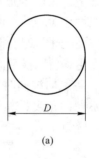
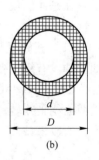

(a)   (b)

图 2-57 实心轴与空心轴

【例 2-13】 某一传动轴所传递的功率 $P = 80\text{kW}$，转速 $n = 582\text{r/min}$，直径 $d = 55\text{mm}$，材料的许用切应力 $[\tau] = 50\text{MPa}$，试校核该轴的强度。

解：（1）计算外力偶矩。

$$M_e = 9.55 \times 10^6 \frac{P}{n} = 9.55 \times 10^6 \frac{80}{582} \text{N} \cdot \text{mm} = 1312700 \text{N} \cdot \text{mm}$$

（2）计算扭矩。该轴可认为是在其两端面上受一对平衡的外力偶矩作用，由截面法得

$M_T = M_e = 1312700 \text{N} \cdot \text{mm}$。

（3）校核强度。

$$\tau_{max} = \frac{M_T}{M_P} = \frac{1312700}{0.2 \times 55^3} \text{MPa} = 39.5\text{MPa} < [\tau]$$

所以，轴的强度满足要求。

2.5.3 圆轴扭转时的变形与刚度计算

2.5.3.1 圆轴扭转时的变形扭角

φ 为圆轴扭转时，任意两横截面产生的相对角位移。等直圆轴的扭角 φ 的大小与扭矩 M_T 及轴的长度 L 成正比，与横截面的极惯性矩 I_P 成反比

$$\varphi = \frac{M_T L}{G I_P}$$

式中，φ 为扭角（rad）；G 为材料的切变模量（GPa）。

当扭矩 M_T 及杆长 L 一定时，GI_P 越大，扭角 φ 就越小，GI_P 反映了圆轴抵抗扭转变形的能力，称为轴的抗扭刚度。如果两截面之间的扭矩值有变化，或轴径不同，则应分段计算出相应各段的扭角，然后叠加。

2.5.3.2 扭转时的刚度计算

等直圆轴的刚度条件为：

$$\theta_{max} = \frac{\varphi}{L} = \frac{M_{Tmax}}{G I_P} \leqslant [\theta]$$

式中，θ_{max} 为单位长度的最大扭角，单位为 rad/m，而工程上许用单位长度扭角 $[\theta]$ 的单位为（°）/m。

注意：对于阶梯轴，因为极惯性矩 I_P 不是常量，所以最大单位长度扭角不一定发生在最大扭矩 M_{Tmax} 所在的轴段上。要综合考虑扭矩 M_T 和极惯性矩 I_P 来确定最大单位长度扭角 θ_{max}。

$$\theta_{max} = \frac{M_T}{G I_P} \times \frac{180°}{\pi} \leqslant [\theta]$$

应用扭转强度条件，可以校核强度、设计截面和确定许可载荷。

【例 2-14】 如图 2-58 所示阶梯轴，直径分别为 $d_1 = 40\text{mm}$，$d_2 = 55\text{mm}$，已知 C 轮输入转矩 $M_{eC} = 1432.5\text{N} \cdot \text{m}$，$A$ 轮输出转矩 $M_{eA} = 620.8\text{N} \cdot \text{m}$，轴的转速 $n = 200\text{r/min}$，轴材料的许用切应力 $[\tau] = 60\text{MPa}$，许用单位长度扭角 $[\theta] = 2(°)/\text{m}$，切变模量 $G = 80\text{GPa}$，试校核该轴的强度和刚度。

解：（1）作扭矩图如图 2-59 所示。由图可知，M_{Tmax} 在 BC 段，但 AB 段较细。危险截面可能发生在 d_1 截面处，也可能发生在 BC 段。

（2）校核强度。AB 段：

$$\tau_1 = \frac{M_{T1}}{W_{P1}} = \frac{620.8 \times 10^3}{0.2 \times 40^3} \text{MPa} = 48.5\text{MPa}$$

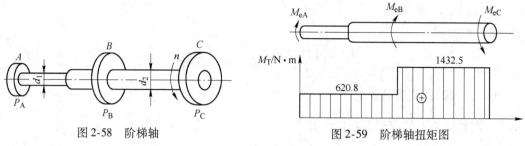

图 2-58　阶梯轴　　　　　　　　　　图 2-59　阶梯轴扭矩图

BC 段：

$$\tau_2 = \frac{M_{T2}}{W_{P2}} = \frac{1432.5 \times 10^3}{0.2 \times 55^3} \text{MPa} = 43.1 \text{MPa}$$

$$\tau_{max} = \tau_1 = 48.5 \text{MPa} < [\tau]$$

轴的强度满足要求。

（3）校核刚度。*AB* 段：

$$\theta_1 = \frac{M_{T1}}{GI_{P1}} \times \frac{180°}{\pi} = \frac{620.8 \times 10^3 \times 180° \times 10^3}{80 \times 10^3 \times 0.1 \times 40^4 \times \pi} (°)/\text{m} = 1.737 (°)/\text{m}$$

BC 段：

$$\theta_2 = \frac{M_{T2}}{GI_{P2}} \times \frac{180°}{\pi} = \frac{1432.5 \times 10^3 \times 180° \times 10^3}{80 \times 10^3 \times 0.1 \times 55^4 \times \pi} (°)/\text{m} = 1.121 (°)/\text{m}$$

$$\theta_{max} = \theta_1 = 1.737 (°)/\text{m} < [\theta]$$

轴的刚度也满足要求。

2.6　平面弯曲

工程实际中，存在大量的受弯曲杆件，如火车轮轴、桥式起重机大梁（见图 2-60）。

2.6.1　直梁平面弯曲的概念

弯曲变形是指杆件在垂直于其轴线的载荷

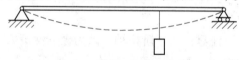

作用下，使原为直线的轴线变为曲线的变形。

图 2-60　直梁平面弯曲

梁是以弯曲变形为主的直杆称为直梁，简称梁。梁的受力特点是在轴线平面内受到力偶矩或垂直于轴线方向的外力的作用。引起弯曲变形的载荷类型有集中力、集中力偶、分布载荷。

梁的类型有：

（1）简支梁，如图 2-61（a）所示。

（2）外伸梁，如图 2-61（b）所示。

（3）悬臂梁，如图 2-61（c）所示。

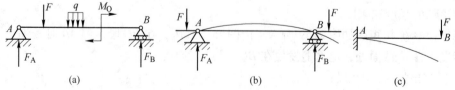

（a）　　　　　　　　　　（b）　　　　　　　　　（c）

图 2-61　梁的类型

（a）简支梁；（b）外伸梁；（c）悬臂梁

2.6.2 梁弯曲时横截面上的内力——剪力和弯矩

求梁弯曲时横截面上的内力的方法为截面法。截面法的核心是截开、代替、平衡。

【例2-15】 图2-62所示的悬臂梁 AB，长为 l，受均布载荷 q 的作用，求梁各横截面上的内力。

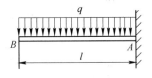

图 2-62 直梁平面弯曲

解：为了显示任一横截面上的内力，假想在距梁的左端为 x 处沿 m—m 截面将梁切开，如图 2-63（a）所示。

剪力方程：$\sum F_y = 0$

$$- qx - F_Q = 0$$

$$F_Q = - qx \ (0 \leqslant x \leqslant l)$$

弯矩方程：$\sum M_C = 0$

$$M + qx \times \frac{x}{2} = 0$$

$$M = - \frac{1}{2}qx^2 \ (0 \leqslant x \leqslant l)$$

由剪力方程和弯矩方程，代入相应数据可以求得梁各横截面上的内力——剪力和弯矩。梁发生弯曲变形时，横截面上同时存在着剪力和弯矩两种内力。剪力的作用线切于截面、通过截面形心并在纵向对称面内。弯矩位于纵向对称面内。剪切弯曲是横截面上既有剪力又有弯矩的弯曲。纯弯曲是梁的横截面上只有弯矩而没有剪力。工程上一般梁（跨度 L 与横截面高度 h 之比 $L/h > 5$），其剪力对强度和刚度的影响很小，可忽略不计，故只需考虑弯矩的影响而近似地作为纯弯曲处理。

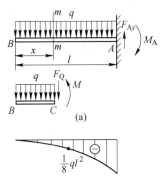

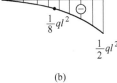

图 2-63 例 2-15 图

规定：使梁弯曲成上凹下凸的形状时，弯矩为正，反之使梁弯曲成下凹上凸形状时，弯矩为负，如图 2-64 所示。

2.6.3 弯矩图

以与梁轴线平行的坐标 x 表示横截面位置，纵坐标 y 按一定比例表示各截面上相应弯矩的大小的图为弯矩图。

图 2-64 梁弯曲弯矩正负

【例2-16】 试作出图2-62中悬臂梁的弯矩图。

解：（1）建立弯矩方程。由例2-15知弯矩方程为：

$$M = - \frac{1}{2}qx^2 \ (0 \leqslant x \leqslant l)$$

当 $x = 0$ 时，$M = 0$；当 $x = l$ 时，$M = - \frac{1}{2}qx^2$；当 $x = \frac{l}{2}$ 时，$M = - \frac{1}{8}qx^2$。

（2）画弯矩图。弯矩方程为一元二次方程，其图像为抛物线。求出其极值点相连便可近似作出其弯矩图，如图2-63（b）所示。

【例2-17】 图2-65（a）所示的简支梁 AB 在 C 点处受到集中力 F 作用，尺寸 a、b 和

l 均为已知，试作出梁的弯矩图。

解: (1) 求约束反力。

$$\sum M_{\mathrm{B}} = 0: F \times b - F_{\mathrm{Ay}} \times l = 0$$

$$F_{\mathrm{Ay}} = \frac{b}{l}F$$

$$\sum M_{\mathrm{A}} = 0: F_{\mathrm{By}} \times l - F \times a = 0$$

$$F_{\mathrm{By}} = \frac{a}{l}F$$

(2) 建立弯矩方程。上例中梁受连续均布载荷作用，各横截面上的弯矩为 x 的一个连续函数，故弯矩可用一个方程来表达，而本例在梁的 C 点处有集中力 F 作用，所以梁应分成 AC 和 BC 两段分别建立弯矩方程。

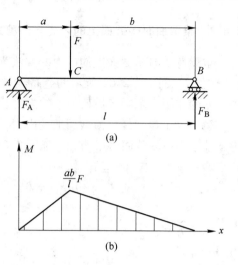

图 2-65　简支梁

AC 段:

$$M - F_{\mathrm{A}}x_1 = 0$$

$$M = F_{\mathrm{A}}x_1 = \frac{b}{l}Fx_1 \ (0 \leqslant x_1 \leqslant a)$$

BC 段:

$$M - F_{\mathrm{A}}x_2 + F(x_2 - a) = 0$$

$$M = F_{\mathrm{A}}x_2 - F(x_2 - a) = \frac{b}{l}Fx_2 - Fx_2 + aF = -\frac{a}{l}Fx_2 + aF \ (a \leqslant x_2 \leqslant l)$$

(3) 画弯矩图。

当 $x_1 = 0$ 时, $M = 0$; 当 $x_1 = a$ 时, $M = \frac{ab}{l}F$ 。

当 $x_2 = a$ 时, $M = \frac{ab}{l}F$; 当 $x_2 = l$ 时, $M = 0$ 。

弯矩图如图 2-65 (b) 所示。

【例 2-18】 图 2-66 所示的简支梁 AB，在 C 点处受到集中力偶 M_0 作用，尺寸 a、b 和 l 均已知，试作出梁的弯矩图。

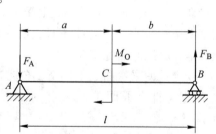

图 2-66　简支梁受到集中力偶作用

解: (1) 求约束反力。

$$F_{\mathrm{A}} = F_{\mathrm{B}} = \frac{M_0}{l}$$

(2) 建立弯矩方程。由于梁在 C 点处有集中力偶 M_0 作用，所以梁应分为 AC 和 BC 两段分别建立弯矩方程。

AC 段:

$$M + F_{\mathrm{A}}x_1 = 0$$

$$M = -F_{\mathrm{A}}x_1 = -\frac{M_0}{l}x_1 \ (0 \leqslant x_1 \leqslant a)$$

BC 段:

$$M - M_0 + F_{\mathrm{A}}x_2 = 0$$

$$M = M_0 - F_{\mathrm{A}}x_2 = M_0 - \frac{M_0}{l}x_2 \ (0 \leqslant x_2 \leqslant b)$$

(3) 画弯矩图。由于两个弯矩方程均为直线方程，故有:

$$x_1 = 0 , M = 0 ; x_1 = a , M = -\frac{a}{l}M_O$$

因此弯矩图如图 2-67 所示。

图 2-67　弯矩图

2.6.4　平面弯曲正应力与弯曲强度条件

2.6.4.1　梁纯弯曲的概念

纯弯曲是指梁的横截面上只有弯矩而没有剪力，如图 2-68 所示，即 $Q = 0$，$M = $ 常数。

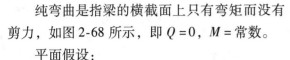

图 2-68　纯弯曲

平面假设：

（1）变形前为平面变形后仍为平面 。

（2）横截面始终垂直于轴线。

中性层是既不缩短也不伸长（不受压不受拉）的层，如图 2-69 所示。中性层是梁上拉伸区与压缩区的分界面。变形时横截面是绕中性轴旋转的。

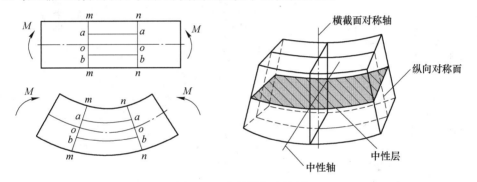

图 2-69　中性轴与中性层

2.6.4.2　梁纯弯曲时横截面上正应力的分布规律

纯弯曲时梁横截面上只有正应力而无切应力。由于梁横截面保持平面，所以沿横截面高度方向纵向纤维从缩短到伸长是线性变化的，因此横截面上的正应力沿横截面高度方向也是线性分布的。以中性轴为界，凹边是压应力，使梁缩短；凸边是拉应力，使梁伸长。横截面上同一高度各点的正应力相等。距中性轴最远点有最大拉应力和最大压应力。中性轴上各点正应力为零。

2.6.4.3　梁纯弯曲时正应力计算公式

在弹性范围内，经推导可得梁纯弯曲时横截面上任意一点的正应力为：

$$\sigma = \frac{My}{I_z}$$

式中，M 为作用在该截面上的弯矩（N·mm）；y 为计算点到中性轴的距离（mm）；I_z 为横截面对中性轴 z 的惯性矩（mm⁴）。

在中性轴上 $y = 0$，所以 $\sigma = 0$；当 $y = y_{max}$ 时，$\sigma = \sigma_{max}$。最大正应力产生在离中性轴最

远的边缘处：

$$\sigma_{max} = \frac{My_{max}}{I_z} \quad 或 \quad \sigma_{max} = \frac{M}{W_z}$$

$$W_z = \frac{I_z}{y_{max}}$$

计算时，M 和 y 均以绝对值代入，至于弯曲正应力是拉应力还是压应力，则由欲求应力的点处于受拉侧还是受压侧来判断。受拉侧的弯曲正应力为正，受压侧的为负。

弯曲正应力计算式虽然是在纯弯曲的情况下导出的，但对于剪切弯曲的梁，只要其跨度 L 与横截面高度 h 之比 $L/h > 5$，仍可运用这些公式计算弯曲正应力。

简单截面的惯性矩和抗弯截面模量计算公式见表 2-1。

表 2-1   简单截面的惯性矩和抗弯截面模量计算公式

截面形状			
惯性矩	$I_z = \dfrac{bh^3}{12}$ $I_y = \dfrac{hb^3}{12}$	$I_z = I_y = \dfrac{\pi D^3}{64}$ $\approx 0.05D^4$	$I_z = I_y = \dfrac{\pi}{64}(D^4 - d^4)$ $\approx 0.05D^4(1-\alpha^4)$ 式中 $\alpha = \dfrac{d}{D}$
抗弯截面模量	$W_z = \dfrac{bh^2}{6}$ $W_y = \dfrac{hb^2}{6}$	$W_z = W_y = \dfrac{\pi D^3}{32}$ $\approx 0.1D^3$	$W_z = W_y = \dfrac{\pi D^3}{32}(1-\alpha^4)$ $\approx 0.1D^3(1-\alpha^4)$ 式中 $\alpha = \dfrac{d}{D}$

2.6.4.4 梁纯弯曲时的强度条件

$$\sigma_{max} = \frac{M}{W_z} \leqslant [\sigma]$$

对于等截面梁，弯矩最大的截面就是危险截面，其上、下边缘各点的弯曲正应力即为最大工作应力。具有最大工作应力的点一般称为危险点。

梁的弯曲强度条件是：梁内危险点的工作应力不超过材料的许用应力。运用梁的弯曲强度条件，可对梁进行强度校核、设计截面和确定许可载荷。

2.6.4.5 提高梁强度的主要措施

（1）合理安排梁的支承来降低弯矩，如图 2-70 所示。

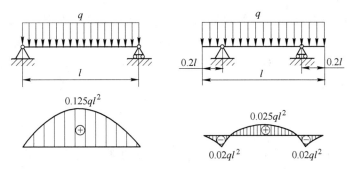

图 2-70 降低弯矩 M

（2）合理布置载荷，如图 2-71 所示。

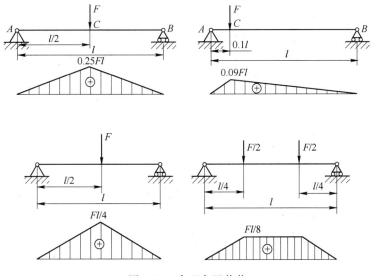

图 2-71 合理布置载荷

（3）合理选择梁的截面。合理的截面应该是用最小的截面面积（即用材料少），得到大的抗弯截面模量 W_z。形状和面积相同的截面，采用不同的放置方式，则 W_z 值可能不相同，如图 2-72 所示。

$$W_z = \frac{bh^2}{6}, \quad h > b$$

梁竖放时（见图 2-72a）抗弯截面模量大，承载能力强，不易弯曲；平放时（见图 2-72b），抗弯截面模量小，承载能力差，易弯曲。工字钢、槽钢等梁放置方式不同，其抗弯截面模量不同，承载能力也不同。面积相等而形状不同的截面，其抗弯截面模量

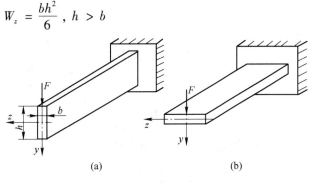

图 2-72 不同的放置方式

W_z 值不相同。材料远离中性轴的截面（如圆环形、工字形等）比较经济合理。对于矩形

截面，则可把中性轴附近的材料移置到上、下边缘处而形成工字形截面。工程中的吊车梁、桥梁常采用工字形、槽形或箱形截面，房屋建筑中的楼板采用空心圆孔板。截面形状应与材料特性相适应，对抗拉和抗压强度相等的塑性材料，宜采用中性轴对称的截面，如圆形、矩形、工字形等。

$$\frac{\sigma_{l\max}}{\sigma_{y\max}} = \frac{y_1}{y_2} = \frac{[\sigma]_l}{[\sigma]_y}$$

对抗拉强度小于抗压强度的脆性材料，宜采用中性轴偏向受拉一侧的截面形状，如图2-73所示。

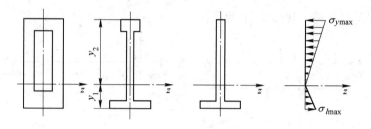

图 2-73　不对称截面

对于等截面梁，除 $M_{\max}$ 所在截面的最大正应力达到材料的许用应力外，其余截面的应力均小于甚至远小于许用应力。

为了节省材料，减轻结构的重量，可在弯矩较小处采用较小的截面，这种截面尺寸沿梁轴线变化的梁称为变截面梁。

使变截面梁每个截面上的最大正应力都等于材料的许用应力，则这种梁称为等强度梁。

（4）集中力改为均布力，如图2-74所示。

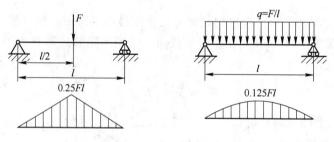

图 2-74　集中力改为均布力

2.7　组合变形时的强度计算

2.7.1　弯曲与拉压组合变形的强度计算

设矩形等截面悬臂梁如图2-75（a）所示，外力 F 位于梁的纵向对称平面 Ozy 内，并与梁的轴线 x 成 α 角。将外力 F 分解为轴向力 $F_x = F\cos\alpha$ 和横向力 $F_y = F\sin\alpha$。力 F_x 使梁产生拉伸变形，力 F_y 使梁产生平面弯曲，所以梁产生弯曲与拉伸的组合变形。画出梁的轴力图和弯矩图（见图2-75c、d）。由图可知，危险截面在悬臂梁的根部（O 截面），截面 O 上的应力分布如图2-75（e）所示。它由轴力 $F_N = F\cos\alpha$ 引起的正应力 $\sigma_N = \dfrac{F\cos\alpha}{A}$ 和弯矩 M 引起的正应力 $\sigma_M = \dfrac{Fl\sin\alpha}{W_z}$ 叠加而得。从截面 O 的应力分布可以看出，上、下边缘各点为危险点（见图2-75a中的 a、b 点），且均处于单向应力状态（见图2-75f）。

从图2-75（a）、（e）中可以看出，对抗拉与抗压性能相同的塑性材料，当发生弯曲与拉伸组合变形时，最大拉应力发生在 O 截面的上边缘；当发生弯曲与压缩组合变形时，最大压应力发生在 O 截面的下边缘。强度条件可写成统一的式子，即：

$$\frac{M_{max}}{W_z} + \frac{F_n}{A} \leqslant [\sigma]$$

对于抗拉与抗压性能不相同的脆性材料，可根据危险截面上、下边缘应力分布的实际情况，按上述方法分别进行计算。

【例2-19】 如图2-76所示夹具，$F = 2\text{kN}$，$e = 60\text{mm}$，$b = 10\text{mm}$，$h = 22\text{mm}$。试校核竖杆的强度。

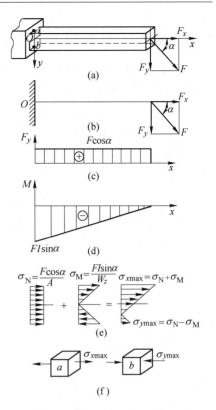

图2-75 悬臂梁的拉弯组合变形

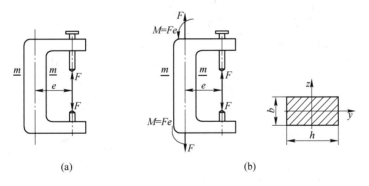

图2-76 例2-19图

解： 一对轴向力 F 和一对在竖杆的 xy 平面内的力偶，其力偶矩 $M = Fe$。显然，竖杆将发生弯曲和拉伸的组合变形。其任一横截面 m—m 上的轴力和弯矩分别为：

$$F = F_N = 2\text{kN}$$

$$M = Fe = 2000 \times 0.06 = 120\text{N} \cdot \text{m}$$

竖杆的危险点是在横截面内侧边缘处。因为在该处对应于轴力和弯矩所产生的应力都是拉应力。此危险点的应力为：

$$\sigma_{max} = \frac{F_N}{A} + \frac{M_{max}}{W_z} = \frac{2000}{0.01 \times 0.022} + \frac{120 \times 6}{0.01 \times 0.022^2} = 158\text{MPa} < [\sigma] = 160\text{MPa}$$

竖杆的强度足够。

2.7.2　梁弯扭时的强度条件及计算

工程上机械传动中的转轴，一般都在弯曲与扭转的组合变形下工作。现讨论弯曲与扭转圆轴的应力分布。

画出弯扭组合变形的圆轴（见图 2-77a）的弯矩图和扭矩图（见图 2-77 b、c）。由此可以分析，在危险截面 A 上必然存在弯曲正应力和扭转切应力，其分布情况如图 2-77 （d）所示，C、D 两点为危险点，且有

$$\sigma = \frac{M}{W_z} \quad \tau = \frac{T}{W_p}$$

一般转轴由塑性材料制成，故按第三强度理论和第四强度理论的强度条件有：

$$\sigma_{r3} = \frac{\sqrt{W^2 + T^2}}{W_z} \leqslant [\sigma]$$

$$\sigma_{r4} = \frac{\sqrt{M^2 + T^2}}{W_z} \leqslant [\sigma]$$

需要强调的是，上面两式只适用于塑性材料制成的圆轴（包括空心圆轴）在弯曲与扭转组合变形时的强度计算。

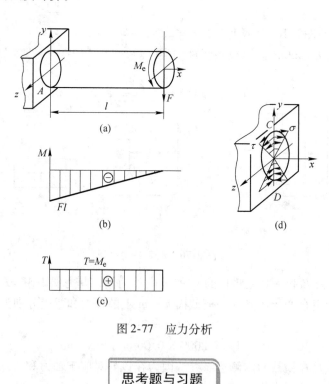

图 2-77　应力分析

思考题与习题

2-1　画出图 2-78 中各杆件的受力图与系统整体的受力图。图中未画重力的各杆件的自重不计，所有接触处均为光滑接触。

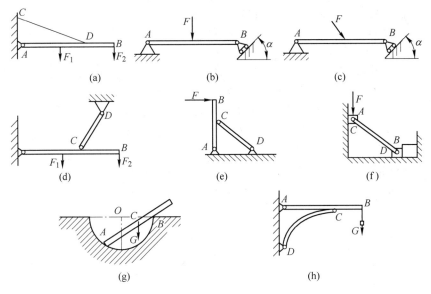

图 2-78 题 2-1 图

2-2 如图 2-79 所示，输电线 ABC 架在两电线杆之间，形成一下垂曲线。下垂距离 $CD = f = 1\text{m}$，两电线杆间的距离 $AB = 40\text{m}$。设电线 ABC 段重 $P = 0.4\text{kN}$，试求电线中点和两端的拉力。

2-3 如图 2-80 所示，由 AC 和 CD 构成的组合梁通过铰链 C 连接。已知均布载荷强度 $q = 1\text{kN/m}$，力偶矩 $M = 4\text{kN·m}$，不计梁重。求支座 A、B、D 的约束力和铰链 C 处所受的力。

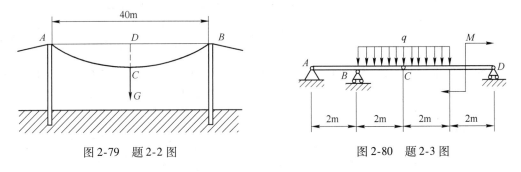

图 2-79 题 2-2 图　　　　　　　图 2-80 题 2-3 图

2-4 如图 2-81 所示，压路机的碾子重 $P = 20\text{kN}$，半径 $r = 60\text{cm}$。欲将此碾子拉过高 $h = 8\text{cm}$ 的障碍物，在其中心 O 作用一水平拉力 F，求此拉力的大小和碾子对障碍物压力。

2-5 某拉压杆如图 2-82 所示，求 1—1 横截面上的轴力。

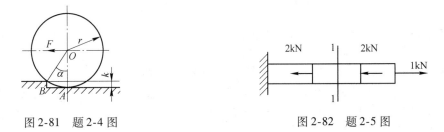

图 2-81 题 2-4 图　　　　　　　图 2-82 题 2-5 图

2-6 比较图 2-83 中①、②、③三种材料的应力-应变曲线，请按强度、刚度、塑性最好的顺序排列。

2-7　圆钢杆上有一槽，如图 2-84 所示，已知钢杆受拉力 $F = 15kN$ 作用，钢杆直径 $d = 20mm$。试求 1—1 和 2—2 截面上的应力（槽的面积可近似看成矩形，不考虑应力集中）。

2-8　设有一实心轴如图 2-85 所示，两端受到扭转的外力偶矩 $M = 14kN \cdot m$，轴直径 $d = 10cm$，长度 $l = 100cm$，$G = 80GPa$，试计算：（1）横截面的最大剪应力；（2）轴的扭转角；（3）截面上 A 点的剪应力。

2-9　木榫接头如图 2-86 所示，已知 $b = 12cm$，$l = 35cm$，$a = 4.5cm$，$F = 40kN$，试求接头的切应力和挤压应力。

2-10　如图 2-87 所示两块钢板用螺栓连接，已知 $F = 20kN$，螺栓直径 $d = 16mm$，许用剪应力 $[\tau] = 140MPa$，试校核螺栓的强度。

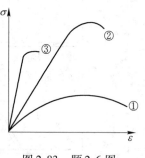

图 2-83　题 2-6 图

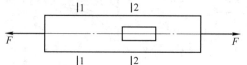

图 2-84　题 2-7 图

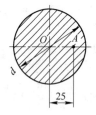

图 2-85　题 2-8 图

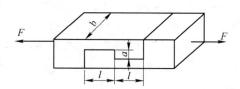

图 2-86　题 2-9 图

2-11　如图 2-88 所示圆轴，直径 $d = 100mm$，$l = 500mm$，$M_1 = 7000N \cdot m$，$M_2 = 5000N \cdot m$，$G = 8 \times 10^4 MPa$。（1）作扭矩图；（2）求轴上的最大剪应力，并指出其位置；（3）求截面 C 相对于截面 A 的扭转角 φ_{AC}。

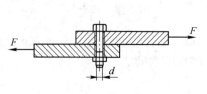

图 2-87　题 2-10 图

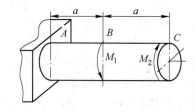

图 2-88　题 2-11 图

2-12　直径为 50mm，切变模量 $G = 8 \times 10^4 MPa$ 的钢轴，承受力偶矩 $M = 200N \cdot m$ 而扭转，轴两端面间的扭转角为 $0.6°$，求此轴的长度。

2-13　一 T 字形铸铁梁如图 2-89 所示。（1）试确定 C、B 两截面弯矩的方向；（2）画出两截面的应力分布图，标明拉应力和压应力的方向；（3）确定最大拉应力 σ_{Tmax} 和最大压应力 σ_{Cmax} 的位置；（4）假设铸铁的抗压强度为抗拉强度的 5 倍，试确定危险点的位置。

2-14　求图 2-90 中截面 A 上 a、b 点的正应力。

2-15　倒 T 形截面的铸铁梁如图 2-91 所示。试求梁内最大拉应力和最大压应力，并画出危险截面上的正应力分布图。

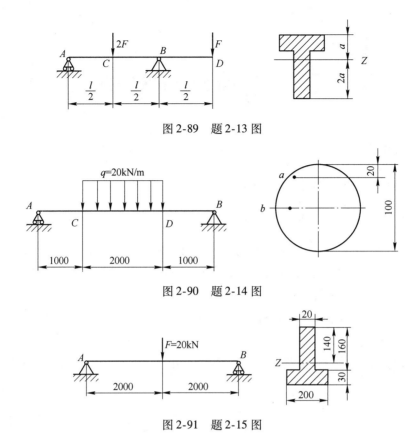

图 2-89 题 2-13 图

图 2-90 题 2-14 图

图 2-91 题 2-15 图

2-16 若在正方形短柱的中间开一切槽,如图 2-92 所示,其面积为原面积的一半,问最大压应力增大几倍?

2-17 曲拐圆形部分的直径 $d = 30\text{mm}$,受力如图 2-93 所示,若杆的许用应力 $[\sigma] = 100\text{MPa}$,试按第四强度理论校核此杆的强度。

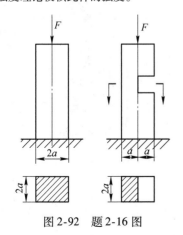

图 2-92 题 2-16 图

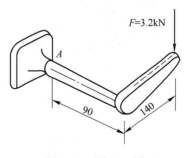

图 2-93 题 2-17 图

3 平面连杆机构

3.1 机器和机构

3.1.1 机器和机构的相关概念

3.1.1.1 机器的组成与特征

在现代生产活动和日常生活中，人们广泛使用着各种机器，如汽车、起重机、金属切削机床、轧钢机、洗衣机等，这些机器都是为实现某种功能而设计制作的。

图 3-1 是加工零件的机器牛头刨床，其功能为：将零件放置在工作台上固定，刀具固定在滑枕上，通过电动机、传动装置使滑枕往复直线运动，完成零件的切削加工。

图 3-2 是单缸往复活塞式内燃机。它是由气缸体、活塞、连杆、曲轴、凸轮等组成。其功用是通过燃气在气缸内的进气—压缩—爆燃—排气过程，使其燃烧的热能转变为曲轴转动的机械能。

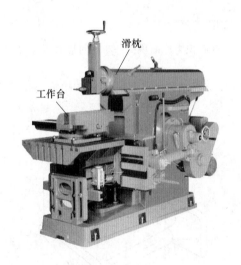

图 3-1　牛头刨床

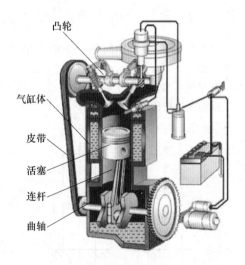

图 3-2　单缸往复活塞式内燃机

由此可见，机器具有三个特征：是人为的多个实物的组合体；各实物之间具有确定的相对运动；能完成有用功或实现能量的转换。由前面的两个机器可看出，虽然机器的功能及结构不同，但就其作用来说，一般机器主要由以下四部分组成，即动力部分、执行部分、传动部分和控制部分。简单的机器主要由前三部分组成，其控制部分比较简单。现代的机器对于自动化程度要求越来越高，其控制部分越来越复杂。

3.1.1.2　机构

仅具备机器前两个特征的称为机构。机构的作用是转换运动形式、传递运动和力。

由于机器总是要有将动力部分的运动和能量传递给执行部分的装置，故机器中一定包含有机构，即机器是由机构组成的。而最简单的机器可以只包含一个机构，如电动机等。

图 3-2 的内燃机通过燃气在气缸中的爆燃推动活塞往复直线运动，再由活塞、连杆、曲轴组成的曲柄滑块机构使曲轴转动，由皮带传动使凸轮转动来控制气缸的进气与排气。

图 3-3 为牛头刨床的传动示意图。它的主传动是由电动机 1 带动 V 带传动 2，再经过三联滑移齿轮、双联滑移齿轮组成的变速系统 3 使其有六种转速，以满足加工不同工件的需要，再经过齿轮 4、5 减速，由齿轮 5 带动导杆机构 6 将转动变为滑枕 7 的往复移动，从而使刨刀 8 往复移动完成对工件的切削加工。

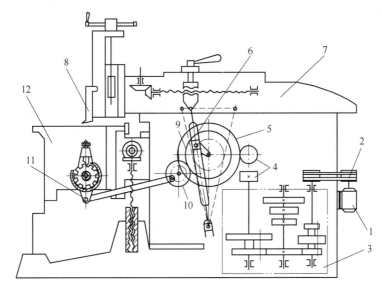

图 3-3　牛头刨床传动示意

1—电动机；2—V 带传动；3—变速系统；4，5，9，10—齿轮；6—导杆机构；

7—滑枕；8—刨刀；11—棘轮机构；12—工作台

由此可见内燃机是由曲柄滑块机构、皮带传动机构、凸轮机构等组成的，牛头刨床的主传动是由 V 带传动机构、齿轮传动机构、导杆机构等机构组成的。

各种机器中普遍使用的机构称为常用机构，如齿轮机构、凸轮机构等。

若不讨论做功和转换能量问题，仅从结构和运动的角度来看，机器和机构并无区别，所以习惯上把机器和机构统称为"机械"。

3.1.2　构件、零件和部件

（1）构件。组成机械各个相对运动的实物称为构件。从运动的角度来看，可以认为机械是由若干构件组成的。构件可以是单个实物，也可以是多个实物的组合，但在运动时是一个整体，故构件是机械中的运动单元。

如图 3-4 所示为内燃机中曲柄滑块机构的连杆构件，它由连杆体、连杆盖、螺栓、螺母与轴瓦等多个实物组成，运动时是一个整体。

（2）零件。机械中不可拆的最小单个实物称为零件。在制造机械时，必须先制造出各个单个零件实物，然后再组装成机械，所以，零件是机械中的制造单元。如图 3-4 中组成连杆构件的连杆体、连杆盖、螺栓、螺母与轴瓦都是零件。

零件分为两类：一类是通用零件，是各种机器中经常使用的零件，如螺栓、螺母、轴承、齿轮等；另一类是专用零件，是仅在特定类型机器中使用的零件，如起重机的吊钩、卷筒，发动机的曲轴、活塞等。

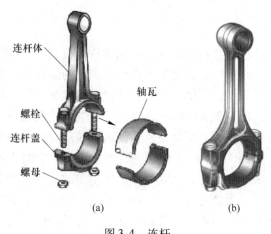

图 3-4　连杆
（a）连杆分解图；（b）连杆装配

（3）部件。在机械中把为完成同一使命、彼此协同工作的一系列零件或构件所组成的组合体称为部件，如滚动轴承、联轴器、减速器等。

随着近代科学技术的发展，人类综合应用各方面的知识和技术，不断创造出各种新型的机器，因此"机器"也有了新的含义。更广泛意义上的机器定义是：一种用来转换或传递能量、物料和信息，能执行机械运动的装置。如计算机用键盘或鼠标、扫描仪输入信息，由微处理器、内存等对信息进行处理，由显示器或打印机、绘图仪等输出信息。

从上可以看出，机器是由一个或多个机构组成的，机构是由多个构件组成的，构件是由一个或多个零件组成的。构件是机器的运动单元，零件是机器的制造单元。

3.2　运动副

机构是由两个或多个有确定相对运动的构件组成的。如果机构中所有运动构件均在同一平面或平行平面中运动，则称为平面机构。目前工程上常见的机构大多属于平面机构，所以，本章仅讨论平面机构。

机构由多个构件组成，而各构件之间具有确定的相对运动。这就要求组成机构的各构件必须以一定的方式进行连接。这种使两个构件直接接触并能产生某种相对运动的连接就称为运动副。平面机构中，构成运动副的各构件的运动均为平面运动，故该运动副就称为平面运动副。

3.2.1　运动副的种类

（1）低副。两构件组成面接触的运动副称为低副。平面低副按其相互运动形式分为转动副和移动副。

1）转动副。两构件间只能产生相对转移的运动副称为转动副。

2）移动副。两构件间只能产生相对移动的运动副称为移动副。

（2）高副。两构件组成点、线接触的运动副称为高副。

3.2.2 运动副的表示方法

（1）转动副的画法如图 3-5 所示，其中带斜线的为固定构件（又称机架）。

（2）移动副的画法如图 3-6 所示。

（3）高副的表示方法如图 3-7 所示，即绘出接触处的轮廓线形状。图 3-7（a）为凸轮副，图 3-7（b）为齿轮副（也可以用一对节圆代替）。

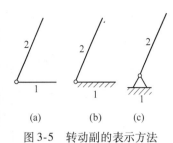

图 3-5　转动副的表示方法

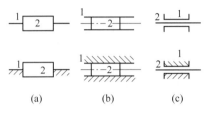

图 3-6　移动副的表示方法

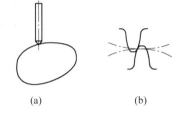

图 3-7　高副的表示方法

3.2.3 构件的表示方法

（1）形成两个运动副的构件，其表示方法如图 3-8 所示。

（2）形成三个转动副的构件，其表示方法如图 3-9 所示。图 3-9（a）是用三角形表示，为了表明这是一个单一的构件，故在三角形内角上涂以焊缝符号。图 3-9（b）也是一个构件的表示方法。如果同一个构件上的三个转动副位于一直线上，画法如图 3-9（c）所示。其他常用零部件的表示方法可参看 GB/T 4460—2013。

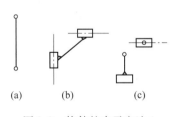

图 3-8　构件的表示方法 1

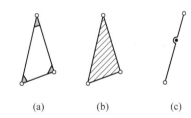

图 3-9　构件的表示方法 2

3.3　平面机构的运动简图与自由度

3.3.1　平面机构的运动简图

由于从运动学的观点来看，各种机构都是由多个构件通过运动副连接而成的，而机构的运动只取决于构件的数目、运动副的类型、数目和相对位置。所以，为了使问题简单，在研究机构的运动时，有必要撇开那些与运动无关的构件的外形和运动副的实际结构，仅用简单的线条和规定的运动副的符号来表示构件和运动副，并按比例定出各运动副的相对位置。工程上就是用这种简单图形来表达各构件间的相对运动关系，这就是平面机构的运动简图。平面机构运动简图与原机构具有完全相同的运动特性。

下面以图 3-10（a）所示发动机配气机构为例，阐明画平面机构运动简图的方法和步骤。

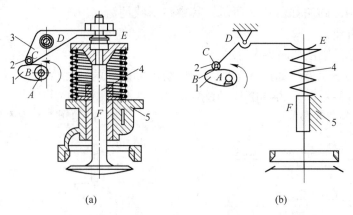

图 3-10　发动机配气机构

1—凸轮；2—滚子；3—连杆；4—气门；5—机架

（1）确定结构的组成，研究分析机构的运动状况，明确原动件、机架及构件间互相连接的运动副类型、数目，构件可用数字编号，运动副可用字母代表。如从原动件开始（按运动传递的顺序依次进行），即原动件（凸轮）1 按逆时针方向转动，滚子 2 绕转动副 C 转动，从动件 3 绕转动副 D 摆动，构件 4 做往复运动。故配气机构由 5 个构件，3 个转动副 A、C、D，一个移动副 F 和两个高副 B 和 E 组成。

（2）选择视图平面。一般选择与机构的运动平面互相平行的平面作为绘制机构运动简图的视图平面。根据将图形表达清楚的原则，把原动件定在某一位置，以此作为机构简图的起始位置。

（3）绘制机构简图。选择适当的比例，用前面讲述的线条和运动副的符号，从原动件开始依次绘图，就可以得到图 3-10（b）所示的配气机构的平面机构运动简图。

【例 3-1】　绘制图 3-11（a）所示颚式破碎机的机构运动简图。

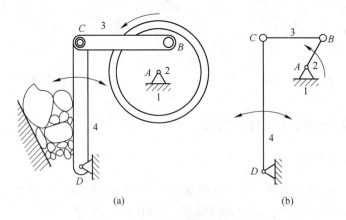

图 3-11　颚式破碎机及其机构运动简图

1—机架；2—偏心轴；3—动颚；4—肘板；5—轮

解： 颚式破碎机由机架 1、偏心轴 2、动颚 3、肘板 4 共 4 个构件组成。偏心轴是原动件，动颚和肘板都是从动件，当偏心轴绕轴线 A 转动时，驱使从动件动颚 3 做平面运动，从而将矿石轧碎。另外偏心轴 2 与机架 1、动颚 3 与偏心轴 2、肘板 4 与动颚 3、肘板与机架均构成转动副，其转动中心分别为 A、B、C、D。

选择构件的运动平面为绘制简图的平面，并选原动件偏心轴在图 3-11（a）所示位置时，对应各从动件所在位置为机构简图的图示位置。选定长度比例尺 u_1，测定图 3-11（a）上 A、B 两点的距离 l_{AB}，在图中作 A 和 B 的位置，该图示长度 $AB = l_{AB}/u_1$。同理，按照图 3-11（a）中 A、B、C、D 各点相对位置，在运动简图中均按比例尺寸 u_1 依次定出 C、D 的位置，并用构件和运动副的规定画法绘出机构的运动简图。最后，将图中的机架画上斜线，并在原动件 2 上标出指示运动方向的箭头。最后所得运动简图如图 3-11（b）所示。

3.3.2 平面机构的自由度

3.3.2.1 构件的自由度

在平面运动中，每一个独立的构件在没有受到约束时，其运动均可分为三个独立的运动（见图 3-12），即沿 x 轴和 y 轴的移动以及在 xoy 平面内的转动，构件的这三种独立的运动称为自由度。构件的位置，可以用其上任意一点 A 的 x 坐标、y 坐标及其上任意直线 AB 的倾角 α 来决定。x、y 及 α 为三个独立的参数。由上述可知：构件的自由度数等于构件的独立运动参数的个数。

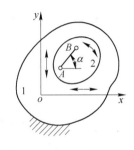

图 3-12 平面机构自由度

3.3.2.2 运动副的约束

当两构件通过运动副连接，任一构件的运动将受到限制，从而使其自由度减少，这种限制就称为约束。每引入一个约束，构件就减少一个自由度。有运动副就要引入约束，运动副的类型不同，引入的约束数目也不同。平面机构的低副引入两个约束，构件的自由度为 1。平面机构的高副，引入一个约束，构件的自由度为 2。由上述可知：平面低副有两个约束，高副具有一个约束。

3.3.2.3 平面机构自由度的计算

设一个平面机构由 N 个构件组成，其中必有一个机架，其自由度为零，故活动构件数 $n = N - 1$。这 n 个活动构件在没有受到约束时，应该共有 $3n$ 个自由度。当用运动副将构件组成机构之后，则机构自由度就要减少：当引入一个低副，自由度就减少两个；当引入一个高副，自由度就减少一个。如果上述机构引入了 P_L 个低副，P_H 个高副，则失去的自由度数就为 $2P_L + P_H$，同时平面机构的自由度数为：

$$F = 3n - 2P_L - P_H$$

上式可表示为：活动构件的自由度数减去运动副引入的约束总数，即机构中各活动构件相对于机架所具有的独立运动参数的总数就是该机构的自由度数。

【例 3-2】 求图 3-13 所示曲柄滑块机构的自由度。

解：该机构的活动构件数 $n = 3$，低副数 $P_L = 4$，高副数 $P_H = 0$，故

$$F = 3n - 2P_L - P_H = 3 \times 3 - 2 \times 4 - 0 = 1$$

【**例3-3**】　求图3-14所示凸轮机构的自由度。

解：该机构的活动构件数 $n=2$，低副数 $P_L=2$，高副数 $P_H=1$，故

$$F = 3n - 2P_L - P_H = 3 \times 2 - 2 \times 2 - 1 = 1$$

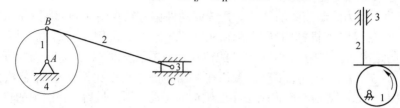

图3-13　曲柄滑块机构　　　　　　　　图3-14　凸轮机构

概括起来，机构的自由度就是机构所具有的独立运动参数的个数。由前述可知，从动件由原动件来带动，本身是不能独立运动的，只有原动件才能独立运动。通常原动件和机架相连，所以每个原动件只能有一个独立的运动，因此，机构的自由度必定与原动件数目相等。若原动件个数为 W，则有：

$$W = F > 0$$

即机构具有确定运动的条件是：自由度 F 大于零且等于原动件的个数 W。

如果原动件数大于自由度数，则机构中最薄弱的构件或运动副可能被破坏，如图3-15（a）所示。

如果原动件数少于自由度数，则机构就会出现运动不确定的现象，如图3-15（b）所示。

如果自由度等于零，则这些构件组合成刚性结构，各构件之间没有相对运动，故不能构成机构，如图3-16所示。

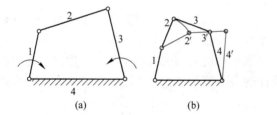

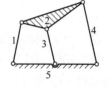

图3-15　W 和 F 的关系　　　　　　　图3-16　$F=0$ 的构件组合
（a）$W>F$；（b）$W<F$

计算机构的自由度时应注意以下问题：

（1）复合铰链。两个以上的机构同时在一处以转动副相连就构成复合铰链。如图3-17（a）所示为三个构件在一处构成的复合铰链，从侧视图3-17（b）中可以看出，构件1分别与构件2、构件3构成两个转动副。依次类推，如果有 k 个构件同时在一起以转动副相连，必然构成 $k-1$ 个转动副。

（2）局部自由度。机构中存在的与输出构件无关的自由度称为局部自由度，它在计算机构自由度时应予以排除，如图3-18（a）所示的凸轮机构。当原动构件凸轮1绕 O 点转动时，通过滚子4使从动构件2沿机架3移动，其活动构件数 $n=3$，低副数 $P_L=3$，高副数 $P_H=1$，故有：

$$F = 3n - 2P_L - P_H = 3 \times 3 - 2 \times 3 - 1 = 2$$

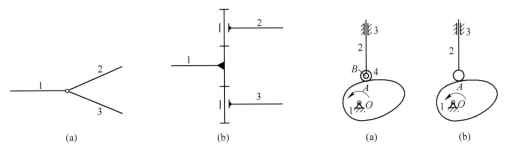

图 3-17 复合铰链   图 3-18 局部自由度

理论上讲要此机构有确定运动应有两个原动构件，而实际上只有一个原动件，这是因为此机构中有一个局部自由度——滚子 4 绕 B 点的转动，它与从动件 2 的运动无关，只是为了减少从动件与凸轮间的磨损而增加了滚子，由于局部自由度与机构运动无关，故计算自由度时应去掉局部自由度。如图 3-18（b）所示，假设把滚子与从动杆焊在一起，此机构的运动并不改变，则图 3-18 中 $n = 2$，故 $P_L = 2$，$P_H = 1$，得：

$$F = 3n - 2P_L - P_H = 3 \times 2 - 2 \times 2 - 1 = 1$$

即此机构自由度为 1，这说明只要有一个原动件，机构运动就能确定，这与实际情况完全相符。

（3）虚约束。在机构中，有些运动副引入的约束与其他运动副引入的约束相重复，因而这种约束形式上存在，但在实际上对机构的运动并不起独立限制作用，这种约束称为虚约束。

虚约束常出现在下列场合：

1）两构件间形成多个具有相同作用的运动副，这又分为下列三种情况：

①两构件在同一轴线上组成多个转动副，如图 3-19（a）所示，计算机构自由度时应按一个转动副计算。

②两构件组成多个导路平行或重合的移动副，如图 3-19（b）所示，构件 1 与机架组成了 A、B、C 三个导路平行的移动副，计算自由度时应只算作一个移动副。

③两构件组成多处接触点公法线重合的高副，如图 3-19（c）所示，同样应只考虑一处高副，其余为虚约束。

2）两构件上连接点的运动轨迹互相重合。如图 3-20 所示的机车车轮联动机构，该机构的自由度为：

$$F = 3n - 2P_L - P_H = 3 \times 3 - 2 \times 4 - 0 = 1$$

图 3-20 中的虚约束可以增加构件的刚性，改善受力状况。

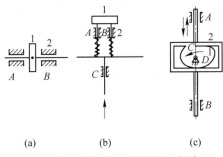

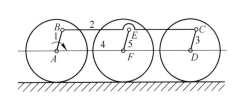

（a）   （b）   （c）

图 3-19 两构件组成多个运动副   图 3-20 机车车轮联动机构中的虚约束

3）机构中传递运动不起独立作用的对称部分。如图 3-21 所示的行星轮系，该机构的自由度为：

$$F = 3n - 2P_{\mathrm{L}} - P_{\mathrm{H}} = 3 \times 4 - 2 \times 4 - 2 = 2$$

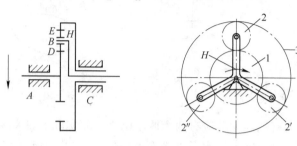

图 3-21　对称结构引入的虚约束

【例 3-4】　计算图 3-22 所示筛料机构的自由度。

解：机构中 $n = 7$，低副数 $P_{\mathrm{L}} = 9$，高副数 $P_{\mathrm{H}} = 1$，故其自由度为：

$$F = 3n - 2P_{\mathrm{L}} - P_{\mathrm{H}} = 3 \times 7 - 2 \times 9 - 1 = 2$$

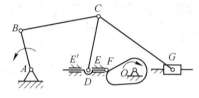

图 3-22　筛料机构

3.4　平面四杆机构及其应用

平面连杆机构是由若干构件通过低副连接而组成的平面机构。机构在工作时，各构件之间的相对运动为平面运动。

平面连杆机构按照数目的多少可分为四杆机构、五杆机构和多杆机构。四杆机构是组成多杆机构的基础，应用非常广泛，因此，本章着重介绍四连杆机构的类型、基本知识及其设计方法。

3.4.1　铰链四杆机构

当四杆机构各构件之间都用转动副连接时，该四杆机构称为铰链四杆机构，见图 3-23。它是四杆机构的基本形式。铰链四杆机构中，机构的固定件 4 称为机架，与机架相连的构件 1 和 3 称为连架杆，连接两连架杆的构件 2 称为连杆。

在铰链四杆机构中，连杆一般做平面运动，连架杆做摆动或整周回转。凡能做整周回转运动的连架杆称为曲柄，能

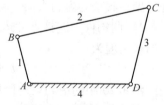

图 3-23　铰链四杆机构

在一定角度范围内摆动的连架杆称为摇杆。根据曲柄和摇杆的数目不同，铰链四杆机构可以分为三种基本形式。

（1）曲柄摇杆机构。一个连架杆为曲柄，另一个连架杆为摇杆的铰链四杆机构称为曲柄摇杆机构。图 3-11（a）所示为组成颚式破碎机的曲柄摇杆机构，曲柄为原运动件，它把曲柄（轮 1）的回转运动变换成摇杆（肘板 3）的往复摆动，以轧碎矿石。图 3-24 所示为脚踏砂轮机构。踏板 DC 为摇杆，为原动件，通过连杆 BC 带动曲柄 AB 连续整周转动，与曲柄固联的砂轮随之转动，以磨削工作。

（2）双曲柄机构。两个连架杆都是曲柄的铰链四杆机构称为双曲柄机构。图 3-25 所示为一惯性筛，它的基本部分是铰链四杆机构 ABCD。当主动曲柄 AB 等速回转时，从动曲柄 CD 变速回转，这样就可以使筛子在开始运动时有较大的加速度，从而可利用物料的惯性来达到筛分的目的。

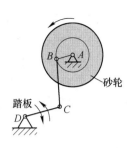

图 3-24　脚踏砂轮机构

在双曲柄机构中，若四杆组成平行四边形，则该机构称为平行四边形机构，如图 3-26 所示。平行四边形机构的运动特点是两曲柄转向相同，角速度相等，连杆始终做平动。图 3-27 所示的机车驱动轮联动机构就是平行四边形机构。

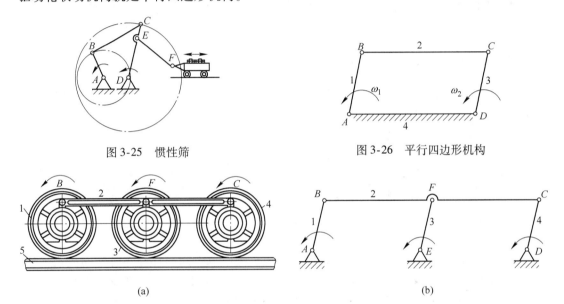

图 3-25　惯性筛

图 3-26　平行四边形机构

(a)

(b)

图 3-27　机车驱动轮联动机构

（3）双摇杆机构。两个连架杆都是摇杆的铰链四杆机构称为双摇杆机构，图 3-28 所示的电风扇摇头机构就是双摇杆机构。电动机安装在摇杆 4 上，铰链 A 处装有一个与连杆 1 固接在一起的蜗轮。电动机转动时，电动机轴上的蜗杆带动蜗轮迫使连杆 1 绕 A 点做整周转动，从而使连架杆 2 和 4 做往复摆动，达到风扇摇头的目的。

在双摇杆机构中，若两摇杆的长度相等，称为等腰梯形机构。图 3-29 所示为汽车的转向梯形机构就是双摇杆机构。

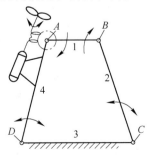

图 3-28　电风扇摇头机构

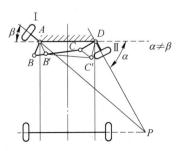

图 3-29　汽车的转向梯形机构

铰链四杆机构基本类型的判断方法为：

（1）最短杆与最长杆之和小于或等于其余两杆之和，则：

1）最短杆作机架就是双曲柄机构；

2）最短杆的相邻杆作机架就是曲柄摇杆机构；

3）最短杆相对杆作机架就是双摇杆机构。

（2）最短杆与最长杆之和大于其余两杆之和，则无论何杆作机架都是双摇杆机构。

3.4.2　四杆机构的演化

通过用移动副取代转动副，改变构件的长度，选择不同的构件作为机架和扩大转动副等途径，可以得到铰链四杆机构的其他演化形式。

（1）曲柄滑块机构。如图3-30（a）所示曲柄摇杆机构 $ABCD$ 中，铰链点 C 的轨迹是以 D 为圆心、CD 杆长为半径的圆弧 $\overset{\frown}{\beta\beta}$。若设想 CD 增至无穷大，则 D 点在无穷远处，C 点轨迹变成直线。滑块取代摇杆3，滑块3与机架4形成移动副取代了转动副 D，机构演化为如图3-30（b）所示的曲柄滑块机构。可见，后者是用变

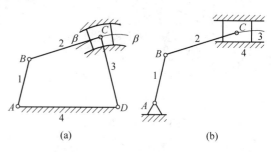

图3-30　曲柄滑块机构

更杆长的办法将转动副演化为移动副而获得的。曲柄滑块机构广泛应用在活塞式内燃机、冲床、空气压缩机等机械中。

（2）导杆机构。导杆机构可看成是曲柄滑块机构中取不同的杆件作机架而演化来的。图3-31（a）所示的曲柄滑块机构，若取构件1为机架，保持构件1长度小于构件2长度，即得图3-31（b）所示导杆机构。构件4称为导杆，滑块3相对导杆滑动并一起绕 A 点转动，通常取构件2为原动件，构件2、构件4均做整周回转，则称该机构为转动导杆机构。若取构件1为机架，改变构件1长度大于构件2长度，即得图3-32中所示导杆机构，通常取构件2为原动件，构件2做整周回转，构件4只能往复摆动，则称该机构为摆动导杆机构。

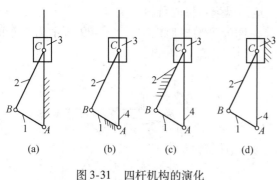

图3-31　四杆机构的演化

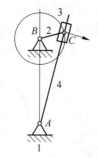

图3-32　摆动导杆机构

（3）摇块机构和定块机构。在图3-31（a）所示的曲柄滑块机构中，若取构件2为机架，即得图3-31（c）所示的摇块机构或称摆动滑块机构。在图3-31（a）所示的曲柄滑

块机构中,若取构件3为机架,即得图3-31(d)所示的定块机构或称固定滑块机构。

(4)偏心轮机构。在曲柄摇杆或其他带有曲柄的机构中,如果曲柄很短,曲柄结构形式则较难实现,当在曲柄两端各有一个轴承时,则加工和装配工艺困难,同时还影响曲柄的强度。因此,在这种情况下,往往采用如图3-33所示的偏心轮机构。偏心轮的回转中心 A 与几何中心 B 有一偏距,偏距的大小就是曲柄的长度。显然,偏心轮机构的运动性质与原来的曲柄的滑块等机构一样,可见偏心轮机构是转动副 B 的半径之间扩大直至超过了曲柄长度演化而成的。

由于偏心轮机构中偏心轮的两支承距离较小而偏心部分粗大,刚度和强度均较好,常用于冲床、剪床、模锻压力机等受力较大或具有冲击载荷的机械中。

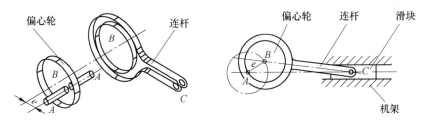

图 3-33 偏心轮机构

3.4.3 平面四杆机构的运动特性与传力特性

3.4.3.1 平面四杆机构的运动特性

A 极位夹角

如图 3-34 所示为一曲柄摇杆机构,其主动曲柄 AB 顺时针匀速转动时,从动摇杆 CD 在两个极位间做往复摆动。设从 C_1D 到 C_2D 的行程为工作行程,该行程克服生产阻力对外做功;C_2D 到 C_1D 的行程为空回行程,该行程只克服运动副中的摩擦力。C 点在工作行程和空回行程的平均速度分别为 v_1 和 v_2。由图看出曲柄 AB 在两行程中相应的两个转角 φ_1、φ_2分别为 $\varphi_1 = 180° + \theta$,$\varphi_2 = 180° - \theta$。式中,$\theta$ 为摇杆位于两个极限位置时曲柄两位置所夹的锐角,称为极位夹角。

B 急回运动特性

由于 $\varphi_1 > \varphi_2$,所对应的时间 $t_1 > t_2$,因而 $v_1 < v_2$。即机构空回行程的平均速度大于工作行程的平均速度,这种特性称为急回运动特性。

急回运动特性可用行程速度变化系数(或行程速比系数)K 表示,即

$$K = \frac{v_2}{v_1} = \frac{\overparen{C_2C_1}/t_2}{\overparen{C_1C_2}/t_1} = \frac{t_1}{t_2} = \frac{180° + \theta}{180° - \theta}$$

如已给定 K,即可求得极位夹角为:

$$\theta = 180° \frac{K-1}{K+1}$$

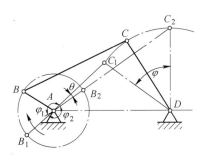

图 3-34 曲柄摇杆机构

上式表明，当曲柄摇杆机构在运动过程中出现极位夹角 θ 时，机构便有急回运动特性。θ 越大，K 值越大，机构的急回运动特性也越显著。

对于对心式曲柄滑块机构，因 $\theta = 0°$，故这种机构无急回运动特性；而对于偏置式曲柄滑块机构和摆动导杆机构，如图 3-35 和图 3-36 所示，由于不可能出现因 $\theta = 0°$ 的情况，所以恒具有急回运动特性。

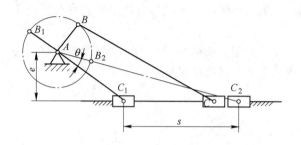

图 3-35　偏置式曲柄滑块机构

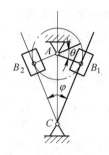

图 3-36　摆动导杆机构

急回运动特性能节省空回时间，提高生产效率，满足某些机械的工作要求。如牛头刨床和插床，工作行程要求速度慢并且均匀以提高加工质量，空回行程要求速度快以缩短非工作时间，提高工作效率。

3.4.3.2　平面四杆机构的传力特性

在生产实际中，不仅要求连杆机构能实现预定的运动规律并满足机器的运动要求，而且希望运转轻便、效率提高，即具有良好的传力性能。

（1）压力角。如图 3-37 所示的铰链四杆机构中，以曲柄 AB 为原动件，摇杆 CD 为从动件，连杆 BC 为二力杆。如果不计摩擦力、重力和惯性力，任一瞬间通过连杆作用于从动件上的驱动力 F 均沿 BC 方向。受力点 C 的速度 v_C 的方向垂直于 CD 杆。力 F 与速度 v_C 之间所夹的锐角 α 为该点的压力角，则

$$F_t = F\cos\alpha \qquad F_n = F\sin\alpha$$

式中，F_t 是使从动件转动的有效分力；F_n 是仅对转动副 C 产生附加径向压力的有害分力。显然，压力角越小，有效分力 F_t 越大，对机构传动越有利。因此，压力角 α 是衡量机构传力性能的重要指标。

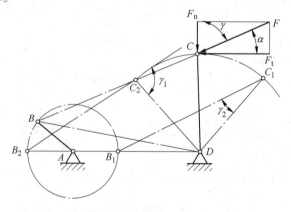

图 3-37　铰链四杆机构中压力角和传动角

（2）传动角。在具体应用中，为度量方便，通常用连杆和从动件所夹的锐角 γ 来判断机构的传力性能，γ 称为传动角。因传动角 γ 是压力角 α 的余角，所以压力角 α 越小，传动角 γ 越大，机构的传力性能越好；反之，α 越大，γ 越小，机构的传力越费劲，传动效率越低。

在机构运动过程中，传动角的大小是随机构位置而变化的。可以证明，图 3-37 所示曲柄摇杆机构的 γ_{min} 出现在曲柄 AB 与机架 AD 两次共线位置之一。为保证机构传力良好，设计时规定最小传动角 γ_{min}。对于一般机械，通常取 γ_{min} 为 $40° \sim 50°$。

（3）死点位置。如图 3-38 所示的曲柄摇杆机构中，当摇杆 CD 为主动件且机构处于图中所示的两个位置时，连杆与曲柄共线，此时压力角 $\alpha = 90°$、传力角 $\gamma = 0°$，主动件 CD 通过连杆作用于从动件 AB 上的力恰好通过其回转中心，所示构件 AB 将不能传动，机构的这种位置称为死点位置。

对于传动机构而言，死点的存在是不利的，它使机构处于停顿或运动不确定状态。必须采取适当的措施使机构顺利通过死点位置。

机构的死点位置也常常被用于实现特定的工作要求，如图 3-39 所示夹紧工件用的连杆式快速夹具，就是利用死点位置来夹紧工件的。工件夹紧后 BCD 成一条线，即使工件反力很大也不能使机构反转，从而使夹紧牢固可靠。

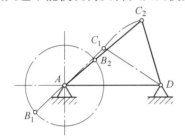

图 3-38　曲柄摇杆机构的死点位置

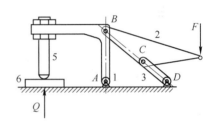

图 3-39　夹紧夹具

（4）自锁现象。如果考虑铰链四杆机构中运动副的摩擦，则不仅处于死点位置时机构无法运动，而且处于死点位置附近的一定区域内，机构同样会发生"卡死"现象，无论驱动力（或驱动力矩）多大，都不能使原来不动的机构产生运动，这种现象称为自锁。自锁位置一定是四杆机构死点位置附近的区域，该区域的大小取决于摩擦的性质及摩擦系数大小。

思考题与习题

3-1　什么是高副？什么是低副？在平面机构中高副和低副各引入几个约束？

3-2　什么是机构运动简图？绘制机构运动简图的目的和意义是什么？绘制机构运动简图的步骤是什么？

3-3　什么是机构的自由度？计算自由度应注意哪些问题？

3-4　机构具有确定运动的条件是什么？若不满足这一条件，机构会出现什么情况？

3-5　绘制图 3-40 所示平面机构的机构运动简图。

3-6　计算图 3-41 所示平面机构的自由度。机构中如有复合铰链、局部自由度、虚约束，予以指出。

3-7　机器有哪几个特征？机器与机构的区别是什么？

3-8　什么是构件？什么是零件？

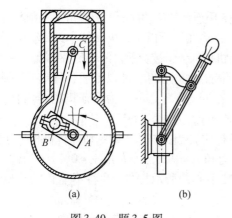

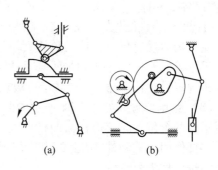

（a）　　　　　　　（b）

图 3-40　题 3-5 图　　　　　　　　图 3-41　题 3-6 图

（a）单缸内燃机；（b）定块机构

3-9　机器、机构、构件、零件之间是什么关系？

3-10　平面四杆机构的基本形式是什么？它有哪些演化形式？演化的方式有哪些？

3-11　什么是曲柄？平面四杆机构曲柄存在的条件是什么？曲柄是否就是最短杆？

3-12　什么是行程速比系数、极位夹角、急回特性？三者之间关系如何？

3-13　什么是平面连杆机构的死点？举出避免死点和利用死点进行工作的例子。

3-14　平面四杆机构的设计方法有哪几种？它们的特点是什么？

3-15　判断图 3-42 所示各铰链四杆机构的基本形式。

3-16　已知一偏置曲柄滑块机构如图 3-43 所示，行程速比系数 $K=2$，偏心距 $e=20\text{mm}$，滑块行程 $H=50\text{mm}$，试用图解法设计出曲柄和连杆的长度。

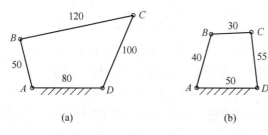

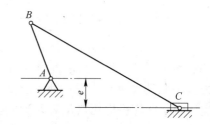

（a）　　　　　　　　　（b）

图 3-42　题 3-15 图　　　　　　　图 3-43　题 3-16 图

4 带传动和链传动

带传动和链传动都是挠性传动，都是通过环形挠性元件，在两个或多个传动轮之间传动运动和动力。带传动一般是由主动轮、从动轮、紧套在两轮上的传动带及机架组成。当原动机驱动主动带轮转动时，由于带与带轮之间摩擦力，使从动带轮一起转动，从而实现运动的动力的传递。链传动由两轴平行的大、小链轮和链条组成。链传动与带传动有相似之处：链轮与链条啮合，其中链条相当于带传动中的挠性带，但又不是靠摩擦力传动，而是靠链轮齿和链条之间的啮合来传动。链传动又是啮合传动。

4.1 带传动概述

4.1.1 带传动的类型和应用

带传动一般是由主动轮、从动轮、紧套在两轮上的传动带及机架组成。当原动机驱动主动带轮转动时，由于带与带轮之间摩擦力的作用，从动带轮随带一起转动，从而实现运动的动力的传递。带传动分为摩擦带传动和啮合带传动。摩擦带传动是靠传动带与带轮间的摩擦力实现传动的，如图 4-1（a）所示。啮合带传动是靠带内侧的凸齿与带轮外缘上的齿槽直接啮合实现传动的，如图 4-1（b）所示。摩擦带传动按传动带的截面形状可分为以下几种类型。

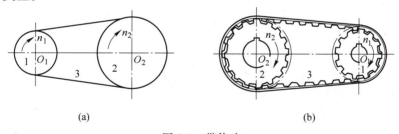

图 4-1 带传动

（a）摩擦带传动；（b）啮合带传动

（1）平带传动。如图 4-2（a）所示，平带截面形状为矩形，其工作面为内表面。常用的平带为橡胶帆布带。平带传动多用于高速和中心距较大的场合。

图 4-2 带的类型

（a）平带；（b）V 带；（c）多楔带；（d）圆带

（2）V 带传动。V 带的横截面为等腰梯形，如图 4-2（b）所示。带轮上也制出相应的轮槽。传动时，V 带的两个侧面和轮槽相接触，而 V 带与轮槽槽底不接触。与平带传动相比，在相同的张紧力下，V带传动具有更大的传动能力。

如图4-3所示，若带对带轮的压紧力均为 F_Q，则平带工作面的正压力为：

$$F_N = F_Q$$

V带工作面的正压力为：

$$F'_N = \frac{F_Q}{2\sin\frac{\varphi}{2}}$$

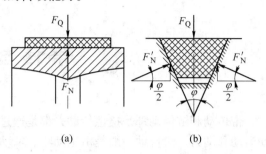

图4-3　平带与V带传动的受力比较

工作时，平带传动产生的极限摩擦力为：

$$F_\mu = \mu F_N = \mu F_Q$$

式中　μ——材料摩擦系数。

V带传动产生的极限摩擦力为：

$$F'_\mu = 2\mu\frac{F_Q}{2\sin\frac{\varphi}{2}} = \frac{\mu}{2\sin\frac{\varphi}{2}}F_Q = \mu_V F_Q$$

式中　φ——V带轮轮槽角，一般 $\varphi = 32°$、$34°$、$36°$、$38°$；

　　　　μ_V——当量摩擦系数，$\mu_V = \dfrac{\mu}{2\sin\dfrac{\varphi}{2}}$，将 $\varphi = 32° \sim 38°$ 代入则得 $\mu_V = (3.63 \sim 3.07)\mu$。

也就是说，在同样的条件下，平带和V带在接触面上所受的正压力不同，V带传动产生的摩擦力比平带大得多，所以一般机械中多采用V带。

（3）多楔带传动。如图4-2（c）所示，多楔带是在平带基体上由多根V带组成的传动带。多楔带能传递的功率更大，且能避免多根V带长度不等而产生的传力不均的缺点，故适用于传递功率较大且要求结构紧凑的场合。

（4）圆带传动。如图4-2（d）所示，圆带横截面为圆形，常用于小功率传动，如仪表、缝纫机、医疗器械等。

4.1.2　带传动的特点

带传动一般有以下特点：

（1）带有良好的挠性，能吸收振动，缓和冲击，传动平稳噪声小。

（2）当带传动过载时，带在带轮上打滑，防止其他机件损坏，起到保护作用。

（3）带传动的中心距较大，结构简单，制造、安装和维护较方便，且成本低廉。

（4）带与带轮之间存在一定的弹性滑动，故不能保证恒定的传动比，传动精度和传动效率较低。

（5）由于带工作时需要张紧，带对带轮轴有很大的压轴力。

（6）带传动装置外廓尺寸大，结构不够紧凑。

（7）带的寿命较短，需经常更换。

由于带传动存在上述特点，一般情况下，带传动的功率 $P \leqslant 100\text{kW}$，带速 $v = 5 \sim 25\text{m/s}$，平均传动比 $i \leqslant 5$，传动效率为94%～97%。同步齿形带的带速为 $40 \sim 50\text{m/s}$，传动比 i

≤10，传递功率可达200kW，效率高达98%~99%。

4.1.3　V带的结构和标准

V带有普通V带、窄V带、宽V带、联组V带等。普通V带为无接头的环形带，由伸张层、强力层、压缩层和包布层组成，其中，包布层由胶帆布制成，强力层由几层胶帘布或一排胶线绳制成，如图4-4所示。帘布结构V带抗拉强度大，承载能力较强；绳芯结构V带柔韧性好，抗弯强度高，但承载能力较差。为了提高V带抗拉强度，近年来已开始使用合成纤维（锦纶、涤纶等）绳芯作为强力层。

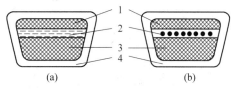

图4-4　V带的结构
（a）帘布结构；（b）绳芯结构
1—顶胶；2—抗拉体；3—底胶；4—包布层

我国生产的普通V带的尺寸采用基准宽度制，共有Y、Z、A、B、C、D、E七种型号，见表4-1。Y型V带截面尺寸最小，E型V带截面尺寸最大，窄V带的截型分为SPZ、SPA、SPB、SPC四种。

表4-1　V带的截面尺寸

带 型		节宽 b_p/mm	顶宽 b/mm	高度 h/mm	截面尺寸 A/mm²	楔角 θ/(°)
普通V带	窄V带					
Y	—	5.3	6	4	18	
Z	SPZ	8.5	10	6	47	
				8	57	
A	SPA	11.0	13	8	81	
				10	94	
B	SPB	14.0	17	11	138	40
				14	167	
C	SPC	19.0	22	14	230	
				18	278	
D	—	270	32	19	476	
E	—	32.0	38	25	692	

当带弯曲时，顶胶伸长，底胶缩短，两者之间既不受拉也不受压（长度不变）的一层称为中性层。中性层组成的面称为节面，节面的宽度称为节宽 b_p。V带的截面高度 h 与其节宽 b_p 之比称为相对高度。相对高度已标准化，普通V带 $h/b_p=0.7$；窄V带 $h/b_p=0.9$。

V带规定的张紧力下，位于带轮基准直径上的周线长度称为基准长度 L_d，它是V带的公称长度，见表4-2。带轮基准直径指V带装在轮上与节宽相对应的直径，用 d_d 表示。基准直径系列见表4-3。

表4-2　普通V带的基准长度　　　　　　　　　　　　　　　mm

基准长度 L_d	带 型										
	Y	Z	A	B	C	D	E	SPZ	SPA	SPB	SPC
400	+	+									
450	+	+									
500	+	+									
560		+									

基准长度 L_d	带 型										
	Y	Z	A	B	C	D	E	SPZ	SPA	SPB	SPC
630		+	+					+			
710		+	+					+			
800		+	+					+	+		
900	+	+	+					+	+		
1000		+	+					+	+		
1120		+	+					+	+		
1250		+	+	+				+	+	+	
1400		+	+					+	+	+	
1600		+	+					+	+	+	
1800			+	+	+			+	+	+	
2000			+	+	+			+	+	+	+

表 4-3　V 带轮的基准直径系列　　　　　　　　　　　　　mm

28	31.5	33.5	40	45	50	56	63
71	75	80	85	90	(95)	100	(106)
112	(118)	125	132	140	150	160	(170)
180	200	(210)	224	(236)	250	(265)	280
(300)	315	(335)	355	(375)	400	(425)	450
(475)	500	(530)	560	(600)	630	(670)	716
(750)	800	(900)	1000	1050	1120	1250	1400
1500	1600	(1800)	2000	—	—	—	—

注：括号内的直径尽量不用。

　　与普通 V 带传动相比，窄 V 带传动具有传动能力更大（比同尺寸普通 V 带传动功率大 50%~150%）、能用于高速传动（$V = 35 \sim 45\text{m/s}$）、效率高（达 92%~96%）、结构紧凑、疲劳寿命长等优点。目前，窄 V 带传动已广泛应用于高速、大功率的机械传动装置。

　　普通 V 带采用截面基准长度标记编号为标记，如：B 型带，基准长度为 1000mm，标记为 B1000。

　　通常将带的型号及基准长度压印在带的外表面上，以便选用识别。

4.1.4　V 带轮的材料和结构

　　设计 V 带轮时应满足的要求是：质量小；结构工艺性好；无过大的铸造内应力；质量分布均匀，转速高时要经过动平衡；轮槽工作面要精细加工，以减少带的磨损；各槽的尺寸和角度应保持一定的精度，以使载荷分布较为均匀等。带轮的材料主要采用铸铁，常用材料的牌号为 HT150、HT200；转速高时宜采用铸钢（或用钢板冲压后焊接而成）；小功率时可用铸铝或塑料。

　　带轮的结构如图 4-5 所示，它通常由轮缘、轮毂和轮辐组成。轮缘是带轮安装传动带的外缘环形部分。V 带轮轮缘制有与带的根数、型号相对应的轮槽。轮缘尺寸见表 4-4。

轮毂是带轮与轴相配的包围轴的部分。轮缘与轮毂之间的相连部分称为轮辐。当带轮基准直径 $d_d \leqslant (2.5 \sim 3)d$（$d$ 为轴的直径）时，为实心式带轮，如图 4-5（a）所示。$d_d \leqslant 300mm$ 时，可采用腹板式。当 $d_d - d_1 \leqslant 100mm$ 时，为了便于安装起吊和减轻质量可采用孔板式，如图 4-5（b）所示。$d_d > 300mm$ 时可采用轮辐式，如图 4-5（c）所示。

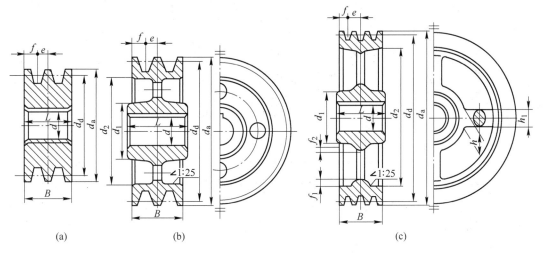

(a)　　　　　　(b)　　　　　　(c)

图 4-5　V 带轮结构

$$d_1 = (1.8 \sim 2)d; \quad d_2 = d_a - 2(h_a + h_f + \delta); \quad L = (1.5 \sim 2)d; \quad B = (z - 1)e + 2f$$

表 4-4　V 带轮轮槽尺寸

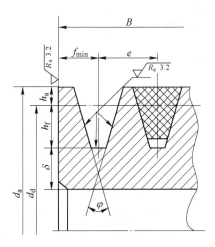

项目和符号	槽　型						
	Y	Z	A	B	C	D	E
基准宽度 b_d/mm	5.3	8.5	11.0	14.0	19.0	27.0	32.0
基准线上槽深 h_{min}/mm	1.6	2.0	2.75	3.5	4.8	8.1	9.6
基准线下槽深 h_{fmin}/mm	4.7	7.0	8.7	10.8	14.3	19.9	23.4
槽间距 e/mm	8±0.3	12±0.3	15±0.3	19±0.3	25.5±0.3	37±0.3	44.5±0.3
槽边距 f_{min}/mm	6	7	9	11.5	16	23	28

项目和符号		槽 型						
		Y	Z	A	B	C	D	E
最小带轮缘厚 δ_{min}/mm		5	5.5	6	7.5	10	12	15
外径 d_a/mm		$d_a = d_d + 2h_a$						
带轮宽 B/mm		$B = (z-1)e + 2f$						
轮槽角	32°	基准直径 d_d/mm	≤60	—	—	—	—	—	—
	34°		—	≤80	≤118	≤190	≤315	—	—
	36°		>60	—	—	—	—	≤475	≤600
	38°		—	>80	>118	>190	>315	>475	>600
V 带线密度 q /kg·m^{-1}		0.03	0.06	0.11	0.19	0.33	0.66	1.02

带轮的结构设计，主要是根据带轮的基准直径选择结构形式，根据带的截型确定轮槽尺寸。带轮的其他结构尺寸可参照图 4-5 及所列经验公式计算。确定了带轮的各部分尺寸后，即可绘制出零件图，并按工艺要求注出相应的技术条件等。为使带能有效地紧贴在轮槽的两侧面上，将 V 带轮轮槽角 φ 规定为 32°、34°、36°、38°。

4.2 带传动的工作原理

4.2.1 带传动的受力分析和应力分析

为保证带传动正常工作，传动带必须以一定的张紧力套在带轮上。当传动带静止时，带两边承受相等的拉力，称为初拉力 F_0，如图 4-6 (a) 所示。当传动带传动时，由于带与带轮接触面之间摩擦力的作用，带两边的拉力不再相等，如图 4-6 (b) 所示。一边被拉紧，拉力由 F_0 增大到 F_1，称为紧边；一边被放松，拉力由 F_0 减少到 F_2，称为松边。设环形带的总长度不变，则紧边拉力的增加量 $F_1 - F_0$ 应等于松边拉力的减少量 $F_0 - F_2$。

$$F_1 - F_0 = F_0 - F_2$$
$$F_0 = (F_1 + F_2)/2$$

带两边的拉力之差 F 称为带传动的有效拉力。实际上 F 是带与带轮之间摩擦力的总和，在最大静摩擦力范围内，带传动的有效拉力 F 与总摩擦力相等，F 同时也是带传动所传递的圆周力，即

$$F = F_1 - F_2$$

带传动所传递的功率为：

$$P = \frac{Fv}{1000}$$

式中，P 为传递功率，单位为 kW；F 为有效圆周力，单位为 N；v 为带的速度，单位为 m/s。

当带传递功率 P 一定时，带速 v 越大，有效圆周力 F 就越小，为了减小整体尺寸、振动和冲击，故常将带传动放在高速级。一般 $v \geqslant 5m/s$。

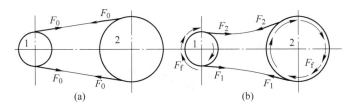

图 4-6　带传动的工作原理

在一定的初拉力 F_0 作用下，带与带轮接触面间摩擦力的总和有一极限值。当带所传递的圆周力超过带与带轮接触面间摩擦力的总和的极限值时，带与带轮将发生明显的相对滑动，这种现象称为打滑。带打滑时从动轮转速急剧下降，使传动失效，同时也加剧了带的磨损，应避免打滑。

当 V 带即将打滑时，紧边拉力 F_1 与松边拉力 F_2 之间的关系可用柔韧体摩擦的欧拉公式表示，即

$$\frac{F_1}{F_2} = e^{f\alpha} \Rightarrow F_1 = F_2 e^{f\alpha}$$

式中　f ——摩擦系数（对 V 型带用 f_v 代 f，$f_v = \dfrac{f}{\sin \dfrac{\varphi}{2}}$）；

　　　α ——包角（rad），一般为主动轮，$\alpha_1 \approx \pi - \dfrac{d_{d2} - d_{d1}}{a}$（小轮包角），$\alpha_2 \approx \pi +$

　　　　　$\dfrac{d_{d2} - d_{d1}}{a}$（大轮包角）；

　　　e ——自然对数的底（e = 2.718…）。

工作中，紧边伸长，松边缩短，但总带长不变（代数之和为 0，伸长量等于缩短量），这个关系反应在力关系上即拉力差相等。

$$F_1 - F_0 = F_0 - F_2 \Rightarrow F_1 + F_2 = 2F_0$$

在不打滑的条件下所传递的有效拉力 F 为：

$$F = 2F_0 \left(\frac{e^{f\alpha} - 1}{e^{f\alpha} + 1} \right)$$

上式表明，带所传递的圆周力 F 与下列因素有关：

（1）初拉力 F_0。F 与 F_0 成正比。F_0 越大，带与带轮之间的正压力越大，传动时的摩擦力就越大。若 F_0 过小，则带的传动能力不能充分发挥，容易发生打滑。但 F_0 过大，带的寿命降低，轴和轴承受力大。

（2）包角 α。α 越大，F 也越大。因为 α 增加，带与带轮接触弧间摩擦力总和增加，从而提高承载能力。

（3）摩擦系数 f。f 越大，F 也越大。摩擦系数与带和带轮材料、表面状况及工作环境条件有关。

最大拉力与 F_1 的关系为：

$$F_{\max} = F_1\left(1 - \frac{1}{e^{f\alpha_1}}\right)$$

显然，带传动不发生打滑的条件为：

$$F_1\left(1 - \frac{1}{e^{f\alpha_1}}\right) \geqslant \frac{1000P}{v}$$

4.2.2 带传动的应力分析

4.2.2.1 带上应力类型

带传动工作时，带上应力有以下三种：拉应力、离心应力、弯曲应力。

（1）拉应力 σ。

$$\text{紧边}\quad \sigma_1 = F_1/A$$

$$\text{松边}\quad \sigma_2 = F_2/A$$

式中，$\sigma_1 > \sigma_2$，单位均为 MPa；A 为带的横截面积。

（2）离心应力 σ_c。由于带有厚度，绕轮做圆周运动，必有离心惯性力 C（分布力）在带中引起离心拉力 F_C，从而产生离心应力 σ_c。

$$\sigma_c = F_C/A = \frac{qv^2}{A}$$

式中，q 为单位带长质量（kg/m），见表4-4；v 为带的线速度（m/s）。

（3）弯曲应力 σ_b。作用在带轮段，由于弯曲所产生的弯曲应力大小为：

$$\sigma_b \approx E \cdot \frac{h}{d_d}$$

式中，E 为带的弹性模量（MPa）；h 为带的高度（mm）；d_d 为带轮的基准直径（mm）。

带轮直径 d_d 越小，带越厚，则带的弯曲应力越大。所以同一条带绕过小带轮时的弯曲应力 σ_{b1} 大于绕过大带轮时的弯曲应力 σ_{b2}。为了避免过大的弯曲应力，对各种型号 V 带都规定了最小带轮直径，设计时应使 $d_{d1} \geqslant d_{dmin}$。V 带轮的最小直径见表4-5。

表 4-5 V 带轮的最小直径   mm

槽　　型			最小基准直径 d_{dmin}
基准宽度制	普通 V 带	Y	20
		Z	50
		A	75
		B	125
		C	200
		D	355
		E	500
	窄 V 带	SPZ	63
		SPA	90
		SPB	140
		SPC	224

4.2.2.2 带中应力分布情况

图 4-7 表示带工作时的应力分布情况。带中可能产生的瞬时最大应力发生在带的紧边开始绕上小带轮与小带轮相切处的横截面上，此时的最大应力可近似地表示为：

$$\sigma_{max} = \sigma_1 + \sigma_{b1} + \sigma_c$$

由图 4-7 可见，带是处于变应力状态下工作的。工作时带中的应力是周期性变化的，随着位置的不同，应力大小在不断地变化。即带每绕两带轮循环一周时，作用在带上某点的应力是变化的。当应力循环次数达到一定数值后，将使带产生疲劳破坏。为了使带不过早地发生疲劳破坏，必须使带具有一定的疲劳强度和寿命。为此，在设计时要求 $\sigma_{max} \leqslant [\sigma]$，即有疲劳强度条件：

$$\sigma_{max} = \sigma_1 + \sigma_{b1} + \sigma_c \leqslant [\sigma]$$

式中，$[\sigma]$ 为带的许用拉应力。

由上式看出，在传动带材料一定的情况下，为了减小最大应力，紧边拉应力 σ_1、小带轮上的弯曲应力 σ_{b1}、离心拉应力 σ_c 均不能太大，所以，在设计中应使带轮基准直径 $d_{d1} \geqslant d_{dmin}$ 及带速 $v \leqslant 25\mathrm{m/s}$。

4.2.3 传动带的弹性滑动和传动比

传动带在拉力作用下要产生弹性伸长，工作时，由于紧边和松边的拉力不同，因而弹性伸长量也不同。如图 4-8 所示，当带从紧边 a 点转到松边 c 点的过程中，拉力由 F_1 逐渐减小到 F_2，使得弹性伸长量随之逐渐减小，因而带沿主动轮的运动是一面绕进，一面向后收缩。而带轮是刚性体，不产生变形，所以主动轮的圆周速度 v_1 大于带的圆周速度 v，这就说明带在绕经主动轮的过程中，在带与主动轮之间发生了相对滑动。相对滑动现象也要发生在从动轮上，根据同样的分析，带的速度 v 大于从动轮的速度 v_2。这种由于带的弹性变形而引起的带与带轮间的微小相对滑动，称为弹性滑动。弹性滑动除了使从动轮的圆周速度 v_2 低于主动轮的圆周速度 v_1 外，还将使传动效率降低，带的温度升高，磨损加快。

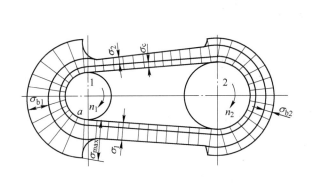

图 4-7 带的应力分析

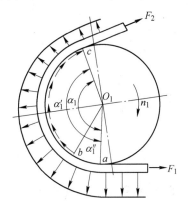

图 4-8 带传动的弹性滑动

弹性滑动和打滑是两个截然不同的概念。打滑是指过载引起的全面滑动，是可以避免的。而弹性滑动是由于拉力差引起的，只要传递圆周力，就必然会发生弹性滑动，所以弹性滑动是不可以避免的。弹性滑动的影响，使从动轮的圆周速度 v_2 低于主动轮的圆周速度 v_1，其圆周速度的相对降低程度可用滑动率 ε 来表示。

$$\varepsilon = \frac{v_1 - v_2}{v_1}$$

带传动的理论传动比为：
$$i = \frac{n_1}{n_2} = \frac{d_{d2}}{d_{d1}}$$

带传动的实际传动比为：
$$i = \frac{n_1}{n_2} = \frac{d_{d2}}{d_{d1}(1 - \varepsilon)}$$

在一般传动中 $\varepsilon = 0.01 \sim 0.02$，其值不大，可不予考虑。带传动由于存在滑动率，所以其传动比不准确，故只能用于传动比要求不十分准确的场合。在带传动中由于摩擦力使带的两边发生不同程度的拉伸变形。既然摩擦力是带传动所必需的，所以弹性滑动是带传动的固有特性，只能设法降低，不能避免。

4.3 普通 V 带传动设计计算

4.3.1 带传动的失效形式和设计准则

带传动的失效形式有：

（1）打滑。当传递的圆周力 F 超过了带与带轮之间摩擦力总和的极限时，发生过载打滑，使传动失效。

（2）带的疲劳破坏。传动带在变应力的反复作用下，发生裂纹、脱层、松散、直至断裂。

另外带传动的失效形式还有磨损静态拉断等。

带传动的设计准则是：在保证带传动不发生打滑的前提下，充分发挥带传动的能力，并使传动带具有一定的疲劳强度和寿命。

根据设计准则，带传动应满足下列两个条件：

（1）不打滑条件：
$$F_1 \left(1 - \frac{1}{e^{f\alpha_1}}\right) \geqslant \frac{1000P}{v}$$

（2）疲劳强度条件：
$$\sigma_{max} = \sigma_1 + \sigma_{b1} + \sigma_c \leqslant [\sigma]$$

由以上两式可得同时满足两个条件的传动功率为：
$$P_0 = \frac{Fv}{1000} = ([\sigma] - \sigma_c - \sigma_{b1})\left(1 - \frac{1}{e^{f\alpha}}\right)\frac{Av}{1000}$$

式中，P_0 的单位为 kW，其余各符号的意义和单位同前。

4.3.2 单根 V 带的基本额定功率

单根普通 V 带在特定试验条件所能传递的功率，称为基本额定功率，用 P_0 表示。常用几种型号单根普通 V 带的基本额定功率 P_0 值见表 4-6 ~ 表 4-9。各表中 P_0 的单位均为 kW。

表 4-6 **Z 型单根普通 V 带的基本额定功率 P_0**

主动轮转速 $n_1/\mathrm{r \cdot min^{-1}}$	主动带轮基准直径 d_{d1}/mm					
	50	56	63	71	80	90
400	0.06	0.06	0.08	0.09	0.14	0.14
730	0.09	0.11	0.13	0.17	0.20	0.22
800	0.10	0.12	0.15	0.20	0.22	0.24
980	0.12	0.14	0.18	0.23	0.26	0.28
1200	0.14	0.17	0.22	0.27	0.30	0.33
1460	0.16	0.19	0.25	0.31	0.36	0.37
1600	0.17	0.20	0.27	0.33	0.39	0.40
2000	0.20	0.25	0.32	0.39	0.44	0.48
2400	0.22	0.30	0.37	0.46	0.50	0.54
2800	0.26	0.33	0.41	0.50	0.56	0.60
3200	0.28	0.35	0.45	0.54	0.61	0.64
3600	0.30	0.37	0.47	0.58	0.64	0.68
4000	0.32	0.39	0.49	0.61	0.67	0.72
4500	0.33	0.40	0.50	0.62	0.67	0.73
5000	0.34	0.41	0.50	0.62	0.66	0.73
5500	0.33	0.41	0.49	0.61	0.64	0.65
6000	0.31	0.40	0.48	0.56	0.61	0.56

表 4-7 **A 型单根普通 V 带的基本额定功率 P_0**

主动轮转速 $n_1/\mathrm{r \cdot min^{-1}}$	主动带轮基准直径 d_{d1}/mm							
	75	80	90	100	112	125	140	160
200	0.16	0.18	0.22	0.26	0.31	0.37	0.43	0.51
400	0.27	0.31	0.39	0.47	0.56	0.67	0.78	0.94
730	0.42	0.49	0.63	0.77	0.93	1.11	1.31	1.56
800	0.45	0.52	0.68	0.83	1.00	1.19	1.41	1.69
980	0.52	0.61	0.79	0.97	1.18	1.40	1.66	2.00
1200	0.60	0.71	0.93	1.14	1.39	1.66	1.96	2.36
1460	0.68	0.81	1.07	1.32	1.62	1.93	2.29	2.74
1600	0.73	0.87	1.15	1.42	1.74	2.07	2.45	2.94
2000	0.84	1.01	1.34	1.66	2.04	2.44	2.87	3.42
2400	0.92	1.12	1.50	1.87	2.30	2.74	3.22	3.80
2800	1.00	1.22	1.64	2.05	2.51	2.98	3.48	4.06
3200	1.04	1.29	1.75	2.19	2.68	3.16	3.65	4.19
3600	1.08	1.34	1.83	2.28	2.78	3.26	3.72	
4000	1.09	1.37	1.87	2.34	2.83	3.28	3.67	
4500	1.07	1.36	1.88	2.33	2.79	3.17		
5000	1.02	1.31	1.82	2.25	2.64			
5500	0.96	1.21	1.70	2.07				
6000	0.80	1.06	1.50	1.80				

表4-8　B 型单根普通 V 带的基本额定功率 P_0

主动轮转速 $n_1/\text{r} \cdot \text{min}^{-1}$	主动带轮基准直径 d_{d1}/mm							
	125	140	160	180	200	224	250	280
200	0.48	0.59	0.74	0.88	1.02	1.19	1.37	1.58
400	0.84	1.05	1.32	1.59	1.85	2.17	2.50	2.89
730	1.34	1.69	2.16	2.61	3.06	3.59	4.14	4.77
800	1.44	1.82	2.32	2.81	3.30	3.86	4.46	5.13
980	1.67	2.13	2.72	3.30	3.86	4.50	5.22	5.93
1200	1.93	2.47	3.17	3.85	4.50	5.26	6.04	6.90
1460	2.20	2.83	3.64	4.41	5.15	5.99	6.85	7.78
1600	2.33	3.00	3.86	4.68	5.46	6.33	7.20	8.13
1800	2.50	3.23	4.15	5.02	5.83	6.73	7.63	8.46
2000	2.64	3.42	4.40	5.30	6.13	7.02	7.87	8.60
2220	2.76	3.58	4.60	5.52	6.35	7.19	7.97	
2400	2.85	3.70	4.75	5.67	6.47	7.25		
2800	2.96	3.85	4.80	5.76	6.43			
3200	2.94	3.83	4.80					
3600	2.80	3.63						
4000	2.51	3.24						
4500	1.93							

表4-9　C 型单根普通 V 带的基本额定功率 P_0

主动轮转速 $n_1/\text{r} \cdot \text{min}^{-1}$	主动带轮基准直径 d_{d1}/mm							
	200	224	250	280	315	355	400	450
200	1.39	1.70	2.03	2.42	2.86	3.36	3.91	4.51
300	1.92	2.37	2.85	3.40	4.04	4.75	5.54	6.40
400	2.41	2.99	3.62	4.32	5.14	6.05	7.06	8.20
500	2.87	3.58	4.33	5.19	6.17	7.27	8.52	9.81
600	3.30	4.12	5.00	6.00	7.14	8.45	9.82	11.29
730	3.80	4.78	5.82	6.99	9.34	9.79	11.52	12.98
800	4.07	5.12	6.23	7.52	8.92	10.46	12.10	13.80
980	4.66	5.89	7.18	8.65	10.23	11.92	13.67	15.39
1200	5.29	6.71	8.21	9.81	11.53	13.31	15.04	16.59
1460	5.86	7.47	9.06	10.74	12.48	14.12		
1600	6.07	7.75	9.38	11.06	12.72	14.19		
1800	6.28	8.00	9.63	11.22	12.67			
2000	6.34	8.06	9.62	11.04				
2200	6.26	7.92	9.34					

主动轮转速	主动带轮基准直径 d_{d1}/mm							
n_1/r·min^{-1}	200	224	250	280	315	355	400	450
2400	6.02	7.57						
2600	5.61							
2800	5.01							

单根普通 V 带基本额定功率 P_0 是在特定试验条件下测得的带所能传递的功率。一般设计给定的实际条件与上述试验条件不同，须引入相应的系数进行修正。单根普通 V 带在设计所给定的实际条件下允许传递的功率，称为额定功率，用 $[P_0]$ 表示。

$$[P_0] = (P_0 + \Delta P_1)K_\alpha K_L$$

式中，P_0 为单根 V 带的基本额定功率，kW；ΔP_1 为功率增量，kW，当传动比 $i \neq 1$ 时，带在大轮上的弯曲应力较小，传递的功率可以增大些，查表4-10选取；K_α 为包角修正系数，查表4-11选取；K_L 为带长修正系数，查表4-12选取。

表4-10 单根普通 V 带 $i \neq 1$ 时传动功率的增量 ΔP_1

型号	传动比 i	主动轮转速 n_1/r·min^{-1}													
		400	730	800	980	1200	1460	1600	2000	2400	2800	3200	3600	4000	5000
Y	1.35~1.51	0.00	0.00	0.00	0.01	0.01	0.01	0.01	0.01	0.01	0.01	0.02	0.02	0.02	0.02
	≥2	0.00	0.00	0.00	0.01	0.01	0.01	0.01	0.02	0.02	0.02	0.02	0.03	0.03	0.03
Z	1.35~1.51	0.01	0.01	0.01	0.02	0.02	0.02	0.02	0.03	0.01	0.02	0.04	0.04	0.05	0.05
	≥2	0.01	0.02	0.02	0.02	0.03	0.03	0.03	0.04	0.02	0.02	0.05	0.05	0.06	0.06
A	1.35~1.51	0.04	0.07	0.08	0.08	0.11	0.13	0.15	0.19	0.23	0.26	0.30	0.34	0.38	0.47
	≥2	0.05	0.09	0.10	0.11	0.15	0.17	0.19	0.24	0.29	0.34	0.39	0.44	0.48	0.60
B	1.35~1.51	0.10	0.17	0.20	0.23	0.30	0.36	0.39	0.49	0.59	0.69	0.79	0.89	0.99	1.24
	≥2	0.13	0.22	0.25	0.30	0.38	0.46	0.51	0.63	0.76	0.89	1.01	1.14	1.27	1.60
C	1.35~1.51	0.14	0.21	0.27	0.34	0.41	0.48	0.55	0.65	0.82	0.99	1.10	1.23	1.37	1.51
	≥2	0.18	0.26	0.35	0.44	0.53	0.62	0.71	0.83	1.06	1.27	1.41	1.59	1.76	1.94
D	1.35~1.51	0.49	0.73	0.97	1.22	1.46	1.70	1.95	2.31	2.92	3.52	3.89	4.98		
	≥2	0.63	0.94	1.25	1.56	1.88	2.19	2.50	2.97	3.75	4.53	5.00	5.62		
E	1.35~1.51	0.96	1.45	1.93	2.41	2.89	3.38	3.86	4.58	5.61	6.83				
	≥2	1.24	1.86	2.48	3.10	3.72	4.34	4.96	5.89	7.21	8.78				

表4-11 包角修正系数 K_α

α_1	180°	175°	170°	165°	160°	155°	150°	145°
K_α	1	0.99	0.98	0.96	0.95	0.93	0.92	0.91
α_1	140°	135°	130°	125°	120°	110°	100°	90°
K_α	0.89	0.88	0.86	0.84	0.82	0.78	0.74	0.69

表 4-12　带长修正系数 K_L

基准长度 L_d/mm	K_L					基准长度 L_d/mm	K_L				
	Y	Z	A	B	C		A	B	C	D	E
200	0.81					2000			1.03	0.98	0.88
224	0.82					2240	1.06	1.00	0.91		
250	0.84					2500	1.09	1.03	0.93		
280	0.87					2800	1.11	1.05	0.95	0.83	
315	0.89					3150	1.13	1.07	0.97	0.86	
355	0.92					3550	1.17	1.09	0.99	0.88	
400	0.96	0.87				4000	1.19	1.13	1.02	0.91	
450	1.00	0.89				4500	1.15		1.04	0.93	0.90
500	1.02	0.91				5000		1.18	1.07	0.96	0.92
560		0.94				5600			1.09	0.98	0.95
630		0.96	0.81			6300			1.12	1.00	0.97
710		0.99	0.83			7100			1.15	1.03	1.00
800		1.00	0.85			8000			1.18	1.06	1.02
900		1.03	0.87	0.82		9000			1.21	1.08	1.05
1000		1.06	0.89	0.84		10000			1.23	1.11	1.07
1120		1.08	0.91	0.86		11200				1.14	1.10
1250		1.11	0.93	0.88		11250				1.17	1.12
1400		1.14	0.96	0.90		14000				1.20	1.15
1600		1.16	0.99	0.92	0.83	16000				1.22	1.18
1800		1.18	1.01	0.95	0.86						

4.3.3　V 带的设计步骤和方法

普通 V 带传动设计计算的已知条件为：传动的用途和工作情况，传递的功率 P，主动轮、从动轮的转速 n_1、n_2（或传动比 i），传动位置要求和外廓尺寸要求，原动机的类型等。设计内容为确定带的型号、长度和根数，带轮的尺寸、结构和材料，传动的中心距，带的初拉力和压轴力，张紧及防护装置等。

设计计算的一般步骤如下：

（1）确定计算功率 P_d。计算功率 P_d 是根据传递的额定功率 P_0、载荷性质和每天工作时间来确定，即

$$P_d = K_A P_0$$

式中，K_A 为工况系数，见表 4-13。

表 4-13 工况系数 K_A

工作机载荷性质		原动机					
		空、轻载启动			重载启动		
		每天工作时间/h					
		<10	10 ~ 16	>16	<10	10 ~ 16	>16
载荷变动很小	液体搅拌机、通风机和鼓风机（$P_0 \leqslant$ 7.5kW）离心式水泵和压缩机、轻型运输机等	1.0	1.1	1.2	1.1	1.2	1.3
载荷变动小	带式输送机（不均匀负荷）、通风机（$P_0 >$ 7.5kW）、旋转式水泵和压缩机（非离心式）、发电机、金属切削机床、印刷机、旋转筛和木工机械等	1.1	1.2	1.3	1.2	1.3	1.4
载荷变动较大	制砖机、斗式提升机、往复式水泵和压缩机、起重机、磨粉机、冲剪机床、橡胶机械、振动筛、纺织机械、重载输送机等	1.2	1.3	1.4	1.4	1.5	1.6
载荷变动很大	破碎机（旋转式、颚式等）、磨碎机（球磨、棒磨、管磨）等	1.3	1.4	1.5	1.5	1.6	1.8

注：1. 空、轻载启动——电动机（交流、直流并励），四缸以上的内燃机，装有离心式离合器、液力联轴器的动力机等。

2. 重载启动——电动机（联机交流启动、直流复励或串励），四缸以下的内燃机。

3. 反复启动、正反转频繁、工作条件恶劣等场合，应将表中 K_A 值乘以1.2；增速时 K_A 值查机械设计手册。

（2）选择V带型号。若 P_d、n_1 确定时，根据计算功率 P_d 和小带轮转 n_1 由图4-9选择带的型号。坐标点位于图中两种型号的分界线附近时，可先取两种型号计算，然后进行分析比较，择优选用。

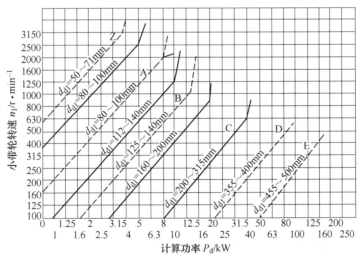

图 4-9 普通V带选型图

（3）确定带轮的基准直径 d_{d1} 和 d_{d2}。

1）计算带轮的基准直径。根据所选V带型号，参考表4-3及表4-5选取 d_{d1}，并取标准直径。带轮直径是影响带寿命的主要因素之一，带轮直径越小，弯曲应力就越大，带的寿命也就越短，所以带轮直径不能选的太小，在空间尺寸不受限制时，还是尽量取大一些。

传动比要求精确时，大带轮基准直径由下式确定：

$$d_{d2} = i d_{d1}(1 - \varepsilon) = \frac{n_1}{n_2} d_{d1}(1 - \varepsilon)$$

一般可忽略滑动率的影响，则有：

$$d_{d2} = i d_{d1} = \frac{n_1}{n_2} d_{d1}$$

d_{d2} 按表 4-3 取标准值。

2）验算带速 v。

$$v = \frac{\pi d_{d1} n_1}{60 \times 1000}$$

由 $P = Fv$ 知，传递功率一定时，带速 v 越大，所需传递的有效圆周力就越小，使 V 带根数减少，带轮变窄，加工时数少；但 v 过大，离心力就会过大，降低了带与带轮的正压力，从而降低了传动的工作能力；反之，若 v 过小（如 $v < 5\mathrm{m/s}$），则表示所选的 d_{d1} 过小，这将使所需传递的有效圆周力过大，所需带的根数过多，轮宽、轴及轴承尺寸都要随之增大，且载荷分布不均匀现象严重。一般应使带速 $v = 5 \sim 25\mathrm{m/s}$，较适宜的速度为 $v = 10 \sim 20\mathrm{m/s}$。若 v 不在此范围内，说明初选的小带轮直径不合适，需重新选取。

（4）确定中心距和 V 带长度。

1）初选中心距。增大中心距有利于增大小带轮包角和减少单位时间内的带的应力循环次数，从而提高带的传动能力和延长带的疲劳寿命，但过大时易引起带的振颤和拍击。同时外廓尺寸过大，中心距过小时，虽然结构紧凑，但带的传动能力将会过小，疲劳寿命大大缩短。设计时可按下式初选中心距：

$$0.7(d_{d1} + d_{d2}) \leqslant a_0 \leqslant 2(d_{d1} + d_{d2})$$

2）确定 V 带基准长度。根据带传动的几何关系，按下式计算所需 V 带的基准长度。

$$L_{d0} = 2a_0 + \frac{\pi}{2}(d_{d1} + d_{d2}) + \frac{1}{4a_0}(d_{d2} - d_{d1})^2$$

根据此基准长度计算值由表 4-2 选取相近的基准长度 L_d。

3）计算实际中心距。一般可按下式近似计算带传动的实际中心距。

$$a \approx a_0 + \frac{L_d - L_{d0}}{2}$$

考虑安装调整和补偿张紧力的需要，带传动的中心距一般设计成可以调整的，其变动范围为：

$$a_{min} = a - 0.015 L_d$$
$$a_{max} = a + 0.03 L_d$$

4）验算小带轮包角。小带轮包角计算式为：

$$\alpha_1 \approx 180° - \frac{d_{d2} - d_{d1}}{a} \times 57.3°$$

α_1 过小，传动能力降低，易打滑。一般要求 $\alpha \geqslant 120°$，个别情况可小到 $90°$。若不满足，应增大中心距、减小传动比或采用张紧轮张紧来增加小带轮包角。

（5）确定 V 带根数。V 带传动所需 V 带根数可由计算功率 P_d 除以单根 V 带的基本额定功率 P_0 确定。当实际工作条件与上述特定条件不同时，应对 P_0 进行修正，故带的根数为：

$$z \geqslant \frac{P_d}{[P_0]} = \frac{P_d}{(P_0 + \Delta P_1)K_\alpha K_L}$$

带的根数 z 应根据计算值圆整。通常取 $z < 10$。当计算出来的 V 带根数过多时，应改选 V 带型号重新设计，因为根数越多，带轮越宽，且受力越不均匀。

（6）计算初拉力和带作用在轴上的压力。

1）计算初拉力。为了保证带传动正常工作，应使带具有一定的初拉力 F_0。初拉力不足，产生的摩擦力较小，易打滑，且带传动的工作能力不能充分发挥；初拉力过大，则 V 带寿命会降低，轴和轴承的受力会增大。单根 V 带较适宜的初拉力可由下式计算：

$$F_0 = 500 \frac{P_d}{zv}\left(\frac{2.5}{K_\alpha} - 1\right) + qv^2$$

由于新带易松弛，所以对中心距不可调的带传动，安装新带时的初拉力应取上述计算值的 1.5 倍。

2）计算作用在轴上的压力。为了设计安装带轮的轴及轴承，需计算带传动作用在轴上的载荷 F_Q，通常取带两边初拉力的合力（见图 4-10）作近似计算，故

$$F_Q \approx 2zF_0\sin\frac{\alpha_1}{2}$$

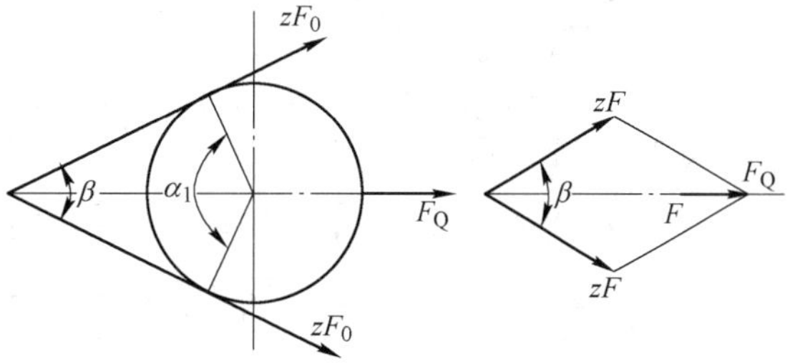

图 4-10　带传动作用在轴上的压力

【例 4-1】　设计一带式输送机中的普通 V 带传动。原动机为 YL100L2-4 异步电动机，其额定功率 $P = 3\text{kW}$，满载转速 $n_1 = 1420\text{r/min}$，从动轮转速 $n_2 = 410\text{r/min}$，两班制工作，载荷变动较小，要求中心距 $a \leqslant 600\text{mm}$。滑动率 $\varepsilon = 0.02$。

解：（1）计算设计功率 P_d。由表 4-13 查得 $K_A = 1.2$，故

$$P_d = K_A P = 1.2 \times 3 = 3.6\text{kW}$$

（2）选择带型。根据 $P_d = 3.6\text{kW}$，$n_1 = 1420\text{r/min}$，由图 4-9 初选 A 型。

（3）选取带轮基准直径 d_{d1} 和 d_{d2}。由表 4-3 和表 4-5 取 $d_{d1} = 100\text{mm}$，因此有：

$$d_{d2} = id_{d1}(1 - \varepsilon) = \frac{n_1}{n_2}d_{d1}(1 - \varepsilon) = \frac{1420}{410} \times 100 \times (1 - 0.02) = 339.4\text{mm}$$

由表 4-3 取 $d_{d2} = 335\text{mm}$。

（4）验算带速 v。

$$v = \frac{\pi d_{d1} n_1}{60 \times 1000} = \frac{\pi \times 100 \times 1420}{60 \times 1000} = 7.44\text{mm}$$

在 5 ~ 25m/s 范围内，带速合适。

（5）确定中心距 a 和带的基准长度 L_d，初选中心距 $a_0 = 450\text{mm}$，符合 $0.7(d_{d1} + d_{d2})$ $\leqslant a_0 \leqslant 2(d_{d1} + d_{d2})$，因此带长为：

$$L_{d0} = 2a_0 + \frac{\pi}{2}(d_{d1} + d_{d2}) + \frac{1}{4a_0}(d_{d2} - d_{d1})^2$$

$$= 2 \times 450 + \frac{3.14}{2}(100 + 355) + \frac{(355 - 100)^2}{4 \times 450}$$

$$= 1650.5\text{mm}$$

由表 4-2 对于 A 型 V 带选取基准长度 $L_d = 1800\text{mm}$。

$$a \approx a_0 + \frac{L_d - L_{d0}}{2} = 450 + \frac{1800 - 1650.5}{2} = 524.75\text{mm}$$

取 $a = 525\text{mm}$。

（6）计算小带轮包角 α_1。

$$\alpha_1 \approx 180° - \frac{d_{d2} - d_{d1}}{a} \times 57.3° = 180° - \frac{355 - 100}{525} \times 57.3° = 152.16° > 120°$$

小带轮包角合适。

（7）确定带的根数 z。由 $d_{d1} = 100\text{mm}$，$n_1 = 1420\text{r/min}$，查表 4-7，由内插法得 $P_0 = 1.29\text{kW}$；查表 4-10，由内插法得 $\Delta P_1 = 0.167\text{kW}$。因 $\alpha_1 = 152.16°$，查表 4-11，由内插法得 $K_\alpha = 0.94$。因为 $L_d = 1800\text{mm}$，查表 4-12 得 $K_L = 1.01$。

$$z \geqslant \frac{P_d}{[P_0]} = \frac{P_d}{(P_0 + \Delta P_1)K_\alpha K_L} = \frac{3.6}{(1.29 + 0.167) \times 0.94 \times 1.01} = 2.65$$

取 $z = 3$ 根。

（8）确定初拉力 F_0。查表 4-4 得 A 型 V 带的线密度 $q = 0.11\text{kg/m}$，因此有：

$$F_0 = 500\frac{P_d}{zv}\left(\frac{2.5}{K_\alpha} - 1\right) + qv^2$$

$$= 500 \times \frac{(2.5 - 0.924) \times 3.6}{0.924 \times 3 \times 7.44} + 0.11 \times 7.44^2$$

$$\approx 143.1\text{N}$$

（9）计算压轴力 F_Q。

$$F_Q \approx 2zF_0\sin\frac{\alpha_1}{2} \approx 2 \times 3 \times 143.1 \times \sin\left(\frac{152.16°}{2}\right) \approx 833.4\text{N}$$

（10）带传动的结构设计。（从略）

4.4　带传动的张紧与安装维护

4.4.1　传动带的张紧

普通 V 带不是完全弹性体，长期在张紧状态下工作，会因出现塑性变形而松弛。这就使带传动的初拉力减小，传动能力下降，甚至失效。为保证带传动正常工作，应定期检查 F_0 大小。如 F_0 不合格，重新张紧，必要时安装张紧装置。常见的张紧装置按中心距是否可调分为两类。

（1）中心距可调张紧装量。在水平或倾斜不大的传动中，可用图 4-11（a）所示的方法，将装有带轮的电动机装在滑槽上，当带需要张紧时，通过调整螺栓改变电动机的位量，加大传动中心距，使带获得所需的张紧力。在垂直的或接近垂直的传动中，可用图

4-11（b）所示的方法，将装有带轮的电动机安装在可调的摆架上，利用调整螺栓来调整中心距使带张紧。也可用图 4-11（c）所示方法，将装有带轮的电动机安装在浮动的摆架上，利用电动机和摆架的自身重量来自动张紧，但这种方法多用在小功率的传动中。

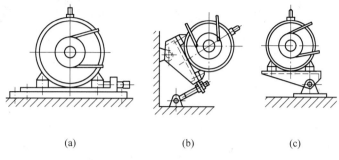

（a）　　　　　　　　　（b）　　　　　　　　　（c）

图 4-11　用调整中心距的方法张紧

（2）中心距不可调张紧装置。中心距不可调时，可用张紧轮来实现张紧。图 4-12（a）所示为定期张紧装置，将张紧轮装在松边内侧靠近大带轮处，既避免了带的双向弯曲又不使小带轮包角减小过多。图 4-12（b）所示为自动张紧装置，将张紧轮装在松边、外侧、靠近小带轮处，可以增大小带轮包角提高传动能力，但这会使带受到反向弯曲，降低带的寿命。

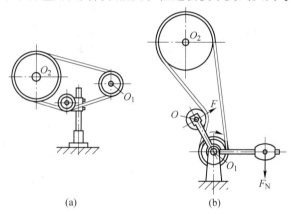

（a）　　　　　　　　　（b）

图 4-12　中心距不可调张紧装置

4.4.2　带传动的安装与维护

正确地安装与维护带传动，是保证 V 带正常工作和延长寿命的有效措施，因此必须注意以下几点：

（1）安装时，主、从动轮的中心线应与轴中心线重合，两轮中心线必须保持平行，两轮的轮槽必须调整在同一平面内，否则会引起 V 带的扭曲和两侧面过早磨损。

（2）必须保证 V 带在轮槽中的正确位置，如图 4-13 所示。V 带的外边缘应和带轮的外缘相平（新安装时可略高于轮缘），这样 V 带的工作面与轮槽的工作面才能充分地接触。如果 V 带嵌入太深，将使带底面与轮槽底面接触，失去 V 带楔面接触传动能力大的优点；如位置过高，则接触面减小，传动能力降低。

（3）安装 V 带时，应按规定的 F_0 张紧。在中等中心距的情况下，张紧程度以大拇指能按下 15mm 左右为宜。

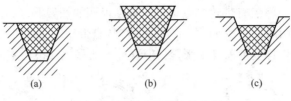

图 4-13　V 带在轮槽中的位置

（a）正确；（b），（c）错误

（4）带传动装置外面应加防护罩，以保证安全。

（5）带不宜与酸、碱、油介质接触；工作温度一般不超过 60°，以防带的迅速老化。

（6）应定期检查胶带，多根带并用时，若发现其中一根过度松弛或疲劳损坏时，必须全部更换新带，不能新旧并用，以免长短不一而受力不均，加速新带磨损。

4.5　链传动

4.5.1　链传动的组成和类型

链传动主要由两个或两个以上链轮和链条组成，如图 4-14 所示。工作时靠链轮轮齿与链条啮合把主动链轮的运动和转矩传给从动链轮。链传动是一种具有中间挠性件的啮合传动。

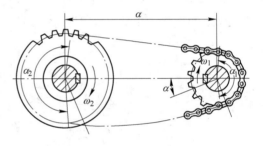

图 4-14　链传动

链的种类繁多，按用途不同，链可分为传动链、起重链和输送链三类。传动链又可分为套筒滚子链、套筒链、齿形链和成型链等，如图 4-15 所示。套筒滚子链在链传动中应用最广，并且已标准化。

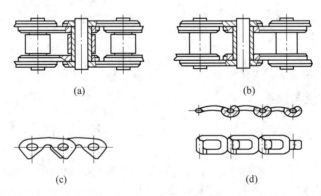

图 4-15　传动链的类型

（a）套筒滚子链；（b）套筒链；（c）齿形链；（d）成型链

4.5.2　链传动的特点和应用

与摩擦型带传动相比，链传动无弹性滑动和打滑现象，因而能保持准确的传动比（平均传动比），传动效率较高（润滑良好的链传动的效率为 97%~98%）；又因链条不需要像带那样张得很紧，所以作用在轴上的压轴力较小；在同样条件下，链传动的结构较紧凑；同时链传动能在温度较高、有水或油等恶劣环境下工作。与齿轮传动相比，链传动易于安装，成本低廉；在远距离传动时，结构更显轻便。

链传动的主要缺点是：运转时不能保持恒定传动比，传动的平稳性差；工作时冲击和噪声较大；磨损后易发生跳齿；只能用于平行轴间的传动。

链传动主要用在要求工作可靠，且两轴相距较远，以及其他不宜采用齿轮传动及工作条件恶劣等场合，如农业机械、建筑机械、石油机械、采矿、起重、金属切削机床、摩托车、自行车等。

4.5.3　套筒滚子链的结构

套筒滚子链由滚子 1、套筒 2、销轴 3、内链板 4 和外链板 5 所组成，如图 4-16 所示。套筒与内链板之间、销轴与外链板之间均采用过盈配合固定，而销轴与套筒之间、套筒与滚子之间均为间隙配合，使滚子可绕套筒转动，套筒可绕销轴转动。工作时，滚子沿链轮齿廓滚动，因而磨损较小。为了减小链的质量和运动时的惯性力，同时使链板各个横截面具有接近相等的抗拉强度，链板常制成 8 字形。链的磨损主要发生在销轴与套筒的接触面上，因此，内、外链板间应留少许间隙，以便润滑油渗入套筒与销轴的摩擦面间。

在需要传递较大功率时，可采用双排链或多排链，如图 4-17 所示。多排链相当于多条单排链用长销轴连接起来构成。其承载能力与排数成正比。但排数过多时难以保证制造和装配精度，易产生各排载荷分布不均匀现象，故排数不宜过多，一般最多为 4 排。

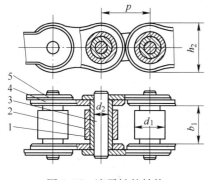

图 4-16　滚子链的结构
1—滚子；2—套筒；3—销轴；
4—内链板；5—外链板

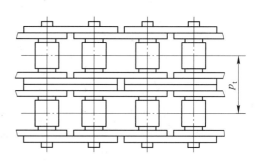

图 4-17　双排滚子链

滚子链的接头形式如图 4-18 所示。当链节数为偶数时，接头处可用开口销或弹簧卡片来固定，如图 4-18（a）和图 4-18（b）所示。一般前者用于大节距，后者用于小节距；当链节数为奇数时，需采用图 4-18（c）所示的过渡链节。由于过渡链节的链板要受到附加弯矩的作用，所以在一般情况下，最好不要用奇数链节。

如图 4-16 所示，滚子链和链轮啮合的基本参数为节距 p、滚子外径 d_1 和内链节内宽 b_1（对于多排链还有排距 p_t，见图 4-17）。其中节距 p 是滚子链的主要参数，节距增大时，链条中各零件的尺寸也要相应地增大，可传递的功率也随着增大。链的使用寿命在很大程度上取决于链的材料及热处理方法。因此，组成链的所有元件均需经过热处理，以提高其强度、耐磨性和耐冲击性。

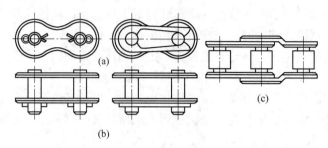

图 4-18　滚子链的接头形式

4.5.4　滚子链的规格

滚子链已经标准化，分为 A、B 两种系列，常用的是 A 系列，其尺寸及主要参数见表 4-14。表中链号和相应的国际标准链号一致，链号数乘以 25.4/16 即为节距值（mm）。后缀 A 表示 A 系列。

滚子链的标记为：链号-列数 × 链节数标准编号。例如，标记 08A – 1 × 87 表示 A 系列、节距 12.7mm、单排、87 节的滚子链。

表 4-14　滚子链的主要尺寸和极限拉伸载荷

链号	节距 p	排距 p_1	滚子外径 d_1	内链节内宽 b_1	销轴直径	内链板高度 h_2	极限拉伸载荷（单排）F_{lim} [1]	每米质量（单排）q
	mm						kN	kg
08A	12.7	14.38	7.95	7.85	3.96	12.07	13.8	0.06
10A	15.875	18.11	10.06	9.04	5.08	15.09	21.8	1.00
12A	19.05	22.78	11.91	12.57	5.94	18.08	31.1	1.50
16A	25.40	29.29	15.88	15.75	7.92	24.13	55.6	2.60
20A	31.75	35.76	19.05	18.90	9.53	30.18	86.7	3.80
24A	38.10	45.44	22.23	25.22	11.10	36.20	124.6	5.60
28A	44.45	48.87	25.40	25.22	12.70	42.24	169.0	7.50
32A	50.80	58.55	28.58	31.55	14.27	48.26	222.4	10.10
40A	63.65	71.55	39.68	37.85	19.84	60.33	347.0	16.10
48A	76.20	87.83	47.63	47.35	23.80	72.39	5000.4	22.60

[1]过渡链节取 F_{lim} 值的 80%。

4.5.5　链轮的结构

链轮有整体式、孔板式、组合式，如图 4-19 所示。链轮直径较小时，通常制成整体式，如图 4-19（a）所示；直径较大时，通常制成孔板式，如图 4-19（b）所示；直径很大时（>20mm），通常制成组合式，如图 4-19（c）、（d）所示。齿圈与轮毂可用不同材料制造，连接方式可以是焊接式或螺栓连接（轮齿磨损后便于更换）。轮齿的齿形应保证链节能平稳地进入和退出啮合，受力良好，不易脱链，便于加工制造。滚子链链轮的齿形已经标准化（GB/T 1243—2006），常用三圆弧一直线齿形（见图4-20）。实际齿槽形状在最大、最小范围内都可以用，因而链轮齿廓曲线的几何形状可以有很大的灵活性。因齿形系用标准刀具加工，在链轮工作图中不必画出，只需在图上注明"齿形按 3R GB/T 1243—2006 规定制造"即可。链轮分度圆直径 d、齿顶圆直径 d_a、齿根圆 d_f 的计算公式列出如下：

分度圆直径：
$$d = \frac{p}{\sin\dfrac{180°}{z}}$$

齿顶圆直径：
$$d_a = p\left(0.54 + \cot\frac{180°}{z}\right)$$

齿根圆直径：
$$d_f = d - d_1$$

齿侧凸缘（或排间槽距）直径：$d_g < p\cot\dfrac{180°}{z} - 1.04h - 0.76$

式中，h 为内链板高度。

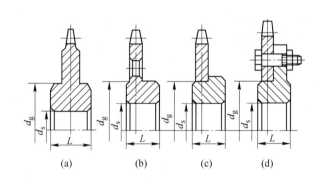

图4-19 链轮的结构

$L = (1.5 \sim 2.0)d_s$；$D_1 = (1.2 \sim 2)d_s$；d_s 为轴孔直径

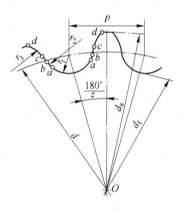

图4-20 滚子链链轮端面齿形

链轮轴面齿形及尺寸应符合 GB/T 1243—2006 的规定，参见图4-21及表4-15。链轮的轴面齿形则需在工作图上画出。

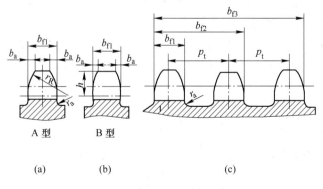

图4-21 滚子链链轮轴面齿形

表 4-15　滚子链链轮轴面齿廓尺寸

名　　称		代号	计算公式		备　　注
			$p \leqslant 12.7$	$p > 12.7$	
齿宽	单排	b_{f1}	$0.93b_1$	$0.95b_1$	$p > 12.7$ 时，经制造厂同意，亦可使用 $p \leqslant 12.7$ 时的齿宽； b_1——内链节内宽
	双排、三排		$0.91b_1$	$0.93b_1$	
	四排以上		$0.88b_1$	$0.93b_1$	
倒角宽		b_a	$b_a = (0.1 \sim 0.15)p$		n——排数
倒角半径		r_s	$r_s \geqslant p$		
齿侧凸缘（或排间槽）圆角半径		r_a	$r_a = 0.04p$		
链轮齿总宽		b_{fn}	$b_{fn} = (n-1)p_t + b_{f1}$		

链轮的材料应保证轮齿具有足够的强度和耐磨性，一般是根据尺寸和工作条件参照有关资料选取。

4.5.6　链传动的运动特性、受力分析及失效形式

4.5.6.1　链传动的运动特性

整根链条是可以曲折的挠性体，而每一链节则为刚性体。链轮可以看作是一正多边形。因而链传动的运动情况和绕在多边形轮子上的带传动很相似，如图 4-22 所示，正多边形的边长即为节距 p，边数即为链轮齿数 z。链轮每转一周，链条移动距离为 zp。

设主、从动轮的转速分别为 n_1、n_2，则链的平均速度 v 为：

$$v = \frac{z_1 p n_1}{60 \times 1000} = \frac{z_2 p n_2}{60 \times 1000}$$

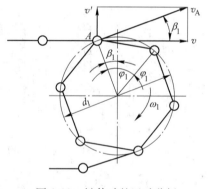

图 4-22　链传动的运动分析

链传动平均传动比为：

$$i = \frac{n_1}{n_2} = 常数$$

由以上两式求得的链速和传动比都是平均值。实际上，由于多边形效应，瞬时速度和瞬时传动比都是周期性变化的。

为了便于分析，设链的主动边（紧边）始终处于水平位置，如图 4-22 所示。当某链节在 A 点处绕上主动链轮时，它的销轴中心 A 随链轮以角速度 ω_1 做等速圆周运动，其圆周速度 v_A 为：

$$v_A = \frac{d_1}{2}\omega$$

v_A 可以分解为沿着链条前进的水平分速度 v 和垂直分速度 v'。

$$v = v_A \cos\beta_1 = \frac{d_1 \omega_1}{2}\cos\beta_1$$

$$v' = v_A \sin\beta_1 = \frac{d_1\omega_1}{2}\sin\beta_1$$

链节所对中心角为 $\varphi_1 = 360°/z$，则 β_1 的变化范围为 $-\frac{\varphi_1}{2} \sim +\frac{\varphi_1}{2}$。当 $\beta_1 = \pm\frac{\varphi_1}{2}$ 时，链速

最小，$v_{min} = \frac{d_1\omega_1}{2}\cos\frac{180°}{z_1} = \frac{d_1\omega_1}{2}\cos\frac{\varphi_1}{2}$。当 $\beta_1 = 0$ 时，链速最大，$v_{max} = \frac{d_1\omega_1}{2}$。由此可知，

当主动轮角速度 ω_1 为常数时，链条的瞬时速度 v 周期性地由小变大，又由大变小，每转过一个节距变化一次。同理 v' 的大小由 $\frac{d_1\omega_1}{2}\sin\frac{\varphi_1}{2}$ 到 0，又由 0 到 $\frac{d_1\omega_1}{2}\sin\frac{\varphi_1}{2}$ 周期变化。即链轮每转过一齿，链速就重复一次上述变化。这种链速 v 时快时慢，而 v' 忽上忽下的发生变化，称为链传动的"多边形效应"。因而传动不平稳，链条产生周期性的振动。

从动链轮上链节所对应的中心角 $\varphi_2 = 360°/z_2$，则 β_2 的变化范围为 $-\frac{\varphi_1}{2} \sim +\frac{\varphi_1}{2}$。由于链速 v 不为常数及 β_2 的变化，因此其角速度 ω_2 也不断变化，导致链传动的瞬时传动比 i 不恒定。只有当两链轮的齿数相等、紧边的长度又恰为链节距的整数倍时，ω_2 和 i 才具有恒定值。链速和从动轮角速度的周期性变化，使得链传动产生运动不均匀性和附加动载荷。链轮齿数越少，运动不均匀性越大。链轮齿数越少，节距越大，转速越高，动载荷都将越大。

4.5.6.2 链传动的受力分析

链传动过程中，紧边与松边的拉力不同，若不考虑动载荷，作用在链上的力有：
（1）工作拉力 F。工作拉力作用在链条的紧边上，其值为：

$$F = \frac{1000P}{v}$$

式中，P 为传递的功率（kW）；v 为链速（m/s）。
（2）离心拉力 F_c。链条随链轮转动时，离心力产生的拉力作用于整个链条上，其值为：

$$F_c = qv^2$$

（3）悬垂拉力 F_γ。链条的自重产生的悬垂拉力作用于整个链条上，其值为：

$$F_\gamma = K_\gamma qga$$

式中，K_γ 为垂直系数，即下垂量 $\gamma = 0.02a$ 时的拉力系数，可查表 4-16；g 为重力加速度（m/s²）；a 为链传动中心距（m）。

表 4-16 垂直系数

$\alpha/(°)$	0（水平）	30	60	75	90（垂直）
K_γ	7	6	4	2.5	1

由上述可知，链的紧边拉力 F_1 和松边拉力 F_2 分别为：

$$\left.\begin{array}{l} F_1 = F + F_c + F_\gamma \\ F_2 = F_c + F_\gamma \end{array}\right\}$$

因为离心力只在链中产生拉力，对轴不产生压力，所以链传动作用在轴上的载荷 F_Q

可近似取为两边拉力之和减去离心拉力的影响，即

$$F_Q = F_1 + F_2 - 2F_c = F + 2F_\gamma$$

实际上，悬垂拉力 F_γ 也比较小，故可近似取为 $F_Q = (1.2 \sim 1.3)F$，外载荷有冲击和振动时取大值。

4.5.6.3　传动的主要失效形式

链传动的失效主要表现为链条的失效。链条的失效形式主要有：

（1）链条疲劳破坏。链传动时，由于链条在松边和紧边所受的拉力不同，故链条工作在交变拉应力状态。经过一定的应力循环次数后，链条元件由于疲劳强度不足而破坏，链板将发生疲劳断裂，或套筒、滚子表面出现疲劳点蚀。在润滑良好的链传动时，疲劳强度决定链传动能力的主要因素。

（2）链条冲击破断。对于因张紧不好而有较大松边垂度的链传动，在反复启动、制动或反转时所产生的巨大冲击，将会使销轴、套筒、滚子等元件不到疲劳时就产生冲击破断。

（3）链条铰链的磨损。链传动时，销轴与套筒的压力较大，彼此又产生相对转动，因而导致铰链磨损，使链的实际节距变长。铰链磨损后，增加了各链节的实际节距的不均匀性，使传动不平稳。链的实际节距因磨损而伸长到一定程度时，链条与轮齿的啮合情况变坏，从而发生爬高和跳齿现象。磨损是润滑不良的开式链传动的主要失效形式，造成链传动寿命大大降低。

（4）链条铰链的胶合。在高速重载时，销轴与套筒接触表面间难以形成润滑油膜，金属直接接触导致胶合。胶合限制了链传动的极限转速。

（5）链条的过载拉断。在低速（$v < 6\text{m/s}$）重载或严重过载的情况下，链条所受的拉力超过链条的静强度时，链条将被拉断。

4.5.7　链传动的正确使用和维护

4.5.7.1　链传动的润滑

链传动的润滑十分重要，良好的润滑可缓和冲击、减轻磨损、延长使用寿命。润滑油推荐采用牌号 L-AN32、L-AN46、L-AN68 和 L-AN100 的全损耗系统用油。环境温度高或载荷大时，宜选用黏度高的润滑油，反之选用黏度较低的润滑油。对于不便使用润滑油的场合，可用脂润滑，但应定期清洗与涂抹。

链传动采用的润滑方式有以下几种：

（1）人工定期润滑。用油壶或油刷，每班注油一次。此方式适用于低速（$v \leqslant 4\text{m/s}$）的不重要链传动。

（2）滴油润滑。用油杯通过油管滴入松边内、外链板间隙处，每分钟 5～20 滴。此方式适用于 $v \leqslant 10\text{m/s}$ 的链传动。

（3）油浴润滑。将松边链条浸入油盘中，浸油深度为 6～12mm，适用于 $v \leqslant 12\text{m/s}$ 的链传动。

（4）飞溅润滑。在密封容器中，甩油盘将油甩起，沿壳体流入集油处，然后引导至链

条上。需注意甩油盘线速度应大于3m/s。

（5）压力润滑。当采用$v \geq 8$m/s的大功率传动时，应采用特设的油泵将油喷射至链轮链条啮合处。

润滑油牌号按机械设计手册选（普通机械油），黏度约为$20 \sim 40$cm^2/s。

4.5.7.2 链传动的布置

链传动的布置是否合理，对传动的工作质量和使用寿命都有较大的影响。链传动合理布置的原则是：

（1）两链轮的回转平面必须在同一铅垂平面内（一般不允许在水平平面或倾斜平面内），以免脱链和不正常磨损。

（2）两轮中心连线最好水平布置或中心连线与水平线夹角在45°以下。尽量避免铅垂布置，以免链条磨损后与下面的链轮啮合不良。

（3）一般应使紧边在上、松边在下，以免松边在上时，因下垂量过大而发生链条与链轮的干涉。

链传动的布置情况列于表4-17中。

表4-17 链传动的布置

传动参数	正确布置	不正确布置	说　明
$i = 2 \sim 3$ $a = (30 \sim 50)p$ （i与a较佳场合）	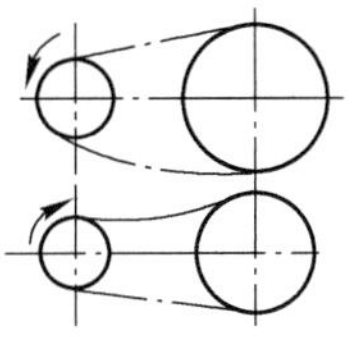	—	两轮轴线在同一水平面，紧边在上在下都可以，但在上好些
$i > 2$ $a < 30p$ （i大a小场合）	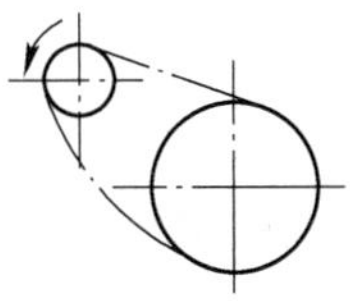	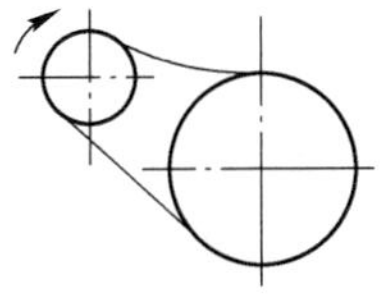	两轮轴线不在同一水平面，松边应在下面，否则松边下垂量增大后，链条易与链轮卡死
$i < 1.5$ $a > 60p$ （i小a大场合）	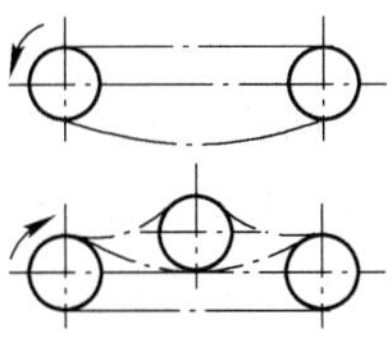	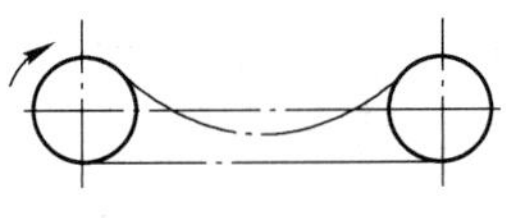	两轮轴线在同一水平面，松边应在下面，否则下垂量增大后，松边会与紧边相碰，需经常调整中心距

4.5.7.3　链传动的张紧

链传动张紧的目的是为了减小链条松边的垂度，防止啮合不良和链条的上下抖动，同时也为了增加链条与小链轮的啮合包角。当两轮中心连线与水平线的倾角大于60°时，必须设置张紧装置。

当链传动的中心距可调整时，常用移动链轮的位置增大两轮中心距的方法张紧。当中心距不可调整时，可用张紧轮定期或自动张紧，如图 4-23 所示。张紧轮应装在松边靠近小链轮处。张紧轮分为有齿和无齿两种，直径与小链轮的直径相近。定期张紧可利用螺旋、偏心等装置调整，自动张紧多用弹簧、吊重等装置。另

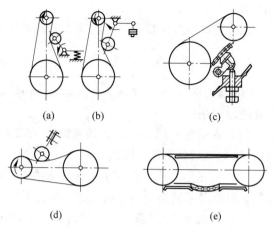

图 4-23　链传动的张紧装置

外还可以用压板和托板张紧，如图 4-23（e）所示，特别是中心距大的链传动，用托板控制垂度更为合理。

思考题与习题

4-1　V 带为什么比平带的承载能力大？

4-2　传动带工作时有哪些应力？最大应力点在何处？

4-3　包角的大小对带传动有什么影响？

4-4　弹性滑动和打滑有什么联系与区别？

4-5　带传动的失效形式和设计准则是什么？

4-6　V 带的剖面楔角 θ 与带轮轮槽角 φ 大小之间有何关系？

4-7　什么是滑动率？它对传动有什么影响？

4-8　带轮的基准直径、带速、中心距的大小对传动有什么影响？

4-9　V 带传动传递的功率 $P = 10\text{kW}$，小带轮直径 $d_{d1} = 125\text{mm}$，转速 $n_1 = 1450\text{r/min}$，初拉力 $F_0 = 2000\text{N}$。求紧边拉力 F_1、松边拉力 F_2。

4-10　V 带传递的功率 $P = 10\text{kW}$，带速 $v = 10\text{m/s}$，紧边拉力是松边拉力的 4 倍，求紧边拉力 F_1 和有效拉力 F。

4-11　V 带传动传递的功率 $P = 7.5\text{kW}$，平均带速 $v = 10\text{m/s}$，紧边拉力是松边拉力的两倍（$F_1 = 2F_2$）。试求紧边拉力 F_1，有效圆周力 F_e 和预紧力 F_0。

4-12　已知一普通 V 带传动时，主、从动带轮直径分别为 125mm 和 335mm，中心距为 615mm，主动带轮转速为 1440r/min。试求：（1）主动带轮包角；（2）带的几何长度；（3）不考虑带传动的弹性滑动时，从动带轮的转速；（4）滑动率 $\varepsilon = 0.015$ 时从动带轮的实际转速。

4-13　一普通 A 型 V 带传动，已知主、从动带轮直径分别为 100mm 和 250mm，初定中心距为 $a_0 = 400\text{mm}$。试求：（1）带的基准长度 L_d；（2）实际中心距 a。

4-14 试设计一带式输送机中的普通 V 带传动，已知从动带轮的转速 $n_2 = 650\text{r}/\text{min}$，单班工作，电动机额定功率为 7.5kW，转速 $n_1 = 1440\text{r}/\text{min}$。

4-15 链传动与带传动、齿轮传动比较有何特点？

4-16 滚子链有哪些结构组成？节距、排数对承载能力有何影响？

4-17 链传动工作时受哪些力？各力大小如何确定？

4-18 如何布置链传动？

4-19 链传动有哪些润滑方式？设计中应如何选取？

4-20 一滚子链传动，链轮齿数 $z_1 = 21$、$z_2 = 63$，链条型号为 08A，链节数 $L_p = 100$ 节。试求：（1）两链轮的分度圆直径；（2）中心距 a。

4-21 一滚子链传动，已知主动链轮的齿数 $z_1 = 17$，采用 08A 链，中心距 $a = 500\text{mm}$，水平布置；转速功率 $P = 2.2\text{kW}$，转速 $n_1 = 120\text{r}/\text{min}$；工作情况系数 $K_A = 1.2$，$S = 6$。试验算此链传动。

5 齿轮传动

齿轮是机械产品的重要基础零件。齿轮传动是传递机器动力和运动的一种主要形式。它与皮带、摩擦机械传动相比，具有功率范围大、传动效率高、传动比准确、使用寿命长、安全可靠等特点，因此它已成为许多机械产品不可缺少的传动部件。齿轮的设计与制造水平将直接影响机械产品的性能和质量。由于它在工业发展中有突出地位，齿轮被公认为工业化的一种象征。

5.1 齿轮传动概述

5.1.1 齿轮传动的应用和特点

齿轮传动是机械传动中应用最早的传动机构之一，也是应用最广的一种传动形式，被广泛地应用于传递空间任意两轴间的运动和动力。与其他机械传动相比，它的主要优点是：

（1）能保证传动比恒定不变。

（2）适用的功率和速度范围广，圆周速度可达 300m/s。

（3）结构紧凑。

（4）效率高，$\eta = 0.94 \sim 0.99$。

（5）工作可靠且寿命长。

其主要缺点是：

（1）制造齿轮需要专用的设备和刀具，成本较高。

（2）对制造及安装精度要求较高，精度低时，传动的噪声和振动较大。

（3）不宜用于轴间距离较大的传动。

5.1.2 齿轮传动的类型和要求

5.1.2.1 齿轮传动常见的分类方法

齿轮传动有以下几种分类方式：

（1）按照一对齿轮的传动比是否恒定，齿轮机构可分为定传动比齿轮机构和变传动比齿轮机构。在定传动比传动的齿轮机构中，齿轮都是圆柱形或圆锥形的，所以把这类齿轮机构又称为圆形齿轮机构；而在变传动比的传动机构中，齿轮一般是非圆形的，如图 5-1 所示为椭圆齿轮机构，该类齿轮机构又称为非圆齿轮机构。

（2）根据一对齿轮传动的啮合方式，齿轮机构可分为内啮合直齿、斜齿、曲齿等齿轮机构，外啮合直齿、斜齿、曲齿等齿轮机构，齿条机构等。

（3）按照一对齿轮传递的相对运动是平面运动还是空间运动，齿轮传动可分为平面齿轮传动和空间齿轮传动两类。

（4）按照工作条件不同，齿轮传动可分为闭式传动和开式传动。在闭式传动中，齿轮安装在刚性很大，并有良好润滑条件的密封箱体内。闭式传动多用于重要传动。在开式传动中，齿轮是外露的，粉尘容易落入啮合区，且不能保证良好的润滑，因此轮齿易于磨损。开式传动多用于低速传动和不重要的场合。

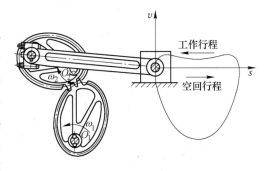

图 5-1　非圆齿轮机构

（5）按照轮齿齿廓曲线的形状，齿轮传动分为渐开线齿轮、圆弧齿轮、摆线齿轮等。本章主要讨论渐开线直齿轮。

5.1.2.2　齿轮传动的类型

A　平面齿轮传动

平面齿轮传动用于传递两平行轴之间的运动和动力。它的齿轮是圆柱形的，故称为圆柱齿轮。根据轮齿排列位置的不同，平面齿轮传动可分为以下类型：

（1）直齿圆柱齿轮传动。直齿圆柱齿轮简称直齿轮，其轮齿的齿向与轴线平行。直齿圆柱齿轮传动又可分为外啮合直齿轮传动（见图 5-2a）、内啮合直齿轮传动（见图 5-2b）和齿轮齿条传动（见图 5-2c）三种。其中把排列着齿的板条，称为齿条。当齿轮转动时，齿条做直线移动。

（2）平行轴斜齿圆柱齿轮传动。斜齿圆柱齿轮简称斜齿轮，其轮齿的齿向与轴线倾斜一个角度，如图 5-3（a）所示。此类齿轮传动平稳，适合于高速传动，但有轴向力。平行轴斜齿圆柱齿轮传动也有外啮合、内啮合齿轮与齿条之分。

（3）人字齿轮传动。人字齿轮的齿形如"人"字，如图 5-3（b）所示。它相当于两个完全相等但齿向倾斜方向相反的斜齿轮拼接而成，其轴向力被相互抵消。此类齿轮适合高速和重载传动，但制造成本较高。

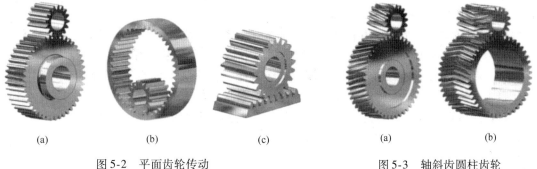

　　（a）　　　　　　（b）　　　　　　（c）　　　　　　（a）　　　　　　（b）

图 5-2　平面齿轮传动　　　　　　图 5-3　轴斜齿圆柱齿轮
　　　　　　　　　　　　　　　　　　　传动和人字齿轮传动

B　空间齿轮传动

空间齿轮机构用于传递空间两相交轴或两交错轴间的运动和动力。其常见有以下类型：

（1）圆锥齿轮传动。圆锥齿轮传动两齿轮的轴线相交，其轮齿排列在截圆锥体表面上，也有直齿、斜齿和曲线齿之分，如图5-4所示。

图5-4   圆锥齿轮传动

（2）交错轴斜齿轮传动。交错轴斜齿轮传动是由两个斜齿轮组成的两轮轴线成空间交错的齿轮传动，如图5-5所示。

（3）蜗杆传动。蜗杆蜗轮传动（见图5-6）多用于两轴交错角为90°的传动，其传动比大，传动平稳，具有自锁性，但效率较低。

（4）准双曲面齿轮传动。准双曲面齿轮传动（见图5-7）节曲面为双曲线回转体的一部分。它能实现两轴线中心距较小的交错轴传动，但制造困难。

图5-5   交错轴斜齿轮传动　　　　　图5-6   蜗杆传动　　　　　图5-7   准双曲面齿轮传动

5.1.2.3   对齿轮传动的要求

齿轮用于传递运动和动力，必须满足以下两个要求：

（1）传动准确、平稳。齿轮传动的最基本要求之一是瞬时传动比恒定不变，以避免产生动载荷、冲击、振动和噪声。这与齿轮的齿廓形状、制造和安装精度有关。

（2）承载能力强。齿轮传动在具体的工作条件下，必须有足够的工作能力，以保证齿轮在整个工作过程中不致产生各种失效。这就是要求齿轮有足够的承载能力，即尺寸小、重量轻，能传递较大的动力，有较长的使用寿命。这与齿轮的尺寸、材料、热处理工艺因素有关。

5.1.3   齿轮的精度

5.1.3.1   精度等级和齿轮检验项目

国家标准对齿轮及齿轮副规定了13个精度等级，按精度从高到低依次为0～12级。

其中0~2级属于未来发展级，3~5级属于高精度等级，6~9级属于中等精度等级，10~12级属于低精度等级。按对传动性能的主要影响，每个等级的各项公差分成三个组，见表5-1。

表5-1 齿轮各项公差的分组

公差组	公差与极限偏差项目	误差特性	对传动性能的主要影响
I	F'_i、F''_i、F_r、F_P、F_W	以齿轮一转为周期的误差	传递运动的准确性
II	f'_i、f''_i、f_f、f_{pt}、f_{pb}、f_{fb}	以齿轮一转内，多次周期地重复出现的误差	传动的平稳性
III	接触斑点、F_β、F_{PX}	齿向线的误差	载荷分布的均匀性

5.1.3.2 精度等级的选用

应根据齿轮传动的用途、使用条件、传递功率、圆周速度等，合理确定齿轮的精度等级。对于一般用途的齿轮，其精度在6~9级范围内选取。表5-2给出了6~9级精度齿轮的推荐应用场合。

表5-2 6~9级精度齿轮的应用

精度等级	圆周速度 $v/\text{m} \cdot \text{s}^{-1}$			应 用
	直齿圆柱齿轮	斜齿圆柱齿轮	直齿锥齿轮	
6	≤15	≤25	≤9	高速重载的齿轮传动，如飞机、汽车和机床中的重要齿轮，分度机构的齿轮传动
7	≤10	≤17	≤6	高速中载或中速重载的齿轮传动，如标准系列减速箱中的齿轮、汽车和机床中的齿轮等
8	≤5	≤10	≤3	机械制造中对精度无特殊要求的齿轮，一般机械中的齿轮传动，如机床、汽车中的一般齿轮，起重机械中的齿轮，农业机械中的重要齿轮
9	≤3	≤3.5	≤2.5	低速不重要的齿轮，粗糙机械中的齿轮

5.1.3.3 精度等级代号

齿轮精度代号有以下两种形式：

5.2 渐开线及渐开线直齿圆柱齿轮

5.2.1 齿廓啮合基本定律

一对齿轮的传动是由主动轮轮齿的齿廓推动从动轮轮齿的齿廓来实现的。若一对互相啮合的齿廓能实现恒定传动比就称为共轭齿廓。要使传动比恒定是靠形成齿廓的齿廓曲线来实现的，下面研究齿廓曲线与传动比的关系。

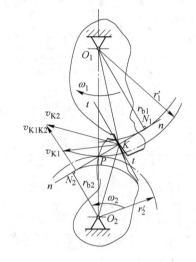

图 5-8 所示为一对互相啮合的齿轮，主动齿轮 1 以角速度 ω_1 转动并推动从动齿轮 2 以角速度 ω_2 反向回转，O_1、O_2 分别为两齿轮的回转中心。两齿轮的齿廓在任意一点 K 接触。在 K 点处，两齿轮的线速度分别为 v_{K1} 和 v_{K2}。过 K 点作两齿廓的公法线 $n—n$，要使两齿廓实现正常的啮合传动，它们彼此既不能分离，也不能互相嵌入。因此，v_{K1} 和 v_{K2} 在公法线 $n—n$ 上的分速度应相等。所以齿廓接触点间相对速度 $v_{K_1K_2}$ 必与公法线 $n—n$ 垂直。

根据三心定理，啮合齿廓公法线与两齿轮连心线 O_1O_2 的交点 P 即为两齿轮的相对瞬心。故两齿轮的传动比为：

$$i_{12} = \frac{\omega_1}{\omega_2} = \frac{\overline{O_2P}}{\overline{O_1P}} \qquad (5\text{-}1)$$

图 5-8   齿廓啮合基本定律示意图

由于两齿轮在传动过程中，其轴心 O_1、O_2 均为定点，由式（5-1）可知，传动比随 K 点位置的不同而变化。如果要求两齿轮的传动比为常数，则应使 $\overline{O_2P}/\overline{O_1P}$ 为常数。因此必须使点 P 在连心线上为一定点。由此可得到两齿轮做定传动比传动的齿廓啮合条件是：两齿廓在任一位置接触点处的公法线必须与两齿轮的连心线始终交于一固定点。该条件称为齿廓啮合基本定律，其固定点 P 称为节点。

当两轮做定传动比传动时，节点 P 在两轮的运动平面上的轨迹是两个圆，分别称其为齿轮 1 和齿轮 2 的节圆，节圆半径分别为 $r_1' = \overline{O_1P}$ 和 $r_2' = \overline{O_2P}$。由于两节圆在 P 点相切，并且 P 点处两轮的圆周速度相等，即 $\omega_1 \cdot \overline{O_1P} = \omega_2 \cdot \overline{O_2P}$，故两齿轮啮合传动可视为两轮的节圆在做纯滚动。

从理论上来讲，凡满足齿廓啮合基本定理的齿廓称为共轭齿廓，其曲线为共轭曲线。能够满足这一要求的齿廓曲线很多，如渐开线、摆线和圆弧等。但考虑到制造、安装、强度等多方面的因素，目前机械中仍以渐开线齿廓应用最广，因此本章只讨论渐开线齿轮传动。

5.2.2   渐开线的形成和性质

5.2.2.1   渐开线的形成

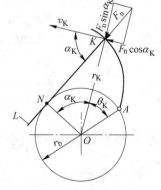

如图 5-9 所示，当直线 L 沿半径为 r_b 的圆周做纯滚动时，直线上任一点 K 的轨迹称为该圆的渐开线，这个圆称为渐开线的基圆，直线 L 称为渐开线的发生线。角 θ_K 称为渐开线 AK 段的展角。r_K 称为任一点的向径。

图 5-9   渐开线的形成

5.2.2.2 渐开线的性质

由渐开线的形成可知，渐开线具有下列性质：

（1）因为发生线在基圆上做纯滚动，所以发生线在基圆上滚过的长度$\overline{KN}$等于基圆上相应的弧长$\overparen{AN}$，即$\overline{KN} = \overparen{AN}$。

（2）切点 N 是渐开线上 K 点处的曲率中心，线段 KN 是渐开线上 K 点的曲率半径，显然，渐开线上不同点处，曲率半径不同，越接近基圆部分，曲率半径越小，在基圆上其曲率半径为零。

（3）发生线$\overline{KN}$是渐开线上 K 点处的法线，而发生线始终与基圆相切，所以渐开线上任一点处的法线必与基圆相切。

（4）渐开线上任一点 K 的受力方向（即该点处的法线方向）与该点速度 v_K 方向之间所夹的锐角 α_K，称为该点的压力角。由图知压力角 α_K 等于 $\angle KON$，于是

$$\cos\alpha_K = \frac{\overline{ON}}{\overline{OK}} = \frac{r_b}{r_k} \tag{5-2}$$

式（5-2）表明，随着向径 r_K 的改变，渐开线上不同点的压力角不等，越接近基圆部分，压力角越小，渐开线在基圆上的压力角等于零。由图 5-9 可以看出，K 点的压力角 α_K 愈小，法向力 F_n 沿 K 点速度 v_K 方向的分力 $F_n\cos\alpha_K$ 就越大，传力性能也就越好。压力角太大对传动不利，所以用作齿廓的那段渐开线的压力角不能太大。

（5）渐开线的形状与基圆半径有关，如图 5-10 所示。基圆半径愈大，渐开线愈趋于平直，当基圆半径为无穷大时，渐开线则成为直线。齿条相当于基圆半径无穷大的渐开线齿轮，因此具有直线齿廓。

（6）基圆内无渐开线。

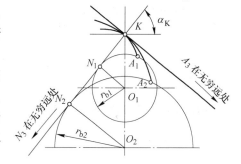

图 5-10 不同基圆半径的渐开线形状

5.2.3 渐开线直齿圆柱齿轮主要参数与尺寸计算

5.2.3.1 齿轮各部分的名称和符号

如图 5-11 所示，齿轮圆柱面凸出的部分称为轮齿。相邻两齿之间的空间称为齿槽。沿轴向量得的尺寸 b 称为齿宽。

（1）齿顶圆：以齿轮的轴心为圆心，过齿轮各轮齿顶端所作的圆。其直径称为齿顶圆直径，用 d_a 表示，半径用 r_a 表示。

（2）齿根圆：以齿轮的轴心为圆心，过齿轮各齿槽底部所作的圆。其直径称为齿根圆直径，用 d_f 表示，半径用 r_f 表示。

（3）齿厚：沿任意圆周所量得的轮齿的弧线厚度，用 s_i 表示。

（4）齿槽宽：相邻两轮齿之间的齿槽沿任意圆周所量的弧长，用 e_i 表示。

（5）齿距：沿任意圆周所量得的相邻两齿上同侧齿廓之间的弧长，用 p_i 表示。显然 $p_i = s_i + e_i$。在基圆上相邻两齿同侧齿廓间的弧长称为基圆齿距，用 p_b 表示。

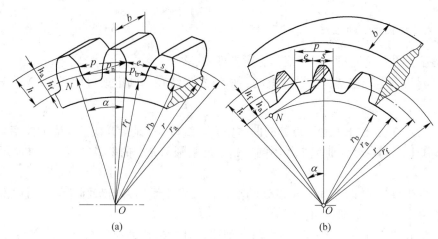

图 5-11   齿轮各部分名称

(a) 外齿轮；(b) 内齿轮

(6) 分度圆：对于同一个齿轮不同的圆周，其齿距 p_i 不同，比值 p_i/π 也就不同，且含有无理数 π，使得计算和测量都不方便。为便于设计、制造和互换，在齿顶圆和齿根圆之间取一个圆作为计算的基准圆，称为分度圆。分度圆上的齿距、齿厚、齿槽宽和压力角简称为齿轮的齿距、齿厚、齿槽宽和压力角，分别用 p、s、e、α 表示，直径用 d 表示，半径用 r 表示。分度圆上的各参数的代号也都不带下标。

(7) 齿顶高：介于分度圆与齿顶圆之间的轮齿部分的径向高度，用 h_a 表示。

(8) 齿根高：介于分度圆与齿根圆之间的轮齿部分的径向高度，用 h_f 表示。

(9) 齿全高：齿顶圆与齿根圆之间的径向距离，用 h 表示。显然，$h = h_a + h_f$。

(10) 齿宽：轮齿沿轴线方向的宽度，用 b 表示。

5.2.3.2   基本参数

(1) 齿数。在齿轮整个圆周上轮齿的总数称为齿数，用 z 表示。

(2) 模数。齿轮的分度圆是设计、计算齿轮各部分尺寸的基准，而齿轮分度圆的周长 $= \pi d = zp$，于是得分度圆的直径：

$$d = \frac{p}{\pi}z$$

由于在上式中 π 为一无理数，不便于作为基准的分度圆的定位。为了便于计算、制造和检验，现将比值 p/π 人为地规定为一些简单的数值，并把这个比值称为模数，以 m 表示，即令 $m = \dfrac{p}{\pi}$。其单位为 mm。于是得：

$$d = mz$$

模数 m 是决定齿轮尺寸的一个基本参数。齿数相同的齿轮模数大，则其尺寸也大。为了便于制造、检验和互换使用，齿轮的模数值已经标准化了。我国规定的标准模数系列见表 5-3。

表 5-3   标准模数系列

第一系列	1	1.25	1.5	2	2.5	3	4	5	6
	8	10	12	16	20	25	32	40	50

第二系列	1.125	1.375	1.75	2.25	2.75	3.5	4.5	5.5	(6.5)
	7	9	11	14	18	22	28	35	45

注: 1. 本表摘自 GB/T 1357—2008。

2. 优先选用第一系列, 括号内的数值尽可能不用。

3. 对于斜齿圆柱齿轮, 表中值为法向模数。

（3）分度圆压力角。分度圆上的压力角简称齿轮压力角, 用 α 表示。

$$\cos\alpha = \frac{r_b}{r}$$

则基圆半径为:

$$r_b = r\cos\alpha = \frac{1}{2}mz\cos\alpha$$

由上式可见: 若 m、z 一定, 则基圆半径与压力角有关。压力角是决定渐开线齿廓形状的一个基本参数。国家标准（GB/T 1356—2001）中规定分度圆压力角为标准值, 一般情况下为 $\alpha = 20°$。

（4）齿顶高系数和顶隙系数。为防止热膨胀顶死并使齿轮在传动中具有储存润滑油的空间, 要求一个齿轮齿顶与另一个齿轮齿根之间留有一定径向间隙 c, 称为顶隙。为此引入了齿顶高系数和顶隙系数。齿轮各部分尺寸以模数 m 为基准进行计算, 为了以模数表示齿轮的几何尺寸, 规定齿轮齿顶高和齿根高分别为:

$$c = c^* m$$
$$h_a = h_a^* m$$
$$h = h_a + h_f = (h_a^* + c^*)m$$

式中, h_a^* 为齿顶高系数, c^* 为顶隙系数, 见表5-4。

在没有特殊说明的情况下, 本书讨论的都是正常齿齿轮。

表5-4 渐开线圆柱齿轮的齿顶高系数和顶隙系数

名　称	符　号	正常齿制	短齿制
齿顶高系数	h_a^*	1.0	0.8
顶隙系数	c^*	0.25	0.3

5.2.3.3 渐开线标准直齿圆柱齿轮的几何尺寸计算

渐开线标准直齿圆柱齿轮是指齿轮的基本参数 m、h_a^*、c^*、α 是标准值, 分度圆齿厚和齿槽宽相等, 即 $e = s$, 表5-5。

表5-5 渐开线标准直齿圆柱外齿轮的主要参数和几何尺寸计算公式

名　称	符号	小齿轮	大齿轮
齿数	z	z_1（设计时选定）	z_2（设计时选定）
模数	m	由强度计算或结构设计确定, 并按表渐开线圆柱齿轮模数取标准值	
压力角	α	$\alpha = 20°$（等于齿形角）	
分度圆直径	d	$d_1 = mz_1$	$d_2 = mz_2$

名　称	符号	小齿轮	大齿轮
齿顶圆	d_a	$d_{a1} = (z_1 \pm 2h_a^*)m$	$d_{a2} = (z_2 \pm 2h_a^*)m$
齿根圆	d_f	$d_{f1} = (z_1 \mp 2h_a^* \mp 2c^*)m$	$d_{f2} = (z_2 \mp 2h_a^* \mp 2c^*)m$
基圆直径	d_b	$d_{b1} = d_1\cos\alpha$	$d_{b2} = d_2\cos\alpha$
齿顶高	h_a	$h_a = h_a^* m$	
齿根高	h_f	$h_f = (h_a^* + c^*)m$	
齿高	h	$h = (2h_a^* + c^*)m$	
齿距	p	$p = \pi m$	
基圆齿距	p_b	$p_b = p\cos\alpha$	
法向齿距	p_n	$p_n = p\cos\alpha$	
齿厚	s	$s = \pi m/2$	
齿槽宽	e	$e = \pi m/2$	
标准中心距	a	$a = \dfrac{1}{2}m(z_2 \pm z_1)$	
传动比	i_{12}	$i = \dfrac{\omega_1}{\omega_2} = \dfrac{d_2}{d_1} = \dfrac{z_2}{z_1}$	

注：公式上面的符号用于外齿轮或外啮合，公式下面的符号用于内齿轮或内啮合。

5.2.3.4　齿条

图5-12所示为一齿条，它可以看作一个齿数为无穷多的齿轮的一部分，这时齿轮的各圆均变为直线，作为齿廓曲线的渐开线也变成直线。齿条与齿轮相比有下列两个主要的特点：

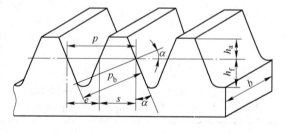

图5-12　齿条

（1）由于齿条的齿廓是直线，所以齿廓上各点的法线是平行的，而且在传动时齿条是做平动的，齿廓上各点速度的大小和方向都一致，所以齿条齿廓上各点的压力角都相同，其大小等于齿廓的倾斜角，称为齿形角。

（2）由于齿条上各齿同侧的齿廓是平行的，所以不论在分度线上或齿顶线上或与其平行的其他直线上，其齿距都相等，即 $p = \pi m$。齿条的基本尺寸，参照外齿轮几何尺寸的计算公式进行计算。

5.2.4　渐开线直齿圆柱齿轮的测量计算

5.2.4.1　公法线长度和跨测齿数

齿轮在加工后检验时，常检测其公法线长度，以此判断齿轮的加工精度。所谓公法线长度，是指齿轮公法线千分尺跨过 k 个齿所量得的齿廓间的法向距离。用测量公法线长度的方法来检验齿轮的精度，既简便又准确，同时避免了采用齿顶圆作为测量基准而造成齿顶圆精度的无谓提高。如图 5-13 所示，用公法线卡尺的两个卡脚跨测齿轮的三个轮齿，卡脚分别与两轮齿的齿廓切于 A、B 两点，则 AB 的长度称作公法线长度，用 W_k 表示。测量时卡脚跨过的轮齿数为跨测齿数，用 k 表示。

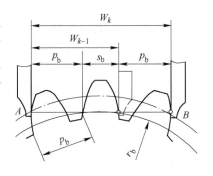

图 5-13 公法线长度的测量

$$W_k = (k - 1)p_b + s_b$$

式中，p_b 和 s_b 为基圆上的齿距和齿厚，则

$$W_k = m\cos\alpha\left[(k - 0.5)\pi + z\,\text{inv}\alpha\right] \quad (5\text{-}3)$$

对标准直齿轮压力角 $\alpha = 20°$，式（5-3）可写成：

$$W_k = m\left[2.95213(k - 0.5) + 0.01401z\right]$$

跨测齿数 k 的选取应保证卡尺的卡脚与渐开线齿廓相切。如跨测齿数太多，则卡尺将顶住齿顶圆，不能保证卡尺与齿廓相切；如跨测齿数太少，卡尺将顶在齿轮的齿根圆上，也不能保证卡尺与齿轮相切。一般跨测齿数为：

$$k = \frac{z\alpha}{180°} + 0.5$$

计算结果 4 舍 5 入取整数。对标准直齿轮压力角 $\alpha = 20°$ 时，

$$k = \frac{z}{9} + 0.5$$

5.2.4.2 分度圆弦齿厚 $\bar{s}$ 和弦齿高 $\bar{h}$

测量公法线长度时，不以齿顶圆为基准，对齿顶圆的制造精度较低，测量方便，应用广泛。但对齿宽 $b < W_n\sin\beta$ 的斜齿轮（W_n 是法向公法线长度）和受量具尺寸限制的大型齿轮不适用。通常测量分度圆弦齿厚 $\bar{s}$ 和弦齿高 $\bar{h}$，其计算公式见表 5-6。

表 5-6 标准圆柱外齿轮分度圆弦齿厚计算

图 例		
项目名称	直齿轮	斜齿轮
分度圆弦齿高 $\bar{h}$ ($\bar{h}_n$)	$\bar{h} = h_a + \dfrac{mz}{2}\left(1 - \cos\dfrac{\pi}{2z}\right)$	$\bar{h}_n = h_a + \dfrac{m_n z_V}{2}\left(1 - \cos\dfrac{\pi}{2z_V}\right)$
分度圆弦齿厚 $\bar{s}$ ($\bar{s}_n$)	$\bar{s} = mz\sin\dfrac{\pi}{2z}$	$\bar{s}_n = m_n z_V\sin\dfrac{\pi}{2z_V}$

注：1. 测量时以齿顶圆为基准，对齿顶圆的尺寸精度要求较高。齿数较少时测量方便。常用于大型齿轮和精度不高的小型齿轮测量。当变位系数 $x > 0.5$ 时，不便于测量分度圆弦齿厚；当 $h_a < 0$ 时，无法测知分度圆弦齿厚。

2. z_V 为斜齿圆柱齿轮的当量齿数。

3. 分度圆弦齿厚也可采用查表法确定。

5.3　渐开线齿廓啮合特性及啮合传动

5.3.1　渐开线齿廓啮合特性

（1）渐开线齿廓能保证定传动比传动。如图 5-14 所示，相互啮合的两齿轮的渐开线齿廓 c_1、c_2 在任意点 K 啮合，两轮连心线为 O_1O_2，两轮基圆半径分别为 r_{b1}、r_{b2}。根据渐开线特性，齿廓啮合点 K 的公法线必然同时与两基圆相切，切点为 N_1、N_2，即 N_1N_2 为两基圆的内公切线。

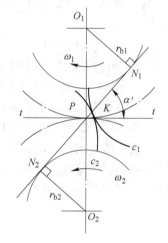

由于两轮的基圆为定圆，其在同一方向只有一条内公切线。因此，两齿廓在任意点 K 啮合，其公法线 N_1N_2 必为一固定直线，该直线与 O_1O_2 线交于 P 点必为固定点，则两轮的传动比为

$$i_{12} = \frac{\omega_1}{\omega_2} = \frac{\overline{O_2P}}{\overline{O_1P}} = 常数$$

图 5-14　渐开线齿廓的啮合传动

渐开线齿廓满足了齿廓啮合基本定理并能保证定传动比传动，在工程实际中这一特性使齿轮传动应用极其广泛。

（2）渐开线齿廓具有传动可分性。在图 5-14 中，$\triangle O_1N_1P \backsim \triangle O_2N_2P$，因此两轮的传动比又可写成：

$$i_{12} = \frac{\omega_1}{\omega_2} = \frac{\overline{O_2p}}{O_1p} = \frac{r_{b2}}{r_{b2}}$$

由此可知，渐开线齿轮的传动比与两齿轮基圆半径成反比。渐开线加工完毕之后，其基圆的大小是不变的，所以当两齿轮制造和安装误差产生的实际中心距与设计中心距不一致时，两齿轮间的传动比却仍保持不变，这一特性称为传动的可分性。传动的可分性对齿轮的加工和装配是十分有利的，但中心距的变动会使啮合齿轮传动过松或过紧。

（3）渐开线齿廓之间的正压力方向不变。由于一对渐开线齿轮的齿廓在任意啮合点处的公法线都与两轮基圆相切，该切线是唯一的，因此两齿廓上所有啮合点均在 N_1N_2 上，线段 N_1N_2 是两齿廓啮合点的轨迹，N_1N_2 线又称作啮合线。在齿轮传动中，啮合齿廓间的正压力方向是啮合点公法线 N_1N_2 方向，即在齿轮传动过程中，两啮合齿廓间的正压力方向始终不变。这一特性对渐开线齿轮传动的平稳性极为有利。

（4）渐开线齿轮啮合角恒等于节圆压力角。在图 5-14 中过节点 P 作两节圆的公切线 t—t，它与啮合线 N_1N_2 之间所夹的锐角称作啮合角，用符号 α' 表示。啮合角是齿轮传动动力特性的标志。由于公切线 t—t 的方向不变，啮合线 N_1N_2 的方向也不变，所以啮合角 α' 在传动过程中始终为一常数。而这对齿轮的节圆在 P 点相切，P 点为齿廓的一个啮合点，P 点的压力角是节圆压力角。渐开线齿轮传动过程中啮合线、公法线、两基圆的内共切线和正压力作用的方向线四线合一。由此可得出结论：一对相互啮合的渐开线齿廓的啮合角恒等于其节圆压力角。

（5）齿廓间的相对滑动。由图 5-8 可知，两齿廓接触点 K 在其公法线 N_1N_2 上的分速度必定相等，否则两轮的齿面或者被压溃，或者分离而不能传动。但两轮在其公切线上的分速度却不一定相等，因此在啮合传动时，齿廓间将产生相对滑动，从而引起摩擦损失并导致齿面磨损。因为两轮在节点处的速度相等，所以节点处齿廓间没有相对滑动。距节点越远，齿廓间的相对滑动速度越大。

5.3.2 渐开线直齿圆柱齿轮的啮合传动

5.3.2.1 一对渐开线直齿圆柱齿轮正确啮合的条件

图 5-15 所示为一对渐开线齿轮啮合传动，N_1N_2 是啮合线，前一对轮齿在 K 点接触，后一对轮齿在 B_2 点接触。要使齿轮正确啮合，两齿轮的法向齿距必须相等。由渐开线的性质可知，两齿轮的法齿距分别等于各自的基圆齿距，即 $p_{b1} = p_{b2}$，而 $p_{b1} = \pi m_1 \cos \alpha_1$，$p_{b2} = \pi m_2 \cos \alpha_2$，即 $\pi m_1 \cos \alpha_1 = \pi m_2 \cos \alpha_2$。由于模数和压力角都已标准化，所以实际上渐开线齿轮正确啮合的条件为两齿轮的压力角和模数必须分别相等，并等于标准值。因此，渐开线齿轮正确啮合的条件为两齿轮的压力角和模数必须分别相等，即：

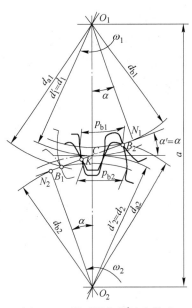

图 5-15 渐开线齿轮啮合传动

$$\left.\begin{array}{c} m_1 = m_2 = m \\ \alpha_1 = \alpha_2 = \alpha \end{array}\right\}$$

根据渐开线齿轮正确啮合的条件，其传动比还可以进一步表示为：

$$i = \frac{\omega_1}{\omega_2} = \frac{d_{b2}}{d_{b1}} = \frac{d_2 \cos \alpha}{d_1 \cos \alpha} = \frac{d_2}{d_1} = \frac{z_2}{z_1}$$

5.3.2.2 无侧隙啮合条件

齿轮在传动时，仅两齿轮节圆做纯滚动，故无侧隙啮合条件是：一个齿轮节圆上的齿厚等于另一个齿轮节圆上的齿槽宽，即 $s_1' = e_2'$ 及 $s_2' = e_1'$。

齿轮在传动中由于轮齿受力变形、摩擦发热膨胀以及安装制造误差等其他因素的影响，当两齿轮齿廓间隙为零时，会引起轮齿间的挤轧现象，所以两齿轮齿廓间又要留有一定的齿侧间隙。这个齿侧间隙一般很小，通常由制造公差来保证。在实际设计中，齿轮的公称尺寸是按无侧隙计算的。

5.3.2.3 标准中心距和啮合角

图 5-16（a）所示为一对标准外啮合齿轮传动的情况，当保证标准顶隙 $c = c^* m$ 时，两轮的中心距应为：

$$a = r_{a1} + c + r_{f2} = r_1 + h_a^* m + c^* m + r_2 - h_a^* m - c^* m$$

即
$$a = r_1 + r_2 = \frac{1}{2} m (z_1 + z_2) \tag{5-4}$$

即两齿轮的中心距 a 应等于两齿轮分度圆半径之和。这个中心距称为标准中心距，用 a 表示。按照标准中心距进行的安装称为标准安装。

由于一对齿轮在啮合时两齿轮的节圆总是相切的，因此两齿轮的中心距总是等于两齿轮节圆半径之和。当两齿轮按标准中心距安装时，由式（5-4）可知两齿轮的分度圆也是相切的，故两齿轮的节圆与分度圆相重合。欲满足无侧隙啮合条件，必须使一个齿轮在节圆上的齿厚等于另一个齿轮在节圆上的齿槽宽。所以齿轮节圆上的齿厚和齿槽宽也相等。由此可以得到结论：一对渐开线标准齿轮按照标准中心距安装能同时满足标准顶隙和无侧隙啮合条件。

不论齿轮是否参与啮合传动，分度圆是单个齿轮所固有的、大小确定的圆，与传动中心距的变化无关；而节圆是两齿轮啮合传动时才有的，其大小与中心距的变化有关，单个齿轮没有节圆。

当标准齿轮按照标准中心距安装时，节圆与分度圆重合，故 $\alpha = \alpha'$。当两轮实际中心距 a' 大于或小于标准中心距 a 时，两齿轮的节圆虽相切，但两齿轮的分度圆却分离或相割，出现分度圆与节圆不重合情况，如图 5-16（b）所示。

$$a' = r_1' + r_2' = \frac{r_{b1}}{\cos\alpha_1} + \frac{r_{b2}}{\cos\alpha_2} = (r_1 + r_2)\frac{\cos\alpha}{\cos\alpha'} = a\frac{\cos\alpha}{\cos\alpha'} \qquad (5\text{-}5)$$

式（5-5）表明了啮合角随中心距变化的关系。

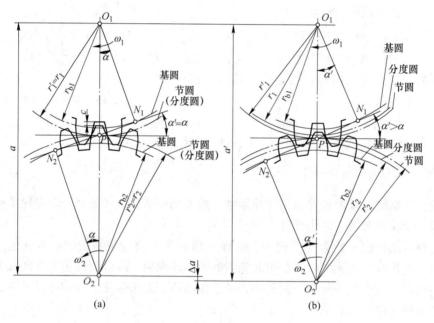

图 5-16　齿轮外啮合传动

如图 5-17 所示，标准齿轮与齿条相啮合时，应使齿轮的分度圆与齿条的中线（分度线）相切。但由于制造误差和安装误差，或采用变位齿轮传动，可能使齿轮的分度圆不与齿条的中线相切。例如离开某一距离 X，然后使齿条向右移动，直到相啮合为止，如图中的虚线位置，显然，啮合点仍为 P 点，啮合角 α' 还是等于压力角 α（标准压力角），节点 P 也没有改变。只是齿条中线不与其节线重合。由上分析可知，齿轮与齿条的啮合特点如下：

（1）齿轮的分度圆永远与其节圆相重合，而齿条的中线只有当标准齿轮正确安装时才与其节线相重合。

（2）齿轮与齿条的啮合角永远等于压力角（标准压力角）。

5.3.3 渐开线齿轮连续传动

如图 5-15 所示，当一对轮齿在啮合的终止点 B_1 之前的 K 点啮合时，后一对

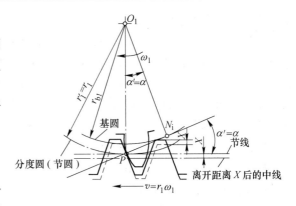

图 5-17 齿轮与齿条啮合

轮齿就已经到达啮合的起始点 B_2，则传动就能连续进行。这时实际啮合线段 B_1B_2 的长度大于齿轮的法向齿距 B_2K。若 B_1B_2 的长度小于齿轮的法向齿距 B_2K，则前一对轮齿在 B_1 点脱离啮合时，后一对轮齿尚未到达啮合的起始位置 B_2 点，此时传动就要中断，并将产生冲击。因此，一对齿轮连续传动的条件是：实际啮合线段 B_1B_2 的长度大于或等于齿轮的法向齿距 B_2K，而 $B_2K = b_p$，所以齿轮连续传动的条件为 $B_1B_2 \geqslant p_b$，即：

$$\varepsilon_\alpha = \frac{\overline{B_2B_1}}{p_b} \geqslant 1$$

$\overline{B_1B_2}$ 与 p_b 的比值称为重合度（也称端面重合度），用符号 ε_α 表示。

5.4 渐开线齿轮轮齿的切削加工及变位齿轮

近代齿轮的加工方法很多，有铸造法、热轧法、冲压法、模锻法和切齿法等。其中最常用的是切削加工的方法，即利用刀具将齿轮齿槽的金属去掉。切削加工原理可以分为仿形法和范成法（展成法）两大类。

5.4.1 仿形法

仿形法是最简单的切齿方法。轮齿是在普通铣床上用盘状齿轮铣刀（见图 5-18a）或

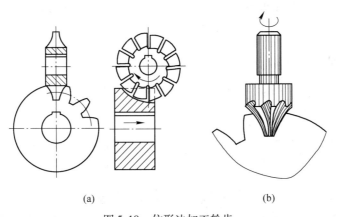

(a)   (b)

图 5-18 仿形法加工轮齿

（a）用盘状齿轮铣刀切齿；（b）用指状齿轮铣刀切齿

指状齿轮铣刀（见图 5-18b）铣出的。铣刀的轴平面形状与齿轮的齿槽形状相同。铣齿时，把齿轮毛坯安装在铣床工作台上，铣刀绕自身的轴线旋转，同时齿轮毛坯随铣床工作台沿齿轮轴线方向做直线移动。铣出一个齿槽后将齿轮毛坯转过 $360°/z$ 再铣第二个齿槽，直至加工出全部轮齿。图 5-18（b）所示为指状铣刀切削加工示意。其加工方法与盘状铣刀加工时基本相同，铣刀绕自身轴线旋转的同时，从齿轮齿顶切至齿槽。指状铣刀常用于加工模数较大（$m > 20\text{mm}$）的齿轮，并可用于切制人字齿轮。

仿形法的优点是加工方法简单，不需要专门的齿轮加工设备；缺点是加工出的齿形不够准确，轮齿的分度不易均匀，生产率也低。因此仿形法只适用于修配、单件生产以及加工精度要求不高的齿轮。

由于轮齿渐开线的形状是随基圆的大小不同而不同的，而基圆的半径随压力角的变化而变化，$r_{\text{b}} = \dfrac{1}{2}mz\cos\alpha$，所以当 m 及 α 一定时，渐开线齿廓的形状将随齿轮齿数 z 变化。

如果要切出完全准确的齿廓，则在加工 m 与 α 相同而 z 不同的齿轮时，每一种齿数的齿轮就需要一把铣刀。显然，这在实际上是做不到的。在工程上加工同样 m 与 α 的齿轮时，根据齿数不同，将刀具分成 8 组，分组情况见表 5-7。

表 5-7　刀号及其加工齿数范围

刀号	1	2	3	4	5	6	7	8
加工齿数	12 ~ 13	14 ~ 16	17 ~ 20	21 ~ 25	26 ~ 34	35 ~ 54	55 ~ 134	≥135

每一刀号铣刀的齿形与其对应齿数范围中最少齿数的轮齿齿形相同。因此，用该号铣刀切削同组其他齿数的齿轮时，其齿形均有误差。但这种误差都是偏向轮齿齿体的，因此不会引起轮齿传动干涉。

5.4.2　展成法

展成法（范成法）是齿轮加工中最常用的一种方法，是根据共轭齿廓原理，利用一对齿轮互相啮合传动时，两轮的齿廓互为包络线的原理来加工的。设想将一对互相啮合传动的齿轮之一变为刀具，而另一个作为齿轮坯，并使二者仍按原传动比进行传动，则在传动过程中，刀具的齿廓便将在齿轮坯上包络出与其共轭的齿廓。展成法常用的刀具有齿轮插刀、齿条插刀和齿轮滚刀。

5.4.2.1　齿轮插刀插齿加工

图 5-19（a）所示为用插齿刀在插齿机上加工轮齿的情形。在用齿轮插刀加工齿轮时，刀具与齿轮坯之间的相对运动主要有：

（1）范成运动。即齿轮插刀与齿轮坯以恒定的传动比 $i = \dfrac{\omega_{\text{c}}}{\omega} = \dfrac{z}{z_{\text{c}}}$ 做回转运动，就如同一对齿轮啮合一样（展成运动）。

（2）切削运动。即齿轮插刀沿着齿轮坯的齿宽方向做往复切削运动。

（3）进给运动。即为了切出轮齿的高度，在切削过程中，齿轮插刀还需要向齿轮坯的中心移动，直至达到规定的中心距为止。

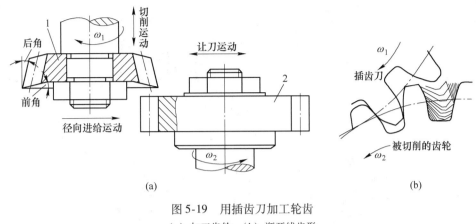

图 5-19 用插齿刀加工轮齿

（a）加工齿轮；（b）渐开线齿形

1—插齿刀；2—被加工的齿轮轮坯

（4）让刀运动。即齿轮坯的径向退刀运动，以免损伤加工好的齿面。

5.4.2.2 齿条插刀插齿加工

齿条插刀加工齿轮的原理与用齿轮插刀加工相同，只是展成运动变为齿条与齿轮的啮合运动，并且齿条的移动速度为 $v = \dfrac{1}{2}\omega mz$ ，如图 5-20 所示。

由于插齿加工是应用一对齿轮的啮合关系来切制齿廓的，所以加工出来的齿形准确，分度均匀。插齿加工适于加工双联或三联齿轮，也可以加工内齿轮。但由于有空回行程，是间断切削，所以生产率不高。用插齿刀加工斜齿轮也不方便。

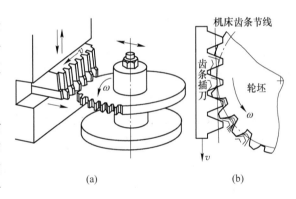

图 5-20 用齿条插刀加工轮齿

5.4.2.3 齿轮滚刀滚齿加工

如图 5-21（a）所示，齿轮滚刀形状像一个开有刃口的螺旋，且在其轴向剖面（即齿轮坯端面）内的形状相当于一齿条。滚齿加工的原理与用齿条插刀加工时基本相同。但滚刀转动时，刀刃的螺旋运动代替了齿条插刀的展成运动和切削运动。滚刀回转时，还需沿齿轮坯轴向方向缓慢进给，以便切削一定的齿宽。加工直齿轮时，滚刀轴线与齿轮坯端面之间的夹角应等于滚刀的螺旋升角 γ，以使其螺旋的切线方向与齿轮坯径向相同，如图 5-21（b）所示。

滚刀的回转就像一个无穷长的齿条刀具在移动，所以这种加工方法是连续的，具有很高的生产率。利用范成法加工齿轮，只要刀具和被加工齿轮的模数及压力角相同，则不管被加工齿轮齿数的多少都可以利用一把刀具来加工。所以在大批生产中多采用这种方法。应用滚刀还可以加工斜齿轮，但不能切削双联或三联齿轮，也不能切削内齿轮。

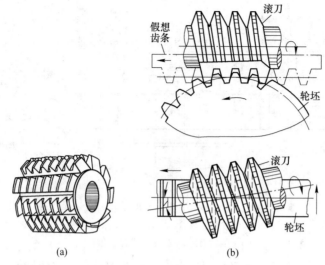

图 5-21   用齿轮滚刀加工齿轮

（a）滚刀；（b）用齿轮滚刀加工轮齿

5.4.3   渐开线齿廓的根切

用展成法加工齿轮时，有可能发生齿根部分已加工好的渐开线齿廓又被切掉一块的情况（见图 5-22），称为"根切"。这是展成法加工齿轮时，在特定条件下产生的一种"过度切削"现象。根切会削弱轮齿的抗弯强度；会使重合度 ε_α 下降。所以在设计制造中应力求避免根切。

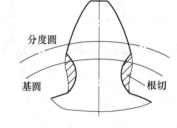

图 5-22   渐开线齿廓的根切现象

渐开线标准直齿圆柱齿轮不根切的最少齿数为：

$$z_{min} = \frac{2h_a^*}{\sin^2\alpha}$$

当 $\alpha = 20°$，$h_a^* = 1$ 时，$z_{min} = 17$；当 $\alpha = 20°$，$h_a^* = 0.8$，$z_{min} = 14$。

5.4.4   变位齿轮

5.4.4.1   标准齿轮的局限性

渐开线标准齿轮设计计算简单，互换性好，因而应用广泛。但标准齿轮也存在一些局限：

（1）标准齿轮的齿数受到根切的限制，齿数不能太少，因而难以获得很紧凑的齿轮结构；

（2）标准齿轮传动不适用中心距有变化的场合；

（3）标准齿轮传动中，小齿轮齿根薄、弯曲强度低且啮合次数多、易损坏，大齿轮齿数多、齿根较厚、不利于实现等寿命传动。

这些局限可采用变位齿轮来弥补。

5.4.4.2 变位齿轮的概念和特点

A 变位齿轮的概念

如图 5-23 所示，齿条刀具中线（加工节线）在位置 I 与轮坯分度圆（加工节圆）相切，因为刀具中线齿厚 s_2 等于槽宽 e_2，所以轮坯分度圆上的齿厚 s_1 等于槽宽 e_2，切出的是标准齿轮，如图中虚线所示。

齿条刀具中线由原来位置 I 移至位置 II，齿条新的加工节线与轮坯分度圆相切，因为新节线上的齿厚 s_2 不等于槽宽 e_2，所以轮坯分度圆上的齿厚 s_1（ $=e_2$ ）也不等于槽宽 e_1（ $=s_2$ ），切出是非标准齿轮，如图中实线所示。在刀具位置移动后，切出的非标准齿轮，称为变位齿轮。

刀具中线由切削标准齿轮的位置 I 移至位置 II 的距离 xm 称为变位量，x 称为变位系数。由轮坯中心向外移，x 取正值，切出的齿轮称为正变位齿轮；向内移，x 取负值，切出的齿轮称为负变位齿轮。

由于齿条刀具变位后，加工节线上的齿距 p、压力角 α 与中线上的相同，所以切出的变位齿轮的 m、z、α 仍保持变位前的原值，即齿轮的分度圆直径（mz）、基圆直径（$mz\cos\alpha$）都不变，用展成法切制的一对变位齿轮，瞬时传动比仍为常数。由图 5-24 可知，正变位齿轮齿根部分的齿厚增大，提高了齿轮的抗弯强度，但齿顶减薄；负变位齿轮则与其相反。

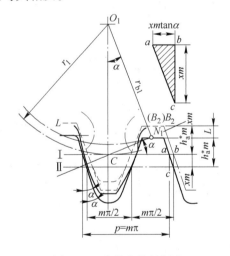

图 5-23 变位齿轮的概念

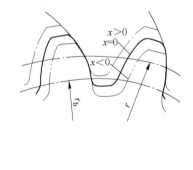

图 5-24 齿廓比较

B 变位齿轮的特点

与标准齿轮相比，变位齿轮有以下特点：

（1）能使一对齿轮达到等强度传动，小齿轮采用正变位，可使齿根厚加大，抗弯强度提高。大齿轮采用负变位，使抗弯强度有所降低。

（2）加工 $z<17$ 的齿轮时，采用适当的正变位可避免根切。

（3）凑配中心距。实际中心距 a' 随变位系数 x_1、x_2 而变化，选择合适的 x_1、x_2 可调整中心距。负变位齿轮使齿根厚变薄，强度下降，除要求调小中心距外，一般不采用负变位齿轮。

C　变位齿轮传动类型

按两轮变位系数之和的大小，变位齿轮传动分为不同的传动类型，见表 5-8。

表 5-8　变位齿轮传动类型表

传动类型	$x_1 + x_2$		a' 与 α'	齿数要求	应用场合
标准传动	$x_1 + x_2 = 0$	$x_1 = x_2 = 0$	$a' = a$ $\alpha' = \alpha$	$z_1 \geqslant z_{min}$ $z_2 \geqslant z_{min}$	要求互换
零传动		$\lvert x_1 \rvert = \lvert x_2 \rvert \neq 0$		$z_1 + z_2 \geqslant 2z_{min}$	避免根切，提高齿轮强度，修复齿轮，缩小结构尺寸
正传动	$x_1 + x_2 > 0$		$a' > a$ $\alpha' > \alpha$	不限	调整中心距，避免根切，提高齿轮强度
负传动	$x_1 + x_2 < 0$		$a' < a$ $\alpha' < \alpha$	$z_1 + z_2 > 2z_{min}$	调整中心距

5.5　轮齿的失效形式和齿轮材料

齿轮传动必须解决的两个基本问题是传动平稳和足够的承载能力。齿轮传动设计的一般步骤是：根据齿轮的工作要求、失效形式等因素选择其材料、热处理方式和齿面硬度；根据主要的失效形式和相应的设计准则，进行强度计算，确定其主要尺寸，然后对其他失效形式进行必要的校核；进行齿轮的结构设计和绘制零件工作图；选择齿轮传动的润滑。

5.5.1　交变应力和疲劳破坏

在前面各章中所分析的零件、构件都是受静载荷作用，这些构件的应力是不随时间变化的，称为静应力。

但是，在工程上也有不少的构件，在工作中长期受到随时间做周期性变化的载荷作用，这些构件的应力也就随时间交替变化。凡是随时间做周期性变化的应力，称为交变应力，如齿轮齿根的弯曲应力等。

在交变应力中，应力每重复一次的过程称为一个应力循环。应力循环中的最小应力与最大应力之比表示交变应力中应力变化的情况，称为循环特征，用符号 r 表示。

$$r = \frac{\sigma_{min}}{\sigma_{max}}$$

常见的应力循环有对称循环（$r = -1$）、脉动循环（$r = 0$）、静应力（$r = +1$）。

实践证明，长期处于交变应力工作下的构件，虽然其最大工作应力远小于材料的强度极限，却还是会发生断裂破坏，这种破坏就是疲劳破坏。材料经交变应力作用一定次数后，在表面出现初始微裂纹，然后裂纹逐渐扩展，当达到一定程度后，余下的未断裂区域不足以承受外载荷时，材料就突然断裂。这便是疲劳破坏的过程。构件抵抗疲劳破坏的能力称为疲劳强度。

5.5.2　轮齿的失效形式

在齿轮传动设计中，承载能力计算总是针对轮齿的某种失效形式进行的，而轮齿的失效形式又与其工作条件和齿面硬度等因素密切相关。就机器所处的环境来说，在封闭空间内工作的（与环境隔离开来的）齿轮传动称为闭式齿轮传动，反之即称为开式齿轮传动。根据齿面硬度的大小，齿轮传动分为硬齿面齿轮传动和软齿面齿轮传动两类。一对啮合齿轮的齿面硬度均大于 350HBS 者，称为硬齿面齿轮传动，否则即称为软齿面齿轮传动。

正常情况下，齿轮传动的失效主要发生在轮齿。轮齿的失效形式很多，但归结起来可分为齿体损伤失效（如轮齿折断）和齿面损伤失效（如点蚀、胶合、磨损、塑性变形）两大类。

（1）轮齿折断。就损伤机理来说，轮齿折断分为疲劳折断和过载折断两种。轮齿工作时相当于一个悬臂梁，齿根处产生的弯曲变应力最大，再加上齿根过渡部分的截面突变及加工刀痕等引起的应力集中作用，当轮齿重复受载后，其弯曲应力超过弯曲疲劳极限时，齿根受拉一侧将产生微小的疲劳裂纹。随着变应力的反复作用，裂纹不断扩展，最终将引起轮齿折断，这种折断称为疲劳折断。由于冲击载荷过大或短时严重过载，或轮齿磨损严重减薄，导致静强度不足而引起的轮齿折断，称为过载折断。从形态上看，轮齿折断有整体折断和局部折断，如图 5-25 所示。

一般地说，为防止轮齿折断，齿轮必须具有足够大的模数。此外，增大齿根过渡圆角半径、降低表面粗糙度值、进行齿面强化处理、减轻轮齿加工过程中的损伤，均有利于提高轮齿抗疲劳折断的能力。而尽可能消除载荷分布不均现象，则有利于避免轮齿的局部折断。为防止轮齿折断，通常应对齿轮轮齿进行抗弯曲疲劳强度的计算，必要时还应进行抗弯曲静强度验算。

（2）齿面疲劳点蚀。点蚀是在交变的接触应力作用下，在齿面上出现局部材料脱落，形成麻点的失效形式（见图 5-26），特别是在齿面硬度低于 350HBS 的闭式软齿面齿轮，更表现为主要的失效形式。这种麻点出现后齿面上的局部接触应力加大，更加剧了点蚀的发生和扩展，引起传动噪声加大，传动精度降低。齿面疲劳点蚀是闭式软齿面齿轮传动的主要失效形式。在开式传动中，由于齿面磨损较快，在没有形成疲劳点蚀之前，部分齿面已被磨掉，因而一般看不到点蚀现象。

图 5-25　齿轮折断

图 5-26　齿面点蚀

实践证明，点蚀的部位多发生在轮齿节线附近靠齿根的一侧。这是由于齿面节线附近，相对滑动速度小，难以形成润滑油膜，摩擦力较大，特别是直齿轮传动，在节线附近通常只有一对轮齿啮合，接触应力也较大。总之，靠近节线处的齿根面抵抗点蚀的能力最差（即接触疲劳强度最低）。

（3）齿面胶合。胶合是相啮合齿面的金属在一定压力下直接接触发生黏着，同时随着齿面的相对运动相黏结的金属从齿面上撕脱，在轮齿表面沿滑动方向形成沟痕（见图5-27）。齿轮传动中，齿面上瞬时温度愈高、滑动系数愈大的地方，愈易发生胶合，齿轮顶部最为明显。一般说，胶合总是在重载条件下发生的。胶合按其形成的条件又可分为热胶合和冷胶合。

热胶合发生于高速、重载的齿轮传动中。重载和较大的相对滑动速度在轮齿间引起局部瞬时高温，导致油膜破裂，从而使两接触齿面金属间产生局部"焊合"而形成胶合。冷胶合则发生于低速、重载的齿轮传动中。它是由于齿面接触压力过大，直接导致油膜压溃而产生的胶合。采用极压型润滑油、提高齿面硬度、降低齿面粗糙度值、合理选择齿轮参数并进行变位等，均有利于提高齿轮的抗胶合能力。为了防止胶合，对于高速、重载的齿轮传动，可进行抗胶合承载能力的计算。

（4）齿面磨损。当铁屑、粉尘等微粒进入齿轮的啮合部位时，将引起齿面的磨粒磨损（见图5-28）。闭式齿轮传动，只要经常注意润滑油的更换和清洁，一般不会发生磨粒磨损。开式齿轮传动，由于齿轮外露，其主要失效形式为磨粒磨损。磨粒磨损不仅导致轮齿失去正确的齿形，还会由于齿厚不断减薄而最终引起断齿。

（5）齿面塑性变形。重载时，在摩擦力的作用下，齿轮可能产生齿面塑性变形（也称齿面塑性流动，见图5-29），从而使轮齿原有的正确齿形遭受破坏。在主、从动齿轮上由于齿面摩擦力方向不同，其齿面变形的表现形式也不同。对于主动齿轮，在节线附近形成凹槽；对于从动齿轮，在节线附近形成凸脊。

　　　　　　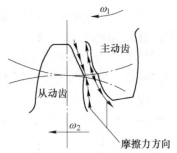

图 5-27　齿面胶合　　　　　图 5-28　齿面磨粒磨损　　　　　图 5-29　齿面塑性变形

5.5.3　齿轮传动的计算准则

闭式传动的主要失效形式为齿面点蚀和轮齿的弯曲疲劳折断。当采用软齿面（齿面硬度不大于350HBS）时，其齿面接触疲劳强度相对较低。因此，一般应首先按齿面接触疲劳强度条件计算齿轮的分度圆直径及其主要几何参数（如中心距、齿宽等），然后再对其轮齿的弯曲疲劳强度进行校核。当采用硬齿面（齿面硬度大于350HBS）时，则一般应首先按齿轮的抗弯曲疲劳强度条件确定齿轮的模数及其主要几何参数，然后再校核其齿面接触疲劳强度。

开式传动的主要失效形式为齿面磨粒磨损和轮齿的弯曲疲劳折断。由于目前齿面磨粒磨损尚无完善的计算方法，因此通常只对其进行抗弯曲疲劳强度计算，并采用适当加大模数的方法来考虑磨粒磨损的影响。

5.5.4　齿轮材料

由轮齿的失效形式可知，齿面应具有较高的抗点蚀、耐磨损、抗胶合以及抗塑性变形的能力，齿根还要有较高的抗折断能力。为了保证齿轮工作的可靠性，提高其使用寿命，齿轮的材料及其热处理应根据工作条件和材料的特点来选取。对齿轮材料的基本要求是：应使齿面具有足够的硬度和耐磨性，齿心具有足够的韧性，以防止齿面的各种失效，同时应具有良好的冷、热加工的工艺性，以达到齿轮的各种技术要求。常用的齿轮材料是锻钢，其次是铸钢和铸铁，某些情况下，也采用非金属材料，如尼龙、聚甲醛等。

（1）钢。钢材的韧性好，耐冲击、强度高，还可通过适当的热处理或化学处理改善其力学性能及提高齿面的硬度，故是最理想的齿轮材料。

1）锻钢。锻钢的力学性能比铸钢好。毛坯经锻造加工后，可以改善材料性能，使其内部形成有利的纤维方向，有利于轮齿强度的提高。除尺寸过大或结构形状复杂只宜铸造外，一般都用锻钢制造齿轮。常用的锻钢为含碳量在 0.15% ~ 0.6% 的碳钢或合金钢。

软齿面齿轮常用于强度、速度及精度都要求不高的场合。常用材料有 35、45、50 钢及 40Cr、38SiMnMo、35SiMn 合金钢。齿轮毛坯经过正火（正常化）或调质处理后切齿，加工比较容易，生产效率较高，易于跑合，不需磨齿等设备。齿轮精度一般为 8 级，精切时可达 7 级。

硬齿面齿轮硬齿面齿轮用于高速、重载、要求尺寸紧凑及精密机器中。常用材料有 45、40Cr、40CrNi、20Cr、20CrMnTi、40MnB 等。齿轮毛坯经调质或正火处理后切齿，再经表面硬化处理，最后进行磨齿等精加工，精度可达 5 级或 4 级。

2）铸钢。铸钢的耐磨性及强度均较好，但切齿前需经过退火、正火处理，必要时也可进行调质。铸钢常用于尺寸较大（顶圆直径 $d_a \geq 400mm$）或结构形状复杂的齿轮。常用铸钢材料有 ZG310 - 570、ZG340 - 640 等。尺寸较小而又要求不高的齿轮可选用圆钢。

（2）铸铁。灰铸铁的铸造性能和切削性能好、价廉、抗点蚀和抗胶合能力强，但弯曲强度低、冲击韧性差，因此常用于工作平稳、速度较低、功率不大的场合。灰铸铁内的石墨可以起自润滑作用，尤其适用于制作润滑条件较差的开式传动齿轮。常用牌号有 HT200、HT350。球墨铸铁的耐冲击等力学性能比灰铸铁高很多，具有良好的韧性和塑性，在冲击力不大的情况下，可代替钢制齿轮，但由于生产工艺比较复杂，目前使用尚不够普遍。

（3）有色金属和非金属材料。有色金属如铜、铝、铜合金、铝合金等常用于制造有特殊要求的齿轮。对高速、轻载、噪声小及精度不高的齿轮传动，可采用夹布塑胶、尼龙等非金属材料做小齿轮。非金属材料的弹性模量较小，可减轻因制造和安装不精确所引起的不利影响，传动时的噪声小。由于非金属材料的导热性差，与其啮合的配对大齿轮仍采用钢或铸铁制造，以利于散热。为使大齿轮具有足够的抗磨损及抗点蚀的能力，齿面的硬度应为 250 ~ 350HBS。

5.5.5 齿轮的热处理

齿轮常用的热处理方法有：

（1）表面淬火。表面淬火常用于中碳钢和中碳合金钢，如 45、40Cr 钢等。表面淬火后，齿面硬度一般为 40 ~ 55HRC。特点是抗疲劳点蚀、抗胶合能力高，耐磨性好。由于齿心未淬硬，齿轮仍有足够的韧性，能承受不大的冲击载荷。

（2）渗碳淬火。渗碳淬火常用于低碳钢和低碳合金钢，如 20、20Cr 钢等。渗碳淬火后齿面硬度可达 56~62HRC，而齿心仍保持较高的韧性，轮齿的抗弯强度和齿面接触强度高，耐磨性较好，常用于受冲击载荷的重要齿轮传动。齿轮经渗碳淬火后，轮齿变形较大，应进行磨齿。

（3）渗氮。渗氮是一种表面化学热处理。渗氮后不需要进行其他热处理，齿面硬度可达 700~900HV。由于渗氮处理后的齿轮硬度高，工艺温度低，变形小，故适用于内齿轮和难以磨削的齿轮，常用于含铬、铜、铅等合金元素的渗氮钢，如 38CrMoAlA。

（4）调质。调质一般用于中碳钢和中碳合金钢，如 45、40Cr、35SiMn 钢等。调质处理后齿面硬度一般为 220~280HBS。因硬度不高，轮齿精加工可在热处理后进行。

（5）正火。正火能消除内应力，细化晶粒，改善力学性能和切削性能。机械强度要求不高的齿轮可采用中碳钢正火处理，大直径的齿轮可采用铸钢正火处理。

（6）碳氮共渗。碳氮共渗又称为氰化，处理时间短，且有渗氮的优点，可以代替渗碳淬火，但硬化层薄，氰化物有剧毒，应用受到限制。

一般要求的齿轮传动可采用软齿面齿轮。为了减小胶合的可能性，并使配对的大小齿轮寿命相当，通常使小齿轮齿面硬度比大齿轮齿面硬度高出 30~50HBS。对于高速、重载或重要的齿轮传动，可采用硬齿面齿轮组合，齿面硬度可大致相同。常用齿轮材料及其热处理见表 5-9。

表 5-9　常用齿轮材料及其热处理

类　别	材料牌号	热处理方法	抗拉强度 σ_b/MPa	屈服点 σ_s/MPa	硬　度
优质碳素钢	35	正火	500	270	150~180HBS
		调质	550	294	190~230HBS
	45	正火	588	294	169~217HBS
		调质	647	373	217~255HBS
		表面淬火			40~50HRC
	50	正火	628	373	180~220HBS
合金结构钢	40Cr	调质	700	500	240~286HBS
		表面淬火			48~55HRC
	35SiMn	调质	750	450	217~269HBS
		表面淬火			45~55HRC
	40MnB	调质	735	490	241~286HBS
		表面淬火			45~55HRC
	20Cr	渗碳淬火后回火	637	392	56~62HRC
	20CrMnTi		1079	834	56~62HRC
	38CrMnAlA	渗氮	980	834	850HV
铸　钢	ZG45	正火	580	320	156~217HBS
	ZG55		650	350	169~229HBS
灰铸铁	HT300	—	300		185~278HBS
	HT350		350		202~304HBS

类　别	材料牌号	热处理方法	抗拉强度 σ_b/MPa	屈服点 σ_s/MPa	硬　度
球墨铸铁	QT600 – 3	—	600	370	190 ~ 270HBS
	QT700 – 2		700	420	225 ~ 305HBS
非金属	夹布胶木	—	100		25 ~ 35HBS

5.5.6　齿轮材料的许用应力

5.5.6.1　试验齿轮的接触疲劳极限 σ_{Hlim} 和许用接触应力 $[\sigma_H]$

试验齿轮的接触疲劳极限是指某种材料的齿轮，在特定试验条件下，经长期持续的循环载荷作用，齿面不出现疲劳点蚀的极限应力。图 5-30 给出了失效概率为 1% 的各种材料试验齿轮的接触疲劳极限值。图中曲线表示当齿轮材料和热处理质量达到中等要求的疲劳极限取值线。所谓中等要求，是指有经验的工业齿轮制造者以合理生产成本所能达到的要求。

许用接触应力 $[\sigma_H]$ 的计算式为：

$$[\sigma_H] = \frac{Z_{NT}\sigma_{Hlim}}{S_H}$$

式中，σ_{Hlim} 为试验齿轮的接触疲劳极限应力，查图 5-30；Z_{NT} 为接触疲劳寿命系数，由图 5-32 查取；S_H 为接触疲劳强度的安全系数，查表 5-10。

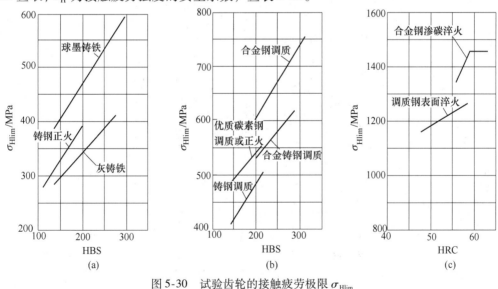

图 5-30　试验齿轮的接触疲劳极限 σ_{Hlim}

表 5-10　齿轮强度的安全系数 S_H 和 S_F

安全系数	软齿面	硬齿面	重要的传动、渗碳淬火齿轮或铸造齿轮
S_H	1.0 ~ 1.1	1.1 ~ 1.2	1.3
S_F	1.3 ~ 1.4	1.4 ~ 1.6	1.6 ~ 2.2

5.5.6.2　试验齿轮的齿根弯曲疲劳极限 σ_{Flim} 和许用弯曲应力 $[\sigma_F]$

试验齿轮的齿根弯曲疲劳极限是指某种材料的齿轮，在特定试验条件下，经长期持续的脉动载荷作用，齿根保持不破坏的极限应力。图 5-31 给出了失效概率为 1% 的各种材料试验齿轮的齿根弯曲疲劳极限值 σ_{Flim}，其取值原则同 σ_{Hlim}。当轮齿承受双向弯曲时，由图中查得 σ_{Flim} 的值，需乘以 0.7。

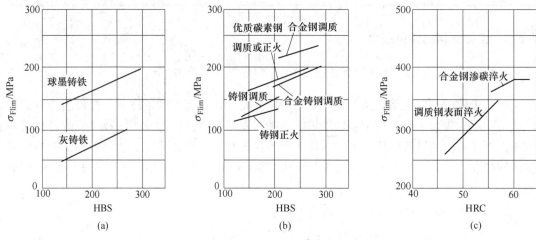

图 5-31　试验齿轮的弯曲疲劳极限 σ_{Flim}

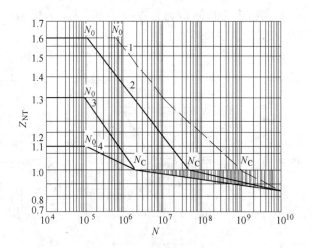

图 5-32　接触疲劳寿命系数 Z_{NT}

曲线 1—允许有一定点蚀的结构钢、调质钢、球墨铸铁（珠光体、贝氏体）；
曲线 2—结构钢、调质钢、渗碳淬火钢、火焰或感应淬火的钢、球墨铸铁（珠光体、贝氏体）、珠光体可锻铸铁；
曲线 3—灰铸铁、球墨铸铁（铁素体）、渗氮钢、调质钢、渗碳钢；
曲线 4—氮碳共渗的调质钢、渗碳钢

许用弯曲应力 $[\sigma_F]$ 的计算式为：

$$[\sigma_F] = \frac{Y_{NT}\sigma_{Flim}}{S_F}$$

式中，σ_{Flim} 为试验齿轮的弯曲疲劳极限应力，查图 5-31；Y_{NT} 为弯曲疲劳寿命系数，由图

5-33 查取；S_F 为弯曲疲劳强度的安全系数，查表 5-10。

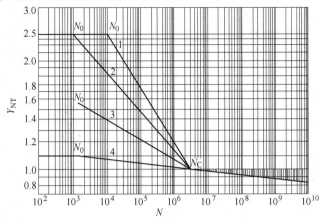

图 5-33　弯曲疲劳寿命系数 Y_{NT}

曲线 1—调质钢、球墨铸铁（珠光体、贝氏体）、珠光体可锻铸铁；

曲线 2—结构钢、渗碳淬火的渗碳钢、全齿廓火焰或感应淬火的钢；

曲线 3—渗氮钢、调质钢、渗碳钢、球墨铸铁（铁素体）、灰铸铁、结构钢；

曲线 4—氮碳共渗的调质钢、渗碳钢

疲劳寿命系数 Z_{NT} 和 Y_{NT} 是考虑当齿轮只要求有限寿命时，其许用应力可以提高的系数。图 5-32 和图 5-33 中应力循环次数 N 由下式确定：

$$N = 60\gamma n t_n$$

式中，γ 是齿轮每转一周同一齿面的啮合次数；n 是齿轮转速，单位是 r/min；t_n 是齿轮设计寿命，单位是 h。

5.6　渐开线直齿圆柱齿轮传动的受力与强度

5.6.1　渐开线直齿圆柱齿轮的受力分析和计算载荷

5.6.1.1　渐开线直齿圆柱齿轮的受力分析

轮齿的受力不仅是齿轮强度计算的依据，也是轴和轴承设计计算的基础。在理想状态下，齿轮工作时载荷沿接触线均匀分布。为简化分析，常以作用于齿宽中点的集中力代替这个分布力。若忽略摩擦力的影响，则该力为沿啮合线指向齿面的法向力 F_n。法向力 F_n 可分解为两个力，即切向力 F_t 和径向力 F_r，如图 5-34 所示。受力计算首先从切向力开始，是因为切向力直接与传递载荷发生联系，其他力的分量都经过推导与切向力有关系，这样表达便于应用。各力的大小计算如下：

$$\left.\begin{aligned} \text{切向力 } F_t &= \frac{2T_1}{d_1} \\ \text{径向力 } F_r &= F_t \tan\alpha \\ \text{法向力 } F_n &= \frac{F_t}{\cos\alpha} \end{aligned}\right\}$$

$$T_1 = \frac{9.55 \times 10^6 P_1}{n_1}$$

式中，d_1 是小齿轮分度圆直径，单位是 mm；T_1 是作用在小齿轮上的转矩，单位是 N·mm。α 为齿轮分度圆压力角，因为在此讨论标准齿轮的设计，所以压力角 $\alpha = 20°$。

作用在主动轮和从动轮上的各对作用力与反作用力大小相等，方向相反。切向力 F_t，在从动轮为驱动力，与其回转方向相同；在主动轮为工作阻力，与其回转方向相反。径向力 F_r，对于外齿轮，指向其齿轮中心；对于内齿轮，则背离其齿轮中心。具体如图 5-35 所示。

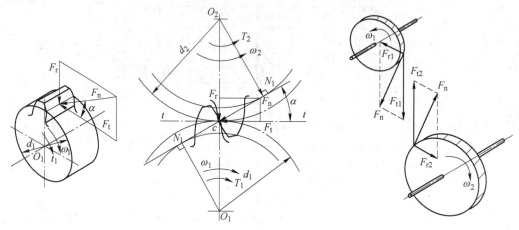

图 5-34　直齿圆柱齿轮传动的受力分析　　　　图 5-35　直齿圆柱齿轮各个力的方向

5.6.1.2　齿轮的计算载荷

由前面受力分析所求得的法向力 F_n 为理想情况下的名义载荷。实际上，由于原动机与工作机的载荷变化，以及齿轮传动的各种误差所引起的传动不平稳等，都将引起附加动载荷。因此，在齿轮强度计算时，通常用考虑了各种影响因素的计算载荷 F_{nc} 代替名义载荷 F_n，计算载荷按下式确定：

$$F_{nc} = K F_n$$

式中，K 为载荷系数，其值可查表 5-11。

表 5-11　载荷系数 K

原 动 机	工作机械的载荷特性		
	平稳或比较平稳	中等冲击	大的冲击
电动机、汽轮机	1～1.2	1.2～1.6	1.6～1.8
多缸内燃机	1.2～1.6	1.6～1.8	1.9～2.1
单缸内燃机	1.6～1.8	1.8～2.0	2.2～2.4

注：1. 斜齿、圆周速度低、精度高、齿宽系数小时取小值；直齿、圆周速度高、精度低、齿宽系数大时取大值。
　　2. 齿轮在两轴之间并对称布置时取小值；齿轮在两轴承之间不对称布置及悬臂布置时取大值。

5.6.2　渐开线直齿圆柱齿轮强度计算

5.6.2.1　齿面接触疲劳强度计算

为避免齿面发生点蚀失效，应进行齿面接触疲劳强度计算。一对渐开线齿轮啮合传动，齿面接触近似于一对圆柱体接触传力，轮齿在节点工作时常常是一对轮齿传力，是受力较大的状态，容易发生点蚀。所以设计时以节点处的接触应力作为计算依据，限制节点处接触应力 $\sigma_H \leqslant [\sigma_H]$。

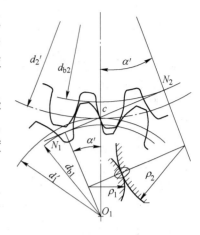

一对齿轮的啮合，可视为以啮合点处齿廓曲率半径 ρ_1、ρ_2 所形成的两个圆柱体的接触（见图 5-36）。因此，根据赫兹公式，可以写出齿面不发生接触疲劳的强度条件。

齿轮接触疲劳强度的校核公式为：

$$\sigma_H = 3.52 Z_E \sqrt{\frac{KT_1}{bd_1^2} \cdot \frac{u \pm 1}{u}} \leqslant [\sigma_H]$$

图 5-36　齿轮接触强度计算简图

为了便于设计计算，引入齿宽系数 $\psi_d = \dfrac{b}{d_1}$ 并代入上式，得到齿面接触疲劳强度的设计公式为：

$$d_1 \geqslant \sqrt[3]{\frac{KT_1}{\psi_d} \cdot \frac{u \pm 1}{u} \left(\frac{3.52 Z_E}{[\sigma_H]} \right)^2}$$

在应用齿面接触疲劳强度计算公式时，需明确以下几点：

（1）式中"±"符号的意义为：正号用于外啮合，负号用于内啮合。

（2）式中弹性系数 Z_E 的单位为 $\sqrt{MPa}$，因此，其相应力的单位应为 N，长度单位为 mm，且其余参数的单位也应保持一致。例如：转矩单位为 N·mm，应力单位为 MPa 等。常用材料弹性系数 Z_E 见表 5-12。

表 5-12　材料弹性系数 Z_E

小齿轮材料	弹性模量 E/GPa	泊松比 μ	配对的大齿轮材料					
			钢	铸钢	球墨铸铁	灰铸铁	锡青铜	铸锡青铜
			$Z_E/\sqrt{MPa}$					
钢	206	0.3	189.8	188.9	181.4	162.0	159.8	155.0
铸钢	202	0.3		188.0	180.5	161.4		
球墨铸铁	173	0.3			173.9	156.6		
灰铸铁	122	0.3				143.7		

注：本表摘自《新编机械设计手册 2008（软件版）》。

（3）由于一对齿轮中只要有一个齿轮出现点蚀即导致传动失效，因此，在使用设计公式时，若两齿轮的许用应力 $[\sigma_{H1}]$ 和 $[\sigma_{H2}]$ 不同，则应代以其中较小值计算。

由设计公式可知，在其他条件一定时，似乎齿面接触疲劳强度取决于小齿轮直径 d_1，但由于一对齿轮的中心距 a 和齿宽 b 又可分别表示为：

$$a = \frac{d_1(u \pm 1)}{2}$$

$$b = \psi_d d_1$$

因此，在载荷、材质和齿数比等影响因素确定之后，齿面接触疲劳强度实质上取决于齿轮传动的外廓尺寸，即其中心距与齿宽的大小。

5.6.2.2　齿根弯曲疲劳强度计算

由于轮齿啮合时，啮合点的位置从齿顶到齿根不断变化，且轮齿啮合时也是由单对齿到两对齿之间变化，因此，齿根部分的弯曲应力不断变化，最大弯曲应力产生在单齿对啮合区的最高点，其计算比较复杂。在进行齿根抗弯疲劳强度计算时，为使问题简化作如下假设：

（1）全部载荷由一对齿承担；（2）载荷作用于齿顶；（3）计算模型为悬臂梁；（4）用重合度系数考虑齿顶啮合时非单齿对啮合影响；（5）只考虑弯曲应力，因为裂纹首先在受拉侧产生，且压应力对较小对拉应力有抵消作用；（6）危险截面可近似由 30° 切线法确定。作与轮齿对称中线成 30° 且与齿根过渡曲线相切的直线，则通过两切点的截面即为轮齿的危险截面。齿轮弯曲强度计算简图如图 5-37 所示。

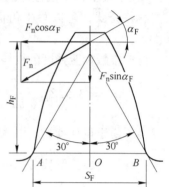

齿轮齿根的弯曲疲劳强度校核公式：

$$\sigma_F = \frac{2KT_1}{bmd_1}Y_{Fa}Y_{Sa} = \frac{2KT_1}{bm^2z_1}Y_{Fa}Y_{Sa} \leqslant [\sigma_F]$$

图 5-37　齿轮弯曲强度计算简图

式中，T_1 为主动轮的转矩，单位是 N·mm；b 为齿轮的接触宽度，单位为 mm；m 为模数；z_1 为主动齿轮的齿数；$[\sigma_F]$ 为齿轮许用弯曲应力，单位为 MPa，由有关表格查取和计算确定，Y_{Fa}、Y_{Sa} 分别是标准外齿轮的齿形系数和应力修正系数，可查表 5-13。

表 5-13　标准外齿轮的齿形系数 Y_{Fa} 及应力修正系数 Y_{Sa}

Z	17	19	20	22	25	28	30	35	40	45	50	60	80	100	$\geqslant 200$
Y_{Fa}	2.97	2.85	2.81	2.75	2.62	2.58	2.54	2.47	2.41	2.37	2.35	2.30	2.25	2.18	2.14
Y_{Sa}	1.53	1.55	1.56	1.58	1.59	1.61	1.63	1.65	1.67	1.69	1.71	1.73	1.77	1.80	1.88

将齿宽系数 ψ_d 代入上式，可得出齿轮齿根的弯曲疲劳强度设计公式：

$$m \geqslant \sqrt[3]{\frac{2KT_1}{\psi_d z_1^2} \cdot \frac{Y_{Fa}Y_{Sa}}{[\sigma_F]}}$$

通常两齿轮的齿形系数 Y_{Fa} 和应力修正系数 Y_{Sa} 不相同，材料许用弯曲应力 $[\sigma_F]_1$ 和 $[\sigma_F]_2$ 也不等，在设计时应取两齿轮的 $\dfrac{Y_{Fa}Y_{Sa}}{[\sigma_F]}$ 值进行比较，其中比值大者强度较弱，应作为计算时的代入值。计算所得的模数应圆整成标准值。

5.6.2.3　轮齿短时过载强度的校核计算

对短时过载（应力循环次数 $N < 10^2$）的齿轮应进行静强度计算，以防止轮齿突然折断或产生塑性变形。为此，尖峰载荷产生的最大应力应满足以下条件：

接触静强度：$\sigma_{Hmax} = \sigma_H \sqrt{\dfrac{F_{tmax}}{F_t K_A}} = \sigma_H \sqrt{\dfrac{T_{max}}{T \cdot K_A}} \leqslant [\sigma_H]_{max}$

弯曲静强度：$\sigma_{Fmax} = \sigma_F \dfrac{F_{tmax}}{F_t K_A} = \sigma_F \dfrac{T_{max}}{T \cdot K_A} \leqslant [\sigma_F]_{max}$

$$[\sigma_H]_{max} = \frac{\sigma_{Hlim}}{S_{HSmin}}, \quad [\sigma_F]_{max} = \frac{\sigma_{Flim}}{S_{FSmin}}$$

式中，σ_H 和 σ_F 分别为齿轮接触疲劳强度和弯曲疲劳强度计算时的应力；F_{tmax} 与 T_{max} 为最大短期载荷（齿轮短期最大圆周力与最大转矩）；K_A 为计算疲劳强度时使用的工作情况系数；F_t 与 T 为计算疲劳强度时的工作载荷（齿轮圆周力与转矩）；$[\sigma_H]_{max}$ 与 $[\sigma_F]_{max}$ 分别为过载校核的许用接触与弯曲应力；σ_{Hmax} 与 σ_{Fmax} 分别为齿轮短期过载强度的接触与弯曲的极限应力，见表5-14；S_{HSmin} 与 S_{FSmin} 分别为齿轮短期过载强度接触与弯曲的最小安全系数，见表5-15。

表5-14 齿轮短期过载强度极限应力参考值

钢的 HBS	σ_{Hlim}	σ_{Flim}
≤350	$2.8\sigma_s$	$(1 \sim 1.2)\sigma_s$
>350	参照图5-30	参照图5-31

表5-15 短期过载强度校核的最小安全系数 S_{FSmin} 和 S_{HSmin} 参考值

可靠程度	S_{FSmin}	S_{HSmin}
一般可靠度	≥1.0	≥1.0
高可靠度	≥2.0	≥1.4

注：1. 当出现断齿会造成严重事故时，表中 S_{FSmin} 数值应加大。

　　2. 应根据产品具体情况及统计数字确定合适的数值。

5.6.3 齿轮传动参数的选择

（1）齿数。大小轮齿数选择应符合传动比 i 的要求。齿数取整可能会影响传动比数值，误差一般控制在5%以内。为避免根切，标准直齿圆柱齿轮最小齿数 $z_{min} = 17$。

大轮齿数为小轮的倍数，跑合性能好。而对于重要的传动或重载高速传动，大小轮齿互为质数，这样轮齿磨损均匀，有利于提高寿命。中心距一定时，增加齿数能使重合度增大，提高传动平稳性；同时，齿数增多，相应模数减小，对相同分度圆的齿轮，齿顶圆直径小，可以节约材料，减轻重量，并能节省轮齿加工的切削量。所以，在满足弯曲强度的前提下，应适当减小模数，增大齿数。高速齿轮或对噪声有严格要求的齿轮传动建议取 $z_1 \geqslant 25$。

（2）模数。传递动力的齿轮，其模数不宜小于1.5mm。过小加工检验不便。普通减速器、机床及汽车变速箱中的齿轮模数一般在2~8mm之间。

（3）齿宽。齿宽取大些，可提高齿轮承载能力，并相应减小径向尺寸，使结构紧凑；但齿宽越大，沿齿宽方向载荷分布越不均匀，使轮齿接触不良。因此设计齿轮传动时应合理地选择齿宽系数 ψ_d，一般可参考表5-16。

表 5-16 齿宽系数 ψ_d

齿轮相对于轴承的位置	齿面硬度	
	软齿面（≤350HBS）	硬齿面（>350HBS）
对称布置	0.8 ~ 1.4	0.4 ~ 0.9
不对称布置	0.6 ~ 1.2	0.3 ~ 0.6
悬臂布置	0.3 ~ 0.4	0.2 ~ 0.25

【例5-1】 试设计单级标准直齿圆柱轮传动。已知传递功率 $P_1 = 6kW$，主动轮转速 $n_1 = 960r/min$，传动比 $i = 2.5$，用电动机驱动，载荷中等冲击，齿轮相对于支承位置对称布置，单向运转，使用寿命10年，单班工作制。

解： 减速器是闭式齿轮传动，通常采用齿面硬度不大于350HBS的软齿面钢制齿轮。根据计算准则，应按接触疲劳设计，确定齿轮传动的参数、尺寸，然后验算弯曲疲劳强度。

（1）选择材料、热处理方法和精度等级。

1）齿轮材料、热处理方法及齿面硬度。因无特殊要求可选一般材料。考虑小齿轮的硬度比大齿轮高出30~50HBS的要求，由表5-9，小齿轮选用45钢并调质处理，齿面硬度217~255HBS。大齿轮选用45钢并正火处理，齿面硬度169~217HBS。

2）精度等级。因为是一般齿轮传动，估计圆周速度不会超过5m/s，由表5-2初选8级精度。

3）齿数。选小齿轮的齿数 $z_1 = 24$，大齿轮的齿数 $z_2 = i \times z_1 = 2.5 \times 24 = 60$。

（2）**按接触疲劳强度设计齿轮。** 由于是闭式软齿面齿轮传动，齿轮承载能力由接触疲劳强度来决定。

1）确定各参数。

①由表5-11选载荷系数 $K = 1.3$。

②计算小齿轮传递的扭矩。

$$T_1 = \frac{9.55 \times 10^6 P_1}{n_1} = 9.55 \times 10^6 \times \frac{6}{960} = 59687.5 N \cdot mm$$

③由表5-16选取齿宽系数 $\psi_d = 1.2$。

④由图5-30按中间值230HBS查得小齿轮的接触疲劳强度极限 $\sigma_{Hlim} = 560MPa$，按中间值190HBS查得大齿轮的接触疲劳强度极限 $\sigma_{Hlim} = 540MPa$。

⑤计算应力循环次数。

$$N_1 = 60\gamma n t_n = 60 \times 960 \times 1 \times (10 \times 300 \times 8) = 1.38 \times 10^9$$

$$N_2 = \frac{N_1}{i} = \frac{1.38 \times 10^9}{2.5} = 5.53 \times 10^8$$

⑥由图5-32查得 $Z_{NT1} = 0.91, Z_{NT2} = 0.93$。

⑦计算接触疲劳许用应力。由表5-10取 $S_H = 1$，由公式 $[\sigma_H] = \dfrac{Z_{NT}\sigma_{Hlim}}{S_H}$ 得：

$$[\sigma_H]_1 = \frac{Z_{NT1}\sigma_{Hlim1}}{S_{H1}} = \frac{0.91 \times 560}{1} = 509.6 MPa$$

$$[\sigma_{\mathrm{H}}]_2 = \frac{Z_{\mathrm{NT2}}\sigma_{\mathrm{Hlim2}}}{S_2} = \frac{0.93 \times 540}{1} = 502.2\mathrm{MPa}$$

2）计算。

①小齿轮直径 d_1 及模数 m。代入 $[\sigma_{\mathrm{H}}]_1$、$[\sigma_{\mathrm{H}}]_2$ 中较小值计算小齿轮分度圆直径 d_1。

$$
\begin{aligned}
d_1 &\geqslant 76.43 \times \sqrt[3]{\frac{KT_1}{\psi_{\mathrm{d}}} \cdot \frac{u+1}{u[\sigma_{\mathrm{H}}]^2}} \\
&= 76.43 \times \sqrt[3]{\frac{1.3 \times 59687.5}{1.2} \times \frac{2.5+1}{2.5 \times 502.2^2}} \\
&= 54.32\mathrm{mm}
\end{aligned}
$$

$$m = \frac{d_1}{z_1} = \frac{54.32}{24} = 2.26$$

由表 5-3 取 $m = 2.5\mathrm{mm}$。

②计算主要几何尺寸。

$d_1 = mz_1 = 2.5 \times 24 = 60\mathrm{mm}$

$d_2 = mz_2 = 2.5 \times 60 = 150\mathrm{mm}$

$b = \psi_{\mathrm{d}} \times d_1 = 1.2 \times 60 = 72\mathrm{mm}$

圆整取 $b_2 = 72\mathrm{mm}$

$$b_1 = b_2 + (5 \sim 10)$$

取 $b_1 = 78\mathrm{mm}$。

$$a = \frac{1}{2}m(z_1 + z_2) = \frac{1}{2} \times 2.5 \times (24 + 60) = 105\mathrm{mm}$$

（3）按弯曲疲劳强度校核轮。

1）齿形系数 Y_{Fa}。由表 5-13 查得 $Y_{\mathrm{Fa1}} = 2.66$，$Y_{\mathrm{Fa2}} = 2.30$。

2）应力修正系数 Y_{Sa}。由表 5-13 查得 $Y_{\mathrm{Sa1}} = 1.573$，$Y_{\mathrm{Sa2}} = 1.73$。

3）许用弯曲应力 $[\sigma_{\mathrm{F}}]$。由图 5-31 按大齿轮齿面硬度中间值 190HBS 查得弯曲疲劳强度极限 $\sigma_{\mathrm{Flim2}} = 170\mathrm{MPa}$。由图 5-31 按小齿轮齿面硬度中间值 230HBS 查得弯曲疲劳强度极限 $\sigma_{\mathrm{Flim1}} = 190\mathrm{MPa}$。由表 5-10 查得 $S_{\mathrm{F}} = 1.3$。由图 5-33 查得 $Y_{\mathrm{NT1}} = 0.88$，$Y_{\mathrm{NT2}} = 0.93$。

$$[\sigma_{\mathrm{F}}]_1 = \frac{Y_{\mathrm{NT1}}\sigma_{\mathrm{Flim1}}}{S_{\mathrm{F1}}} = \frac{0.88 \times 190}{1.3} = 128.62\mathrm{MPa}$$

$$[\sigma_{\mathrm{F}}]_2 = \frac{Y_{\mathrm{NT2}}\sigma_{\mathrm{Flim2}}}{S_{\mathrm{F2}}} = \frac{0.93 \times 170}{1.3} = 121.62\mathrm{MPa}$$

$$\sigma_{\mathrm{F1}} = \frac{2KT_1}{bm^2z_1}Y_{\mathrm{Fa1}}Y_{\mathrm{Sa1}} = \frac{2 \times 1.3 \times 59687.5}{72 \times 2.5^2 \times 24} \times 2.66 \times 1.573$$

$$= 60.12\mathrm{MPa} < [\sigma_{\mathrm{F}}]_1 = 128.62\mathrm{MPa}$$

$$\sigma_{\mathrm{F2}} = \sigma_{\mathrm{F1}}\frac{Y_{\mathrm{Fa2}}Y_{\mathrm{Sa2}}}{Y_{\mathrm{Fa1}}Y_{\mathrm{Sa1}}} = 60.12 \times \frac{2.30 \times 1.73}{2.66 \times 1.573}$$

$$= 57.17\mathrm{MPa} < [\sigma_{\mathrm{F}}]_2 = 121.62\mathrm{MPa}$$

齿根弯曲疲劳强度校核合格。

（4）验算圆周速度。

$$v = \frac{\pi d_1 n_1}{60 \times 1000} = \frac{\pi \times 60 \times 960}{60 \times 1000} = 3.02 \text{m/s}$$

由表 5-2 初选 8 级精度是合适的。

（5）计算齿轮几何尺寸，设计齿轮结构，绘制齿轮工作图。（略）

5.7　斜齿圆柱齿轮传动

5.7.1　斜齿圆柱齿轮齿廓面的形成及啮合

如图 5-38（a）所示，直齿圆柱齿轮的齿廓曲面是发生面 S 在基圆柱上做纯滚动时，发生面上与基圆柱母线 NN 平行的直线 AA' 在空间形成的渐开面。一对直齿圆柱齿轮啮合时，齿面接触线与齿轮的轴线平行（见图 5-38c），啮合开始和终止都是沿整个齿宽突然发生的，所以容易引起冲击、振动和噪声。高速传动时，这种情况尤为突出。

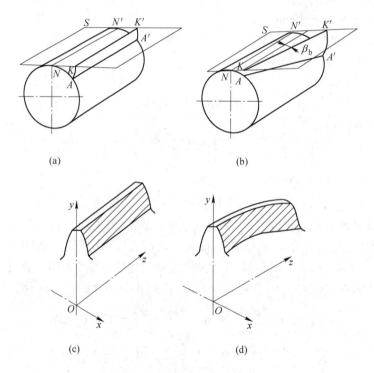

图 5-38　渐开线曲面的形成

与直齿圆柱齿轮相比，斜齿圆柱齿轮的齿廓面是发生面沿基圆柱做纯滚动时，发生面上一条与基圆柱轴线倾斜成一个角度 β_b 的直线所展成的曲面，其称为渐开螺旋面。该曲面与发生面相交是一条斜直线，与圆柱面相交是螺旋线，与垂直于基圆柱轴线的平面（端面）相交是渐开线，如图 5-38（b）所示。

一对斜齿圆柱齿轮啮合时，齿面接触线与齿轮轴线相倾斜，如图 5-38（d）所示，其长度由点到线并逐渐增长，到某一位置后，又逐渐缩短，直到脱离啮合。因此斜齿圆柱齿轮传动是逐渐进入和逐渐退出啮合，而且重合度也较直齿圆柱齿轮传动大。所以斜齿圆柱齿轮传动具有传动平稳、噪声小、承载能力大等优点，适用于高速和大功率场合。其缺点是工作时会产生轴向力，使轴承的组合设计变得复杂。

5.7.2　斜齿圆柱齿轮的基本参数和几何尺寸计算

由于斜齿轮的齿面为一渐开线螺旋面，故其端面的齿形和垂直于螺旋线方向的法面齿形是不相同的。因而斜齿轮的端面参数与法面参数也不相同。由于制造斜齿轮时，常用齿条形刀具或盘形齿轮铣刀来切齿，且在切齿时刀具是沿着齿轮的螺旋线方向进刀的，所以必须按齿轮的法面参数（加下标 n）来选择刀具，故规定斜齿轮法面上的参数（模数、压力角、齿顶高系数等）为标准值，但在计算斜齿轮的几何尺寸时却需按端面的参数（加下标 t）进行计算，因此必须建立法面参数与端面参数的换算关系。

5.7.2.1　螺旋角

由于渐开螺旋面在各圆柱上的导程相同，但各圆柱的直径不同，故各圆柱上的螺旋角不同。定义分度圆柱上的螺旋角为斜齿轮的螺旋角 β。将斜齿圆柱齿轮的分度圆柱展开（见图 5-39），该圆柱上的螺旋线便成为斜直线。

斜直线与齿轮轴线间的夹角就是分度圆柱上的螺旋角，简称螺旋角 β。斜齿圆柱齿轮有左旋和右旋之分。β_b 是基圆柱上的螺旋角，β_b 反映了轮齿相对于齿轮轴线的扭斜程度。

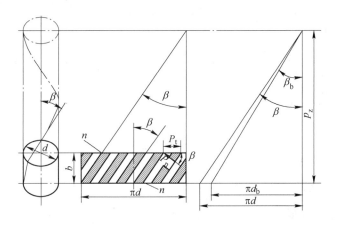

图 5-39　斜齿轮的展开

由于斜齿轮各个圆柱面上的螺旋线的导程 p_z 相同，因此斜齿轮分度圆柱面上的螺旋角 β 与基圆柱面上的螺旋角 β_b 的计算公式为：

$$\tan\beta = \pi d / p_z$$

$$\tan\beta_b = \pi d_b / p_z$$

可知，$\beta_b < \beta$，因此可推知，各圆柱面上直径越大。其螺旋角也越大。基圆柱螺旋角最小，但不等于零。螺旋角 β 越大，轮齿越倾斜，传动的平稳性越好，但轴向力也越大。一般设计时常取 $\beta = 8° \sim 20°$。近年来为了增大重合度、提高传动平稳性和降低噪声，在螺旋角参数选择上，有大螺旋角化的倾向。对于人字齿轮，因其轴向力可以抵消，常取 $\beta = 25° \sim 45°$，但加工较困难，精度较低，一般用于重型机械的齿轮传动。

5.7.2.2　模数和压力角

垂直于齿轮轴线的平面称为端平面，垂直于分度圆柱上螺旋线的平面称为法平面，用铣刀或滚刀加工斜齿圆柱齿轮时，刀具的进刀方向是齿轮分度圆柱上螺旋线的方向，因此斜齿圆柱齿轮的法面模数 m_n 和法面压力角 α_n 分别与刀具的模数和齿形角相同，均为标准值。法面模数 m_n 的标准值见表5-3。法面压力角 α_n 的标准值为20°。p_t 为端面齿距，p_n 为法面齿距。$p_n = p_t\cos\beta$，因为 $p = \pi m$，所以 $\pi m_n = \pi m_t\cos\beta$，因此，斜齿圆柱齿轮的法面模数与端面模数的关系为：

$$m_n = m_t \times \cos\beta$$

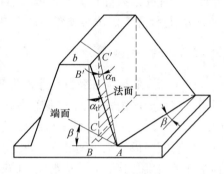

因为斜齿圆柱齿轮和斜齿条啮合时，它们的法面压力角和端面压力角应分别相等。所以斜齿圆柱齿轮的法面压力角 α_n 和端面压力角 α_t 的关系可通过斜齿条得到。由图5-40可知，法面压力角 α_n 与端面压力角 α_t 的关系为：

$$\tan\alpha_n = \tan\alpha_t \times \cos\beta$$

图 5-40　斜齿条的压力角

5.7.2.3　齿顶高系数和顶隙系数

斜齿轮的齿顶高和齿根高不论从端面还是法面来看都是相等的，即有：

$$\begin{cases} h_{an}^* m_n = h_{at}^* m_t \\ c_n^* m_n = c_t^* m_t \end{cases}$$

因为 $m_n = m_t\cos\beta$，所以有：

$$\left. \begin{array}{l} h_{at}^* = h_{an}^*\cos\beta \\ c_t^* = c_n^*\cos\beta \end{array} \right\}$$

5.7.2.4　斜齿轮的几何尺寸计算

斜齿轮的啮合在端面上相当于一对直齿轮啮合，将斜齿轮的端面参数代入直齿轮的计算公式就可以得到斜齿轮的相应尺寸，见表5-17。

表 5-17　标准斜齿轮尺寸计算公式

名　称	符　号	计　算　公　式
齿顶高	h_a	$h_a = h_{an}^* m_n$
齿根高	h_f	$h_f = (h_{an}^* + c_n^*)m_n$
全齿高	h	$h = (2h_{an}^* + c_n^*)m_n$
分度圆直径	d	$d = m_t z = (m_n/\cos\beta)z$
齿顶圆直径	d_a	$d_a = d + 2h_a = m_n(z/\cos\beta + 2h_{an}^*)$
齿根圆直径	d_f	$d_f = d - 2h_f = m_n(z/\cos\beta - 2h_{an}^* - 2c_n^*)$
基圆直径	d_b	$d_b = d\cos\alpha_t$
中心距	a	$a = \dfrac{m_n(z_1 + z_2)}{2\cos\beta}$

5.7.3 平行轴斜齿轮传动

5.7.3.1 平行轴斜齿轮传动的正确啮合条件

平行轴斜齿轮传动在端面上相当于一对直齿圆柱齿轮传动，因此端面上两齿轮的模数和压力角应相等，从而可知，一对齿轮的法向模数和压力角也应分别相等。考虑到平行轴斜齿轮传动螺旋角的关系，正确啮合条件应为：

$$\left.\begin{array}{c} m_{n1} = m_{n2} \\ \alpha_{n1} = \alpha_{n2} \\ \beta_1 = \pm\beta_2 \end{array}\right\}$$

式中，平行轴斜齿轮传动螺旋角相等，外啮合时旋向相反，取"－"号，内啮合时旋向相同，取"＋"号。

5.7.3.2 斜齿轮传动的重合度

由平行轴斜齿轮一对齿啮合过程的特点可知，在计算斜齿轮重合度时，还必须考虑螺旋角 β 的影响。图 5-41 所示为两个端面参数（齿数、模数、压力角、齿顶高系数及顶隙系数）完全相同的标准直齿轮和标准斜齿轮的分度圆柱面（即节圆柱面）的展开图。由于直齿轮接触线为与齿宽相当的直线，从 B 点开始啮入，从 B' 点啮出，工作区长度为 BB'；斜齿轮接触线，由点 A 啮入，接触线逐渐增大，至

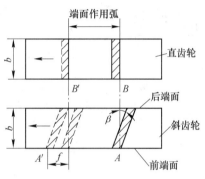

图 5-41 斜齿圆柱齿轮的重合度

A' 啮出，比直齿轮多转过一个弧 $f = b \cdot \tan\beta$，因此平行轴斜齿轮传动的重合度为端面重合度和纵向重合度之和。平行轴斜齿轮的重合度随螺旋角 β 和齿宽 b 的增大而增大，其值可以达到很大。因此，斜齿轮传动的重合度 ε_γ 分为 ε_α 和 ε_β 两部分。

$$\varepsilon_\gamma = \varepsilon_\alpha + \varepsilon_\beta$$

式中，ε_α 称为端面重合度，计算方法与直齿轮相同；ε_β 是由于齿的倾斜而增加的重合度，称为纵向重合度，$\varepsilon_\beta = \dfrac{b\tan\beta}{\pi m_n}$。

工程设计中常根据齿数和 $z_1 + z_2$ 以及螺旋角 β 查表求取重合度。

5.7.4 斜齿圆柱齿轮的当量齿数

用仿形法加工斜齿轮选择刀具时或进行齿轮的强度计算时，都需要知道法向齿形。在图 5-42 所示斜齿轮上，过节点 P 作轮齿螺旋线的法面并与分度圆柱截交，得到一椭圆。以 P 点的曲率半径为半径作圆。假想以该圆为分度圆，以斜齿轮的法向模数和法向压力角为模数和压力角形成一个直齿轮，则其齿形和斜齿轮的法向齿

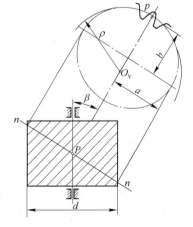

图 5-42 斜齿圆柱齿轮的当量齿轮

形十分相近。这个假想的直齿轮即为该斜齿轮的当量齿轮,其齿数称为斜齿轮的当量齿数 z_v。

$$z_v = \frac{z}{\cos^3\beta}$$

用仿形法加工时,应按当量齿数选择铣刀号码。强度计算时,可按一对当量直齿轮传动近似计算一对斜齿轮传动。标准斜齿轮不发生根切的齿数可按下式求得:

$$z_{min} = z_{vmin}\cos^3\beta = 17\cos^3\beta$$

5.7.5 斜齿圆柱齿轮的受力分析与强度计算

5.7.5.1 斜齿圆柱齿轮的受力分析

图 5-43 所示为斜齿圆柱齿轮传动的受力情况。当主动齿轮上作用转矩 T_1 时,若接触面的摩擦力忽略不计,由于轮齿倾斜,在切于基圆柱的啮合平面内,垂直于齿面的法向平面作用有法向力 F_{n1},法向压力角为 α_n。法向力 F_{n1} 分解为三个互相垂直的空间分力,分别为径向力 F_{r1}、圆周力 F_{t1} 和轴向力 F_{a1}。

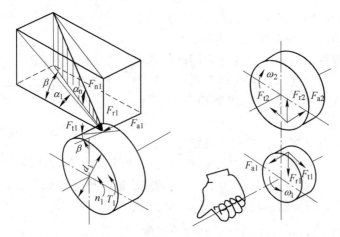

图 5-43 斜齿圆柱齿轮的受力分析

$$\left.\begin{array}{l}圆周力:F_{t1} = \dfrac{2T_1}{d_1} \\[2mm] 径向力:F_{r1} = \dfrac{F_{t1}\tan\alpha_n}{\cos\beta} \\[2mm] 轴向力:F_{a1} = F_{t1}\tan\beta \\[2mm] 法向力:F_{n1} = \dfrac{F_{t1}}{\cos\beta\cos\alpha_n}\end{array}\right\}$$

式中,T_1 为作用在小齿轮上的转矩(N·mm);d_1 为小齿轮分度圆直径(mm);β 为螺旋角;α_n 为法面压力角。

各力的方向如下:

(1)圆周力 F_t——"主反从同",即在从动轮上为驱动力,与其回转方向相向;在主动轮上为阻力，与其回转方向相反。

（2）径向力 F_r——对于外齿轮，指向其齿轮中心；对内齿轮，则背离其齿轮中心。

（3）轴向力 F_a——遵循主动轮的左右手螺旋定则。即根据主动轮轮齿的旋向伸左手或右手（左旋伸左手，右旋伸右手），握住轴线，四指代表主动轮的转向，大拇指所指即为主动轮所受的 F_{a1} 的方向，从动轮轴向力方向与主动轮相反、大小相等，如图 5-43 所示。

5.7.5.2 斜齿圆柱齿轮传动的强度计算

由于斜齿轮的啮合力作用于齿的法向平面，法向齿形和齿厚反映其强度，可利用法向平面上的当量齿轮进行强度分析和计算。与直齿圆柱齿轮相似，斜齿圆柱齿轮的强度计算包括齿面的接触疲劳强度计算和齿根弯曲疲劳劳强度计算，但它的受力情况是按轮齿的法向进行的。与直齿圆柱齿轮相比斜齿圆柱齿轮齿面接触线倾斜，重合度增大，这提高了接触疲劳强度和弯曲疲劳强度。

（1）齿面接触疲劳强度。

校核公式：$\sigma_H = 3.17 Z_E \sqrt{\dfrac{KT_1}{bd_1^2} \cdot \dfrac{u \pm 1}{u}} \leqslant [\sigma_H]$

设计公式：$d_1 \geqslant \sqrt[3]{\dfrac{KT_1}{\psi_d} \cdot \dfrac{u \pm 1}{u} \left(\dfrac{3.17 Z_E}{[\sigma_H]}\right)^2}$

式中，参数的含义及数值与直齿圆柱齿轮传动相同。

（2）齿根弯曲疲劳强度。斜齿轮齿面上的接触线为一斜线。受载时，轮齿的失效形式为局部折断。强度计算时，通常以斜齿轮的当量齿轮为对象，借助直齿轮齿根弯曲疲劳计算公式可得：

校核公式：$\sigma_F = \dfrac{1.6 KT_1}{bd_1 m_n} Y_{Fa} Y_{Sa} \leqslant [\sigma_F]$

设计公式：$m_n \geqslant 1.17 \sqrt[3]{\dfrac{KT_1 \cos^2 \beta}{\psi_d \cdot z_1^2} \cdot \dfrac{Y_{Fa} Y_{Sa}}{[\sigma_F]}}$

计算时应将 $\dfrac{Y_{Fa1} Y_{Sa1}}{[\sigma_{F1}]}$ 和 $\dfrac{Y_{Fa2} Y_{Sa2}}{[\sigma_{F2}]}$ 中较大者代入上式计算。式中齿形系数 Y_{Fa} 和应力修正系数 Y_{Sa}，应按斜齿轮的当量齿数 z_v 由表 5-13 查取。$[\sigma_F]$ 为许用弯曲应力。其余符号的意义和单位同前。有关直齿轮的设计方法和参数选择原则对斜齿轮齿传动基本上都适用。

【例 5-2】 设计一对闭式斜齿圆柱齿轮减速器。已知：用电动机驱动，载荷有中等冲击，单向传动，齿轮相对于支承位置对称，要求结构紧凑；工作寿命 10 年，单班工作制；传递功率 $P = 70 \text{kW}$，主动轮转速 $n_1 = 960 \text{r/min}$，传动比 $i = 3$。

解：（1）选择齿轮材料及精度等级。因为减速器传递功率较大，选用硬齿面齿轮。由表 5-9，小齿轮选用 20CrMnTi，渗碳淬火，小轮硬度为 56~62HRC。大齿轮用 40Cr，表面淬火，50~55 HRC。估计圆周速度不会超过 10m/s，齿轮精度等级为 8 级。

（2）按齿根弯曲强度设计。因硬度大于 350HBS，属硬齿面，按弯曲强度设计，再校核接触强度。

1）转矩 T_1。

$$T_1 = 9.55 \times 10^6 \times \frac{P_1}{n_1} = 9.55 \times 10^6 \times \frac{70}{960} = 6.96 \times 10^5 \text{N} \cdot \text{mm}$$

2）载荷系数 K。由表 5-11 选 $K = 1.4$。

3）齿数 z、螺旋角 β、齿宽系数 ψ_d。取 $z_1 = 20$，则 $z_2 = i \cdot z_2 = 3 \times 20 = 60$。初选螺旋角 $\beta = 14°$。当量齿数为：

$$z_{v1} = \frac{z_1}{\cos^3\beta} = \frac{20}{\cos^3 14°} = 21.89$$

$$z_{v2} = \frac{z_2}{\cos^3\beta} = \frac{60}{\cos^3 14°} = 65.68$$

由表 5-13 查得齿形系数 $Y_{Fa1} = 2.75$，$Y_{Fa2} = 2.285$。由表 5-13 查得应力修正系数 $Y_{Sa1} = 1.58$，$Y_{Sa2} = 1.742$。由表 5-16 查取齿宽系数 $\psi_d = \dfrac{b}{d_1} = 0.8$。

4）许用弯曲应力 $[\sigma_F]$。由图 5-31 查得小齿轮弯曲疲劳强度极限 $\sigma_{Flim1} = 380\text{MPa}$，大齿轮弯曲疲劳强度极限 $\sigma_{Flim2} = 340\text{MPa}$。由表 5-10 查得 $S_F = 1.4$。应力循环次数为：

$$N_1 = 60\gamma n t_n = 60 \times 960 \times 1 \times (10 \times 52 \times 40) = 1.19 \times 10^9$$

$$N_2 = N_1/i = 1.19 \times 10^9/3 = 3.97 \times 10^8$$

由图 5-33 查得 $Y_{NT1} = 1$，$Y_{NT2} = 1$。

$$[\sigma_F]_1 = \frac{Y_{NT1}\sigma_{Flim1}}{S_{F1}} = \frac{1 \times 380}{1.4} = 271.43\text{MPa}$$

$$[\sigma_F]_2 = \frac{Y_{NT2}\sigma_{Flim2}}{S_{F2}} = \frac{1 \times 340}{1.4} = 242.86\text{MPa}$$

$$m_n \geqslant 1.17 \times \sqrt[3]{\frac{KT_1\cos^2\beta}{\psi_d \cdot z_1^2} \cdot \frac{Y_{Fa}Y_{Sa}}{[\sigma_F]}}$$

$$= 1.17 \times \sqrt[3]{\frac{1.4 \times 6.69 \times 10^5 \times \cos^2 14°}{0.8 \times 20^2} \times \frac{2.285 \times 1.742}{242.86}} = 4.17\text{mm}$$

由表 5-3 取 $m_n = 5\text{mm}$。

5）确定中心距 a 及螺旋角 β。

$$a = \frac{m_n(z_1 + z_2)}{2\cos\beta} = \frac{4(20 + 60)}{2 \times \cos 14°} = 164.89\text{mm}$$

取 $a = 165\text{mm}$。

$$\beta = \arccos\frac{m_n(z_1 + z_2)}{2a} = \arccos\frac{4(20 + 60)}{2 \times 165} = 14°8'27''$$

β 与初选接近，不必重新计算。

（3）校核齿面接触疲劳强度。

1）分度圆直径 d。

$$d_1 = \frac{m_n z_1}{\cos\beta} = \frac{5 \times 20}{\cos 14°8'27''} = 103.125\text{mm}$$

$$d_2 = \frac{m_n z_2}{\cos\beta} = \frac{5 \times 60}{\cos 14°8'27''} = 309.375\text{mm}$$

2）齿宽 b。

$$b = \psi_d d_1 = 0.8 \times 103.125 = 82.5mm$$

取 $b_2 = 83$ mm，$b_1 = 88$mm。

3）齿数比 μ。

$$\mu = i = 3$$

4）许用接触应力 $[\sigma_H]$。由图 5-30 查得小齿轮的接触疲劳强度极限 $\sigma_{Hlim1} = 1450$MPa，大齿轮的接触疲劳强度极限 $\sigma_{Hlim2} = 1250$MPa。由表5-10 查得 $S_H = 1.2$。由图 5-32 查得 $Z_{NT1} = 0.89$，$Z_{NT2} = 0.95$。许用接触应力为：

$$[\sigma_H]_1 = \frac{Z_{NT1}\sigma_{Hlim1}}{S_{H1}} = \frac{0.89 \times 1450}{1.2} = 1075.4MPa$$

$$[\sigma_H]_2 = \frac{Z_{NT2}\sigma_{Hlim2}}{S_{H2}} = \frac{0.93 \times 1250}{1.2} = 968.75MPa$$

由表5-12 查得弹性系数 $Z_E = 189.8 \sqrt{MPa}$，则：

$$\sigma_H = 3.17Z_E\sqrt{\frac{KT_1}{bd_1^2} \cdot \frac{u+1}{u}} = 3.17 \times 189.8 \times \sqrt{\frac{1.4 \times 6.96 \times 10^5}{83 \times 103.125^2} \times \frac{3+1}{3}}$$

$$= 729.95MPa < [\sigma_H]_2$$

齿面接触疲劳强度校核合格。

（4）验算齿轮圆周速度。

$$v = \frac{\pi d_1 n_1}{60 \times 1000} = \frac{\pi \times 103.125 \times 960}{60 \times 1000} = 5.18m/s$$

由表5-2 初选8级精度是合适的。

（5）计算齿轮几何尺寸，设计齿轮结构，绘制齿轮工作图。（略）

5.8 直齿圆锥齿轮传动

5.8.1 圆锥齿轮传动的特点及齿廓曲面的形成

锥齿轮用于传递两相交轴的运动和动力。其传动可看成是两个锥顶共点的圆锥体相互做纯滚动，如图 5-44 所示。两轴交角 $\Sigma = \delta_1 + \delta_2$ 由传动要求确定，可为任意值，常用轴交角 $\Sigma = 90°$。锥齿轮有直齿、斜齿和曲线齿之分，其中直齿锥齿轮最常用，斜齿锥齿轮已

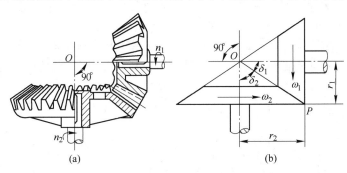

(a) (b)

图 5-44　直齿锥齿轮传动

逐渐被曲线齿锥齿轮代替。与圆柱齿轮相比，直齿锥齿轮的制造精度较低，工作时振动和噪声都较大，适用于低速轻载传动。曲线齿锥齿轮传动平稳，承载能力强，常用于高速重载传动，但其设计和制造较复杂。这里只讨论两轴相互垂直的标准直齿圆锥齿轮传动（也称为正交圆锥齿轮传动）。

在图 5-45 中，$\triangle OBA$ 表示锥齿轮的分度圆锥。过分度圆锥面上的点 A 作 $AO_1 \perp AO$ 交齿轮的轴线于点 O_1，以 OO_1 为轴线、O_1A 为母线作圆锥 O_1AB。这个圆锥称为背锥。背锥母线与球面切于锥齿轮大端的分度圆上，并与分度圆锥母线以直角相接。由图 5-45 可见，在点 A 和点 B 附近，背锥面和球面非常接近，且锥距 R 与大端模数的比值越大，两者越接近，即背锥的齿形与大端球面的齿形越接近。因此，可以近似地用背锥上的齿形来代替大端球面上的理论齿形，背锥面可以展开成平面，从而解决了锥齿轮的设计制造问题。

将两锥齿轮大端球面渐开线齿廓向两背锥上投影，得到近似渐开线齿廓。将球面上的轮齿向背锥上投影，a、b 点的投影为 a'、b' 点，由图可知 $ab = a'b'$，即背锥上的齿高部分近似等于球面上的齿高部分，故可以用背锥上的齿廓代替球面上的齿廓。

图 5-46 为一对啮合的锥齿轮的轴向剖面图。将两背锥展成平面后得到两个扇形齿轮，该扇形齿轮的模数，压力角、齿顶高、齿根高及齿数，就是锥齿轮的相应参数。而扇形齿轮的分度圆半径 r_{v1} 和 r_{v2} 就是背锥的锥距。

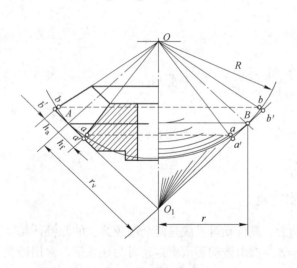

图 5-45　锥齿轮的背锥

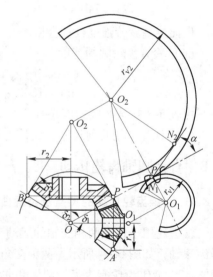

图 5-46　圆锥齿轮的当量齿轮

现将两扇形齿轮的轮齿补足，使其成为完整的圆柱齿轮，那么它们的齿数将增大为 z_{v1} 和 z_{v2}。这两个假想的直齿圆柱齿轮称为当量齿轮，其齿数为锥齿轮的当量齿数。故得：

$$z_{v1} = \frac{z_1}{\cos\delta_1}$$

$$z_{v2} = \frac{z_2}{\cos\delta_2}$$

式中，δ_1 和 δ_2 分别为两锥轮的分度圆锥角。因为 $\cos\delta_1$、$\cos\delta_2$ 总小于 1，所以当量齿数总大于锥齿轮的实际齿数。当量齿数不一定是整数。

5.8.2 直齿圆锥齿轮传动的几何尺寸计算

通常直齿圆锥齿轮的齿高由大端到小端逐渐收缩，称为收缩齿圆锥齿轮。这类齿轮按顶隙不同又可分为不等顶隙收缩齿，和等顶隙收缩齿两种。由于等顶隙收缩齿增加的小端的顶隙，改善了润滑状况，同时还可降低小端的齿高，提高小端轮齿的弯曲强度，故 GB/T 12369—1990 规定采用等顶隙圆锥齿轮传动。

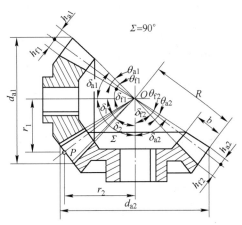

图 5-47 所示为一对标准直齿圆锥齿轮。其节圆锥与分度圆锥重合，轴交角 $\Sigma = 90°$。直齿锥齿轮传动是以大端参数为标准值，强度计算时，是以锥齿轮齿宽中点处的当量齿轮作为计算时的依据。国家标准规定锥齿轮大端分度圆上的模数为标准模数 m，其值见表 5-18；大端分度圆上的压力角为标准压力角 α，一般取 $\alpha = 20°$。这样以大端计算和测量的尺寸相对误差较小，同时也便于估计传动的外廓尺寸。齿宽 b 的取值范围是 $(0.25 \sim 0.3)R$，R 为锥距。选择齿轮铣刀的刀号、轮齿弯曲强度计算及确定不产生根切的最少齿数时，都是以 z_v 为依据的。

图 5-47 等顶隙圆锥齿轮传动几何尺寸

表 5-18 圆锥齿轮模数系列（摘自 GB/T 12368—1990） mm

0.1	0.35	0.9	1.75	3.25	5.5	10	20	36
0.12	0.4	1	2	3.5	6	11	22	40
0.15	0.5	1.125	2.25	3.75	6.5	12	25	45
0.2	0.6	1.25	2.5	4	7	14	28	50
0.25	0.7	1.375	2.75	4.5	8	16	30	—
0.3	0.8	1.5	3	5	9	18	32	—

圆锥齿轮的各部分名称及几何尺寸计算公式见表 5-19。对于正常齿，当 $m \leqslant 1$ 时，$h_a^* = 1$，$c^* = 0.25$；当 $m > 1$ 时，$h_a^* = 1$，$c^* = 0.2$。对于短齿，$h_a^* = 0.8$，$c^* = 0.25$。

表 5-19 标准直齿圆锥齿轮几何尺寸计算公式

名　称	符号	计　算　公　式	
分度圆锥角	δ	$\delta_1 = \arctan(z_1/z_2)$	$\delta_2 = 90° - \delta_1$
分度圆直径	d	$d_1 = mz_1$	$d_2 = mz_2$
锥距	R	$R = \dfrac{mz}{2\sin\delta} = \dfrac{m}{2}\sqrt{z_1^2 + z_2^2}$	
齿宽	B	$b \leqslant R/3$	
齿顶高	h_a	$h_a = h_a^* m$	
齿根高	h_f	$h_f = (h_a^* + c^*)m$	

名　称	符号	计　算　公　式	
齿顶圆直径	d_a	$d_{a1} = d_1 + 2h_a\cos\delta_1$ $= m(z + 2h_a^*\cos\delta_1)$	$d_{a2} = d_2 + 2h_a\cos\delta_2$ $= m(z + 2h_a^*\cos\delta_2)$
齿根圆直径	d_f	$d_{f1} = d_1 - 2h_f\cos\delta_1$ $= m[z - (2h_a^* + c^*)\cos\delta_1]$	$d_{f2} = d_2 - 2h_f\cos\delta_2$ $= m[z - (2h_a^* + c^*)\cos\delta_2]$
齿顶角	θ_a	$\theta_a = \arctan(h_a/R)$ （不等顶隙收缩齿）	
齿根角	θ_f	$\theta_f = \arctan(h_f/R)$	
顶锥角	δ_a	$\delta_a = \delta + \theta_a$ （不等顶隙收缩齿） $\delta_a = \delta + \theta_f$ （等顶隙收缩齿）	
根锥角	δ_f	$\delta_f = \delta - \theta_f$	
顶隙	c	$c = c^* m$	
当量齿数	z_v	$z_{v1} = z_1 / \cos\delta_1$	$z_{v2} = z_2 / \cos\delta_2$
当量齿轮分度圆直径	d_v	$d_{v1} = d_1 / \cos\delta_1$	$d_{v2} = d_2 / \cos\delta_2$
重合度	ε_a	$\varepsilon_a = \dfrac{z_{v1}(\tan\alpha_{va1} - \tan\alpha) + z_{v2}(\tan\alpha_{va2} - \tan\alpha)}{2\pi}$	

为避免根切，圆锥齿轮应满足当量齿数 $z_v \geqslant z_{vmin}$，z_{vmin} 为直齿圆柱齿轮不根切的最少齿数。$z_{min} = z_{vmin}\cos\delta$。

圆锥齿轮传动的传动比为：

$$i_{12} = \frac{\omega_1}{\omega_2} = \frac{z_1}{z_2} = \frac{r_1}{r_2} = \frac{\sin\delta_2}{\sin\delta_1}$$

当轴交角 $\Sigma = \delta_1 + \delta_2 = 90°$ 时，有：

$$i_{12} = \tan\delta_2 = \cot\delta_1$$

直齿锥齿轮的正确啮合条件为：两锥齿轮的大端模数和压力角分别相等且等于标准值，两轮的锥距还必须相等。

5.8.3　直齿圆锥齿轮传动的受力分析

直齿锥齿轮传动中的主动轮轮齿受力情况如图 5-48 所示。大端处单位齿宽上的载荷与小端处单位齿宽上的载荷不相等，其合力作用点实际偏于大端，通常近似地将法向力简化为作用于齿宽中点节线处的集中载荷，即作用在分度圆锥平均直径 d_{m1} 处。若忽略接触面的摩擦力，则作用在平均分度圆直径 d_{m1} 处法向剖面 n—n 的法向力又可分解为三个互相垂直的空间分力：圆周力 F_t、径向力 F_r 和轴向力 F_a。

主动轮上 F_t 与其回转方向相反，从动轮上 F_t 与其回转方向相同；径向力 F_r 都指向两轮各自的轮心；轴向力 F_a 分别沿各自的轴线指向轮齿的大端。力的大小为：

$$\left.\begin{array}{l} 圆周力：F_{t1} = \dfrac{2T_1}{d_{m1}} \\[3mm] 径向力：F_{r1} = \dfrac{2T_1}{d_{m1}}\tan\alpha\cos\delta_1 = -F_{a2} \\[3mm] 轴向力：F_{a1} = \dfrac{2T_1}{d_{m1}}\tan\alpha\sin\delta_1 = -F_{r2} \end{array}\right\}$$

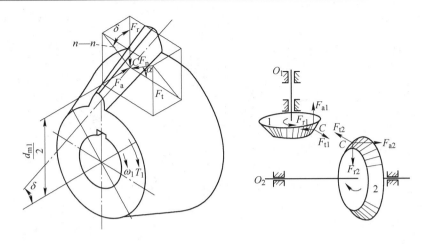

图 5-48　圆锥齿轮传动的受力分析

这三个分力的大小由力矩平衡条件可得。式中，T_1 为主动齿轮传递的转矩（N·mm）；d_{m1} 为小锥齿轮在齿宽中点处的直径，即平均直径（mm），可根据分度圆直径 d_1、锥距 R、齿宽 b 确定，即 $d_{m1} = d_1(1 - 0.5b/R) = d_1(1 - 0.5\psi_R)$，其中 $\psi_R = b/R$ 为齿宽系数，通常取 $\psi_R = 0.2 \sim 0.3$；力的单位是 N；α 为压力角；δ_1 为小锥齿轮的分度圆锥角。

5.9　齿轮的结构设计及齿轮传动的润滑与效率

5.9.1　齿轮的结构设计

齿轮由轮缘、轮毂和轮辐三部分组成。根据齿轮毛坯制造的工艺方法，齿轮可分为锻造齿轮和铸造齿轮两种。齿轮的结构设计主要包括选择合理适用的结构形式，依据经验公式确定齿轮的轮毂、轮辐、轮缘等各部分的尺寸及绘制齿轮的零件工作图等。

（1）齿轮轴。当 $d_a < 2d$（见图 5-49a），或当圆柱齿轮的齿根圆至键槽底部的距离 $x \le (2 \sim 2.5)m$（见图 5-49b），或当圆锥齿轮小端的齿根圆至键槽底部的距离 $x \le (1.6 \sim 2)m$，应将齿轮与轴制成一体，称为齿轮轴。

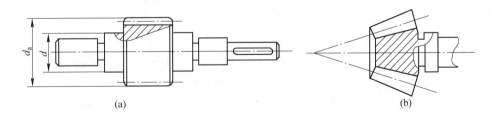

图 5-49　齿轮轴
（a）圆柱齿轮轴；（b）圆锥齿轮轴

（2）实体式齿轮。当齿轮的齿顶圆直径 $d_a \le 200\text{mm}$ 时，可采用实体式结构，如图 5-50 所示。这种结构形式的齿轮常用锻钢制造。

（3）腹板式齿轮。当齿轮的齿顶圆 $d_a = 200 \sim 500\text{mm}$ 时，为减轻质量，可采用腹板式结构，如图 5-51 所示。这种结构的齿轮一般多用锻钢制造。

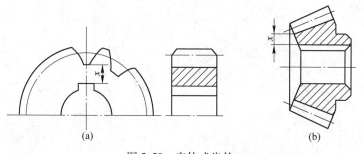

图 5-50　实体式齿轮

（a）圆柱实体式齿轮；（b）圆锥实体式齿轮

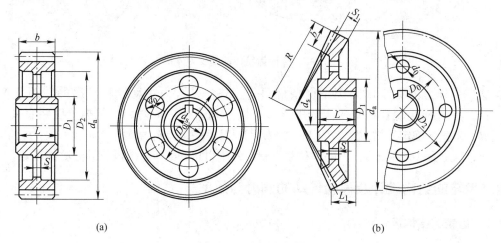

图 5-51　腹板式齿轮

（a）圆柱齿轮；（b）锥齿轮

在图 5-51（a）中，$D_1 = 1.6d_s$；$D_2 = d_a - 10mm$；$D_0 = 0.5(D_1 + D_2)$；$d_0 = 0.25(D_2 - D_1)$；$S = 0.3b$，但不小于 10mm；当 $b = (1 \sim 1.5)d_s$ 时，取 $L = b$，否则取 $L = (1.2 \sim 1.5)d_s$。

在图 5-51（b）中，$D_1 = 1.6d_s$；D_2 由结构定；$D_0 = 0.5(D_1 + D_2)$；$d_0 = 0.25(D_2 - D_1)$；$S = 0.3b$，但不小于 10mm；$S_1 = 0.2b$，但不小于 10mm；$L = (1 \sim 1.2)d_s$；L_1 由结构定。

（4）轮辐式齿轮。当圆柱齿轮顶圆直径 $d_a > 500mm$，锥齿轮顶圆直径 $d_a > 300mm$ 时，可采用轮辐式结构，如图 5-52 所示。因为锻造困难，常采用铸钢或铸铁制造，圆柱齿轮可铸成轮辐式结构，锥齿轮可铸成带加强肋的腹板式结构。

在图 5-52（a）中，$D_1 = (1.6 \sim 1.8)d_s$；$L = (1.2 \sim 1.5)d_s$；$H = 0.8d_s$；$H_1 = 0.8H$；$S = 0.2H$；$S_1 = 5m_n$，但不小于 10mm；$S_2 = H/6$，但不小于 10mm。在图 5-52（b）中，$S_2 = 0.8S$；其余尺寸同图 5-52（a）。

5.9.2　齿轮传动的润滑

齿轮传动时，相啮合的齿面间有相对滑动，因此就会产生摩擦和磨损，增加动力消耗，降低传动效率。对齿轮传动进行润滑，可以避免金属直接接触，减小摩擦、减轻磨损，同时可以起到冷却、防锈、降低噪声、改善齿轮的工作状态、延缓轮齿失效延长轮齿

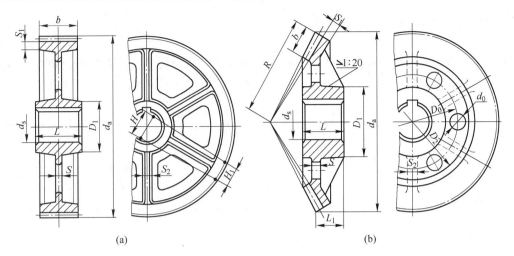

图 5-52 铸造轮辐式齿轮

（a）圆柱齿轮；（b）锥齿轮

的失效、延长齿轮的使用寿命等作用。

润滑方式有浸油润滑和喷油润滑，一般根据齿轮的圆周速度来确定润滑方式。

（1）浸油润滑。当圆周速度 $v < 12\text{m/s}$ 时，通常将大齿轮浸入油池中进行润滑，如图5-53（a）所示。齿轮浸入油中的深度至少为10mm，转速低时可浸深一些，但浸入过深会增大运动阻力并使油温升高。在多级齿轮传动中，对于未浸入油池内的齿轮，可采用带油轮将油带到未浸入油池内的齿轮齿面上，如图5-53（b）所示。浸油齿轮可将油甩到齿轮箱壁上，有利于散热。

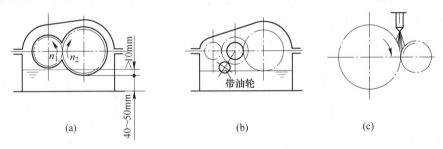

图 5-53 齿轮传动的润滑

（2）喷油润滑。当齿轮的圆周速度 $v > 12\text{m/s}$ 时，由于圆周速度大，齿轮搅油剧烈，且黏附在齿廓面上的油易被甩掉，因此不宜采用浸油润滑，而应采用喷油润滑。即用油泵将具有一定压力的润滑油经喷油嘴喷到啮合的齿面上，如图5-53（c）所示。

对于开式齿轮传动，由于其传动速度较低，通常采用人工定期加油润滑的方式。

选择润滑油时，先根据齿轮的工作条件以及圆周速度查得运动黏度值，再根据选定的黏度确定润滑油的牌号。

5.9.3 齿轮传动的效率

闭式齿轮传动的功率损耗一般包括三部分，即啮合摩擦损失、搅动润滑油的油阻损失和轴承中的摩擦损失。因此总效率为：

$$\eta = \eta_1 \eta_2 \eta_3$$

式中，η_1 为考虑齿轮啮合损失的效率；η_2 为考虑搅油损失的效率；η_3 为轴承的效率。当齿轮速度不高且采用滚动轴承时，计入上述三种损失后的传动效率可由表 5-20 查取。

表 5-20　采用滚动轴承时齿轮传动的效率

传动类型	闭式传动（油润滑）		开式传动（脂润滑）
	6 级或 7 级精度	8 级精度	
圆柱齿轮传动	0.98	0.97	0.95
圆锥齿轮传动	0.97	0.96	0.94

5.10　蜗杆传动

蜗杆传动用于在交错轴间传递运动和动力。如图 5-54 所示，蜗杆传动由蜗杆和蜗轮组成，一般蜗杆为主动件，交错角为 90°。在运动转换中，常需要进行空间交错轴之间的运动转换，在要求大传动比的同时，又希望传动机构的结构紧凑，采用蜗杆传动机构则可以满足上述要求。蜗杆传动广泛应用于机床、汽车、仪器、起重运输机械、冶金机械以及其他机械制造工业中，其传动功率通常用在 50kW 以下。

图 5-54　蜗杆传动

蜗杆和螺纹一样有右旋和左旋之分，分别称为右旋蜗杆和左旋蜗杆。蜗杆上只有一条螺旋线的称为单头蜗杆，即蜗杆转一周，蜗轮转过一个齿，若蜗杆上有两条螺旋线，就称为双头蜗杆，即蜗杆转一周，蜗轮转过两个齿。依此类推，设蜗杆头数用 z_1 表示（一般 $z_1 = 1 \sim 4$），蜗轮齿数用 z_2 表示。

5.10.1　蜗杆传动的特点和类型

5.10.1.1　蜗杆传动的特点

蜗杆传动的特点为：

（1）传动比大，结构紧凑。当 $z_1 = 1$，即蜗杆为单头，蜗杆须转 z_2 转蜗轮才转一转，因而可得到很大传动比。一般在动力传动中，取传动比 $i = 10 \sim 80$；在分度机构中，传动比 i 可达 1000。这样大的传动比如用齿轮传动，则需要采取多级传动才行，所以蜗杆传动结构紧凑，体积小、重量轻。

（2）传动平稳，无噪声。因为蜗杆齿是连续不间断的螺旋齿，它与蜗轮齿啮合时是连续不断的，蜗杆轮齿没有进入和退出啮合的过程，因此工作平稳，冲击、振动、噪声小。

（3）具有自锁性。蜗杆的螺旋升角很小时，蜗杆只能带动蜗轮传动，而蜗轮不能带动蜗杆转动。

（4）蜗杆传动效率低。一般认为蜗杆传动效率比齿轮传动低，尤其是具有自锁性的蜗杆传动，其效率在 0.5 以下，一般效率只有 0.7 ~ 0.9。

（5）发热量大，齿面容易磨损，成本高。

5.10.1.2　蜗杆传动的类型

按蜗杆分度曲面的形状不同，蜗杆传动可以分为圆柱蜗杆传动、环面蜗杆传动、锥蜗杆传动三种类型，如图5-55所示。

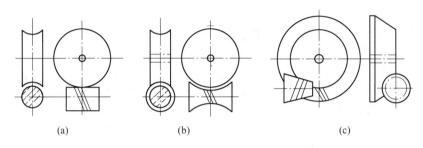

图5-55　蜗杆传动的类型
（a）圆柱蜗杆传动；（b）环面蜗杆传动；（c）锥蜗杆传动

（1）圆柱蜗杆传动。圆柱蜗杆传动可以分为普通圆柱蜗杆传动和圆弧圆柱蜗杆传动。普通圆柱蜗杆传动一般采用直母线刀刃加工。由于刀具安装位置不同及加工方法不同，生成的齿廓螺旋面在不同的截面内所得的齿廓曲线形状不同。按蜗杆齿廓曲线形状的不同，普通圆柱蜗杆分为阿基米德圆柱蜗杆（ZA蜗杆）、渐开线圆柱蜗杆（ZI蜗杆）、法向直廓圆柱蜗杆（ZN蜗杆，端面上为延伸渐开线齿廓，轴剖面为凸廓齿形）、锥面包络圆柱蜗杆（ZK蜗杆）。圆柱蜗杆（ZC蜗杆）传动是一种非直纹面圆柱蜗杆，如图5-56所示，在中间平面上蜗杆的齿廓为凹圆弧，与之相配的蜗轮齿廓为凸圆弧。其中阿基米德蜗杆最常用。

1）阿基米德蜗杆：如图5-57所示，垂直于轴线平面的齿廓为阿基米德螺线，在过轴线的平面内齿廓为直线，在车床上切制时切削刃顶面通过轴线。

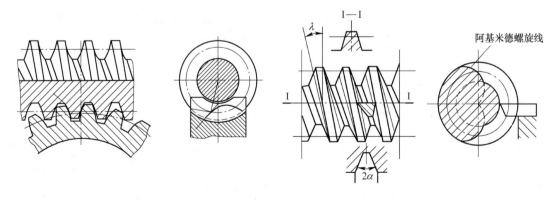

图5-56　圆柱蜗杆传动　　　　　　　图5-57　阿基米德蜗杆

2）渐开线蜗杆：如图5-58所示，刀刃平面与蜗杆基圆柱相切，端面齿廓为渐开线，由渐开线齿轮演化而来（z小，β大），在切于基圆的平面内一侧齿形为直线，可滚齿，并进行磨削，精度、效率高，适于较高速度和较大的功率。

（2）环面蜗杆传动。蜗杆分度曲面是圆环面的蜗杆称为环面蜗杆，和相应的蜗轮组成的传动称为环面蜗杆传动，如图 5-59 所示。环面蜗杆分为直廓环面蜗杆传动、平面包络环面蜗杆传动（又称为一、二次包络）、渐开线包络环面蜗杆传动和锥面包络环面蜗杆传动。

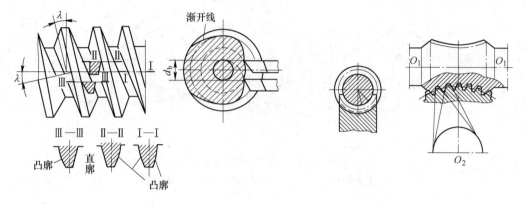

图 5-58　渐开线蜗杆　　　　　　　　　　图 5-59　环面蜗杆传动

5.10.2　蜗杆传动的主要参数和几何尺寸

5.10.2.1　主要参数

（1）模数 m 和压力角 α。通过蜗杆轴线并和蜗轮轴线垂直的平面称为中间平面。在中间平面上，蜗杆与蜗轮的啮合相当于齿条和齿轮啮合。阿基米德蜗杆传动中间平面上的齿廓为直线，夹角为 $2\alpha = 40°$。蜗轮在中间平面上齿廓为渐开线，压力角等于 $20°$。在主平面内蜗杆取轴面参数，蜗轮取端面参数。因此蜗杆的轴向模数 m_{x1}、轴向压力角 α_{x1} 应分别与蜗轮的端面模数 m_{t2}、端面压力角 α_{t2} 相等，并符合标准值。圆柱蜗杆传动的标准模数值见表 5-21，蜗杆传动标准压力角 α 为 $20°$，$h^* = 1$，$c^* = 0.2$，如图 5-60 所示。

表 5-21　圆柱蜗杆传动的标准模数 m 和蜗杆分度圆直径 d_1

m/mm	d_1/mm	z_1	$m^2 d_1$ $/\text{mm}^3$	m/mm	d_1/mm	z_1	$m^2 d_1$ $/\text{mm}^3$	m/mm	d_1/mm	z_1	$m^2 d_1$ $/\text{mm}^3$
1	18	1	18	2.5	(33.5)	1, 2, 4	222	5	50	1, 2, 4, 6	1250
1.25	20	1	31		45	1	281		(63)	1, 2, 4	1575
	22.4	1	35		(28)	1, 2, 4	278		90	1	2250
1.6	20	1, 2, 4	51	3.15	35.5	1, 2, 4, 6	352	6.3	(50)	1, 2, 4	1985
	28	1	72		(45)	1, 2, 4	447		63	1, 2, 4, 6	2500
2	(18)	1, 2, 4	72		56	1	556		(80)	1, 2, 4	3175
	22.4	1, 2, 4, 6	90	4	(31.5)	1, 2, 4	504		112	1	4445
	(28)	1, 2, 4	112		40	1, 2, 4, 6	640	8	(63)	1, 2, 4	4032
	33.5	1	142		(50)	1, 2, 4	800		80	1, 2, 4, 6	5120
2.5	(22.4)	1, 2, 4	140		71	1	1136		(100)	1, 2, 4	6400
	28	1, 2, 4, 6	175	5	(40)	1, 2, 4	1000		140	1	8960

m/mm	d_1/mm	z_1	$m^2 d_1$ $/\text{mm}^3$	m/mm	d_1/mm	z_1	$m^2 d_1$ $/\text{mm}^3$	m/mm	d_1/mm	z_1	$m^2 d_1$ $/\text{mm}^3$
10	71	1, 2, 4	7100	12.5	200	1	31250	20	(224)	1, 2, 4	89600
	90	1, 2, 4, 6	9000	16	(112)	1, 2, 4	28672		315	1	126000
	(112)	1, 2, 4	11200		140	1, 2, 4	35840		(180)	1, 2, 4	112500
	160	1	16000		(180)	1, 2, 4	46080		200	1, 2, 4	125000
12.5	(90)	1, 2, 4	14063		250	1	64000	25	(280)	1, 2, 4	175000
	112	1, 2, 4	17500	20	(140)	1, 2, 4	56000		400	1	250000
	(140)	1, 2, 4	21875		160	1, 2, 4	64000		—	—	—

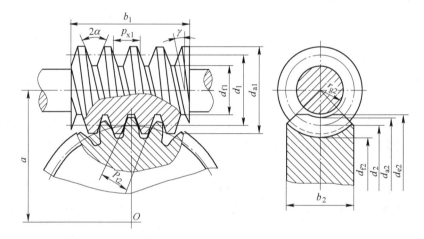

图5-60　蜗杆传动的主要参数和几何尺寸

（2）蜗杆头数 z_1 和蜗轮齿数 z_2。蜗杆头数 z_1 一般取 1、2、4。头数 z_1 增大，可以提高传动效率，但加工制造难度增加。蜗轮齿数一般取 $z_2 = 28 \sim 80$。若 $z_2 < 28$，传动的平稳性会下降，且易产生根切；若 z_2 过大，蜗轮的直径 d_2 增大，与之相应的蜗杆长度增加、刚度降低，从而影响啮合的精度。

蜗杆头数愈多，升角 γ 愈大，传动效率高；蜗杆头数少，升角 γ 也小，则传动效率低，自锁性好。一般自锁蜗杆头数取 $z_1 = 1$。z_1 过多，制造高精度蜗杆和蜗轮滚刀有困难。蜗轮齿数 $z_2 = i \times z_1$。z_2 过多时，会使结构尺寸过大，蜗杆支承跨距加大，刚度下降，影响啮合精度。蜗杆头数 z_1 与蜗轮齿数 z_2 的推荐值见表5-22。

表5-22　蜗杆头数 z_1 与蜗轮齿数 z_2 的推荐值

$i = z_2/z_1$	z_1	z_2
5	6	29 ~ 31
7 ~ 15	4	29 ~ 61
14 ~ 30	2	29 ~ 61
29 ~ 82	1	29 ~ 82

（3）传动比。对于减速蜗杆传动：

$$i = \frac{n_1}{n_2} = \frac{z_2}{z_1} = \frac{d_2}{d_1 \tan\gamma}$$

式中，n_1、n_2 分别是蜗杆、蜗轮的转速，r/min。

（4）蜗杆导程角（螺旋升角）γ。将蜗杆分度圆上的螺旋线展开，如图 5-61 所示，则蜗杆的导程角 γ 为：

$$\tan\gamma = \frac{S}{\pi d_1} = \frac{z_1 p_{x1}}{\pi d_1} = \frac{z_1 \pi m}{\pi d_1} = \frac{z_1 m}{d_1}$$

式中，S 为蜗杆螺旋线的导程；z_1 为蜗杆头数（即蜗杆螺旋线的线数）；p_{x1} 为蜗杆的轴向齿距。

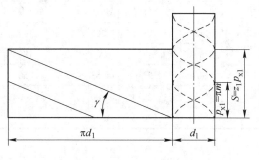

图 5-61　蜗杆分度圆柱展开图

蜗杆直径 d_1 越小，导程角 γ 越大，则传动效率越高。通常螺旋线的导程角 $\gamma = 3.5° \sim 27°$，导程角在 $3.5° \sim 4.5°$ 范围内的蜗杆可实现自锁。升角大时传动效率高，但蜗杆加工难度大。

（5）蜗杆分度圆直径 d_1 和蜗杆直径系数 q。加工蜗轮时，用的是与蜗杆具有相同尺寸的滚刀，因此加工不同尺寸的蜗轮，就需要不同的滚刀。为限制滚刀的数量，并使滚刀标准化，对每一标准模数，规定了一定数量的蜗杆分度圆直径 d_1，见表 5-21。为了保证蜗杆与蜗轮正确啮合，蜗轮通常用与蜗杆形状和尺寸完全相同的滚刀加工，且外径比蜗杆稍大，以便切出蜗杆传动的顶隙。也就是说，切削蜗轮的滚刀不仅与蜗杆模数和压力角一样，而且其头数和分度圆直径还必须与蜗杆的头数和分度圆直径一样。

把蜗杆分度圆直径与模数的比值称为蜗杆直径系数，用 q 表示。蜗杆直径 d_1 太小会导致蜗杆的刚度和强度削弱，设计时应综合考虑。一般转速高的蜗杆可取较小 q 值，蜗轮齿数 z_2 较多时可取较大 q 值。

（6）中心距 a。标准蜗杆传动的中心距为：

$$a = \frac{1}{2}(d_1 + d_2) = \frac{m}{2}(q + z_2)$$

（7）蜗杆传动正确啮合条件。根据齿轮齿条正确啮合条件，蜗杆轴平面上的轴面模数 m_{x1} 等于蜗轮的端面模数 m_{t2}；蜗杆轴平面上的轴面压力角 α_{x1} 等于蜗轮的端面压力角 α_{t2}；标准规定压力角 $\alpha = 20°$。蜗杆导程角 γ 等于蜗轮螺旋角 β，且旋向相同，即

$$\left.\begin{array}{r} m_{x1} = m_{t2} = m \\ \alpha_{x1} = \alpha_{t2} = \alpha \\ \gamma = \beta \end{array}\right\}$$

5.10.2.2　蜗杆传动的几何尺寸

设计蜗杆传动时，一般是先根据传动的功用和传动比的要求，选择蜗杆头数 z_1 和蜗轮齿数 z_2，然后再根据强度条件计算模数 m 和蜗杆分度圆直径 d_1。上述主要参数确定后，按表 5-23 计算蜗杆、蜗轮的几何尺寸。

表5-23 标准普通圆柱蜗杆传动几何尺寸计算公式

名 称	计 算 公 式	
	蜗 杆	蜗 轮
齿顶高	$h_a = m$	$h_a = m$
齿根高	$h_f = 1.2m$	$h_f = 1.2m$
分度圆直径	$d_1 = mq$	$d_2 = mz_2$
齿顶圆直径	$d_{a1} = m(q+2)$	$d_{a2} = m(z_2+2)$
齿根圆直径	$d_{f1} = m(q-2.4)$	$d_{f2} = m(z_2-2.4)$
顶隙	$c = 0.2m$	
蜗杆轴向齿距 蜗轮端面齿距	$p_{x1} = m\pi$ $p_{t2} = m\pi$	
蜗杆分度圆柱的导程角	$\tan\gamma = \dfrac{z_1}{q}$	
蜗轮分度圆上轮齿的螺旋角		$\beta = \lambda$
中心距	$a = m(q+z_2)/2$	
蜗杆螺纹部分长度	$z_1 = 1、2, b_1 \geqslant (11+0.06z_2)m$ $z_1 = 4, b_1 \geqslant (12.5+0.09z_2)m$	
蜗轮咽喉母圆半径		$r_{g2} = a - d_{a2}/2$
蜗轮最大外圆直径	—	$z_1 = 1, d_{e2} \leqslant d_{a2}+2m$ $z_1 = 2, d_{e2} \leqslant d_{a2}+1.5m$ $z_1 = 4, d_{e2} \leqslant d_{a2}+m$
蜗轮轮缘宽度	—	$z_1 = 1、2, b_2 \leqslant 0.75d_{a1}$ $z_1 = 4, b_2 \leqslant 0.67d_{a1}$
蜗轮轮齿包角	—	$\theta = 2\arcsin(b_2/d_1)$ 一般动力传动 $\theta = 70° \sim 90°$，高速动力传动 $\theta = 90° \sim 130°$，分度传动 $\theta = 45° \sim 60°$

注：采用变位蜗杆传动，可在一定条件下配凑中心距或改变传动比。关于变位蜗杆传动的理论与计算参见有关资料。

5.10.3 蜗杆传动的受力分析

蜗杆传动的受力分析与斜齿轮传动相似，如图5-62所示。通常不考虑摩擦力的影响。蜗杆传动时，齿面间相互作用的法向力 F_n 可分解为三个相互垂直的分力：切向力 F_t、径向力 F_r 和轴向力 F_x。蜗杆、蜗轮所受各分力大小和相互关系如下：

$$\left.\begin{aligned} F_{t1} &= -F_{x2} = \frac{2T_1}{d_1} \\ F_{t2} &= -F_{x1} = \frac{2T_1}{d_2} \\ F_{r2} &= -F_{r1} = F_{t2}\tan\alpha \end{aligned}\right\}$$

式中，F_{t1}、F_{x1}、F_{r1} 分别为蜗杆所受的切向力、轴向力、径向力；F_{t2}、F_{x2}、F_{r2} 分别为蜗轮的切向力、轴向力、径向力；d_1、d_2 分别为蜗杆、蜗轮的分度圆直径；α 为压力角；T_1、T_2 分别为蜗杆和蜗轮的转矩，$T_2 = T_1 i\eta$，其中 i 为传动比，η 为蜗杆传动的总效率。

如图 5-62 所示，蜗杆、蜗轮上各分力方向的判定方法如下：切向力方向对主动件蜗杆，与其运动方向相反；径向力各自指向轮心。而蜗杆轴向力的方向则与蜗杆转向和螺旋线旋向有关，用左（右）手定则来判定：右旋蜗杆用右手，左旋蜗杆用左手，四指顺着蜗杆转动方向，四指伸直所指方向即为蜗杆轴向力 F_{x1} 的方向。蜗杆轴向力 F_{x1} 的反方向即蜗轮的切向力 F_{t2} 的方向。

当已知蜗杆的旋转方向和旋转方向时，可以根据螺旋副的运动规律，用"左、右手定则"来确定蜗轮的转动方向。如图 5-63 所示，当蜗杆为右旋、顺时针（沿轴线向左看）时，则用右手，四个拇指顺蜗杆转向握住其轴线，则大拇指的反方向即为蜗轮的转动方向。当蜗杆为左旋时，则用左手用相同的方法判定蜗轮的转向。

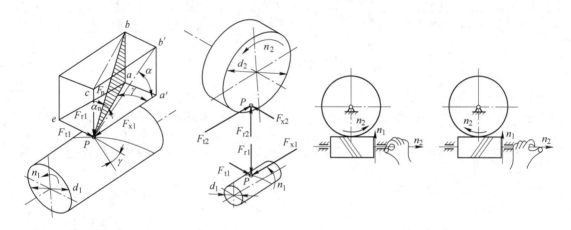

图 5-62　蜗杆传动的受力分析　　　　　　　图 5-63　蜗轮旋转方向的判定

5.10.4　蜗杆传动的润滑

蜗杆传动一般用油润滑。润滑方式有油浴润滑和喷油润滑两种。一般 $v_s < 10\text{m/s}$ 的中、低速蜗杆传动，大多采用油浴润滑；$v_s > 10\text{ m/s}$ 的高速蜗杆传动，采用喷油润滑，这时仍应使蜗杆或蜗轮少量浸油。

蜗杆传动要求润滑油具有较高的黏度、良好的油性，且含有抗压和减摩、耐磨性好的添加剂。对于一般蜗杆传动，可采用极压齿轮油；对于大功率重要蜗杆传动，应采用专用蜗轮蜗杆油。目前我国已生产出蜗杆传动专用润滑油，如合成极压蜗轮蜗杆油、复合蜗轮蜗杆油等。对闭式传动，蜗杆传动的润滑要注意：

（1）采用浸油润滑时，对下置蜗杆传动（见图 5-64a），浸油深度为蜗杆的一个齿高，且油面不超过蜗杆滚动轴承最下方滚动体的中心。

（2）当 $v_s > 5\text{m/s}$ 时，蜗杆搅油阻力太大，应采用上置蜗杆（见图 5-64b），此时可采用压力喷油润滑，有时也用浸油润滑，但浸油深度应达到蜗轮半径的 1/3。

对于开式传动，则采用黏度较高的齿轮油或润滑脂进行润滑。

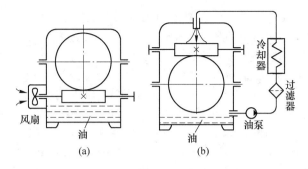

图 5-64　蜗杆传动的润滑散热

思考题与习题

5-1　什么是分度圆？标准齿轮的分度圆在什么位置上？

5-2　一渐开线，其基圆半径 $r_b = 40\,mm$，试求此渐开线压力角 $\alpha = 20°$ 处的半径 r 和曲率半径 ρ 的大小。

5-3　有一个标准渐开线直齿圆柱齿轮，测量其齿顶圆直径 $d_a = 106.40\,mm$，齿数 $z = 25$，问它是哪一种齿制的齿轮，基本参数是多少？

5-4　两个标准直齿圆柱齿轮，已测得齿数 $z_1 = 22$、$z_2 = 98$，小齿轮齿顶圆直径 $d_{a1} = 240\,mm$，大齿轮全齿高 $h = 22.5\,mm$，试判断这两个齿轮能否正确啮合传动？

5-5　有一对正常齿制渐开线标准直齿圆柱齿轮，它们的齿数为 $z_1 = 19$、$z_2 = 81$，模数 $m = 5\,mm$，压力角 $\alpha = 20°$。若将其安装成 $a' = 250\,mm$ 的齿轮传动，问能否实现无侧隙啮合？为什么？此时的顶隙（径向间隙）C 是多少？

5-6　现有一标准直齿圆柱齿轮传动。已知齿数 $z_1 = 23$，$z_2 = 57$，模数 $m = 2.5\,mm$，求其传动比、分度圆直径、顶圆直径、根圆直径、基圆直径、中心距、齿距、齿厚、齿槽宽，以及渐开线在分度圆处的曲率半径和顶圆上的压力角。

5-7　已知 C6150 车床主轴箱内一对外啮合标准直齿圆柱齿轮，其齿数 $z_1 = 21$、$z_2 = 66$，模数 $m = 3.5\,mm$，压力角 $\alpha = 20°$，正常齿。试确定这对齿轮的传动比、分度圆直径、齿顶圆直径、全齿高、中心距、分度圆齿厚和分度圆齿槽宽。

5-8　已知一标准渐开线直齿圆柱齿轮，其齿顶圆直径 $d_{a1} = 77.5\,mm$，齿数 $z_1 = 29$。现要求设计一个大齿轮与其相啮合，传动的安装中心距 $a = 145\,mm$，试计算这对齿轮的主要参数及大齿轮的主要尺寸。

5-9　某标准直齿圆柱齿轮，已知齿距 $p = 12.566\,mm$，齿数 $z = 25$，正常齿制。求该齿轮的分度圆直径、齿顶圆直径、齿根圆直径、基圆直径、齿高以及齿厚。

5-10　一个标准渐开线直齿轮，当齿根圆和基圆重合时，齿数为多少？若齿数大于上述值时齿根圆和基圆哪个大？

5-11　当用滚刀或齿条插刀加工标准齿轮时，其不产生根切的最少齿数怎样确定？当被加工标准齿轮的压力角 $\alpha = 20°$、齿顶高因数 $h_a^* = 0.8$ 时，不产生根切的最少齿数为多少？

5-12　在一单级标准直齿圆柱齿轮减速器中，已知小齿轮材料为 45 钢调质处理、齿面硬度 220HBS，大齿轮材料为 ZG310 – 570 正火处理、齿面硬度 180HBS，$z_1 = 20$，$z_2 = 80$，中心距 $a = 250\,mm$，小齿轮齿宽 $b_1 = 65\,mm$，大轮齿宽 $b_2 = 60\,mm$。若输出转速 $n_2 = 250\,r/min$，单向转动，载荷平稳，求此减速器能传递的最大功率。

5-13　现有一开式标准直齿圆柱齿轮传动。已知小齿轮材料为 45 钢调质处理、齿面硬度 230HBS，大齿轮材料为 ZG310 – 570 正火处理、齿面硬度 190HBS，$z_1 = 18$，$z_2 = 55$，$m = 4mm$，$b_1 = 74mm$，$b_2 = 68mm$，传递功率 $P = 4kW$，小齿轮转速 $n_1 = 720r/min$，双向运转，载荷中等冲击，齿轮相对轴承非对称布置。试校核该齿轮传动的强度。

5-14　设计用于螺旋输送机的减速器中的一对直齿圆柱齿轮。已知传递的功率 $P = 10kW$，小齿轮由电动机驱动，其转速 $n_1 = 960r/min$，$n_2 = 240r/min$，单向传动，载荷比较平稳。

5-15　单级直齿圆柱齿轮减速器中，两齿轮的齿数 $z_1 = 35$、$z_2 = 97$，模数 $m = 3mm$，压力 $\alpha = 20°$，齿宽 $b_1 = 110mm$、$b_2 = 105mm$，转速 $n_1 = 720r/min$，单向传动，载荷中等冲击。减速器由电动机驱动。两齿轮均用 45 钢，小齿轮调质处理，齿面硬度为 220 ~ 250HBS，大齿轮正火处理，齿面硬度 180 ~ 200HBS。试确定这对齿轮允许传递的功率。

5-16　已知一对正常齿标准斜齿圆柱齿轮的模数 $m = 3mm$，齿数 $z_1 = 23$、$z_2 = 76$，分度圆螺旋角 $\beta = 8°6'4''$。试求其中心距、端面压力角、当量齿数、分度圆直径、齿顶圆直径和齿根圆直径。

5-17　拟用一斜齿圆柱齿轮传动代替一标准直齿圆柱齿轮传动，已知直齿圆柱齿轮 $z_1 = 21$，$z_2 = 53$，$m = 2.5mm$。要求在不改变齿数和标准模数的前提下，把中心距圆整成尾数为 0 或 5 的整数。试确定斜齿轮的螺旋角、分度圆直径、顶圆直径、根圆直径、端面模数和当量齿数。

5-18　图 5-65 所示为斜齿圆柱齿轮减速器。

（1）已知主动轮 1 的螺旋角旋向及转向，为了使轮 2 和轮 3 的中间轴的轴向力最小，试确定轮 2、3、4 的螺旋角旋向和各轮产生的轴向力方向。

（2）已知 $m_{n2} = 3mm$，$z_2 = 57$，$\beta_2 = 18°$，$m_{n3} = 4mm$，$z_3 = 20$，β_3 应为多少时，才能使中间轴上两齿轮产生的轴向力互相抵消？

5-19　如图 5-66 所示的传动简图中，采用斜齿圆柱齿轮与圆锥齿轮传动，当要求中间轴的轴向力最小时，斜齿轮的旋向应如何？

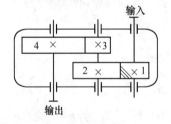

图 5-65　题 5-18 图

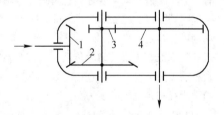

图 5-66　题 5-19 图

5-20　一直齿锥—斜齿圆柱齿轮减速器，主动轴 1 的转向如图 5-67 所示。已知锥齿轮 $m = 5mm$，$z_1 = 20$，$z_2 = 60$，$b = 50mm$；斜齿轮 $m_n = 6mm$，$z_3 = 20$，$z_4 = 80$。试问：

（1）当斜齿轮的螺旋角为何旋向及多少度时才能使中间轴上的轴向力为零？

（2）图 5-67（b）表示中间轴，试在两个齿轮的力作用点上分别画出三个分力。

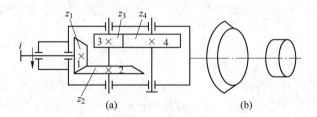

图 5-67　题 5-20 图

5-21　在一般传动中，如果同时有圆锥齿轮传动和圆柱齿轮传动，圆锥齿轮传动应放在高速级还是低速级？为什么？

5-22 试设计斜齿圆柱齿轮减速器中的一对斜齿轮。已知两齿轮的转速 $n_1 = 720\text{r/min}$，$n_2 = 200\text{r/min}$，传递的功率 $P = 10\text{kW}$，单向传动，载荷有中等冲击，由电动机驱动。

5-23 设计一单级减速器中的斜齿圆柱齿轮传动。已知传递的功率 $P = 13\text{kW}$，小齿轮转速 $n_1 = 970\text{r/min}$，传动比 $i = 4.5$，双向运转，载荷有中等冲击，齿轮相对轴对称布置。

5-24 一轴交角 $\Sigma = 90°$ 的标准直齿锥齿轮传动，已知 $z_1 = 32$，$z_2 = 70$，$m = 3\text{mm}$。试计算两锥齿轮的分度圆锥角、分度圆直径、顶圆直径、根圆直径、锥距和当量齿数。

5-25 蜗杆传动的主要失效形式有哪几种？选择蜗杆和蜗轮材料组合时，较理想的蜗杆副材料是什么？

5-26 蜗杆传动有哪些特点？

5-27 普通蜗杆传动的哪一个平面称为中间平面？

5-28 蜗杆传动有哪些应用？

5-29 观察生产中有哪些机器中应用了蜗杆传动机构？铣床中有吗？

5-30 试分析图 5-68 中蜗轮的转动方向及蜗杆、蜗轮所受各分力的方向。

5-31 图 5-69 所示为蜗杆—斜齿圆柱齿轮传动。已知：在蜗杆传动中，模数 $m = 10\text{mm}$，蜗杆分度圆直径 $d_1 = 90\text{mm}$，蜗杆头数 $z_1 = 2$，右旋，蜗轮齿数 $z_2 = 31$，蜗杆传动的啮合效率 $\eta_1 = 0.8$；在斜齿圆柱齿轮传动中，模数 $m_n = 6\text{mm}$，齿数 $z_3 = 24$，$z_4 = 72$，螺旋角 $\beta = 16°15'37''$。Ⅰ轴输入功率 $P_1 = 10\text{kW}$，转速 $n_1 = 970\text{r/min}$，转向如图示。不计斜齿轮传动及轴承的功率损失，试：

（1）确定斜齿轮 3 和 4 的转动方向及合理的螺旋线方向；

（2）计算并在图中画出蜗轮 2 和斜齿轮 3 的各分力。

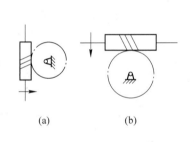

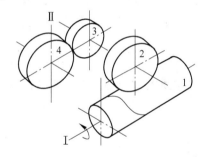

图 5-68　题 5-30 图　　　　　图 5-69　题 5-31 图

5-32 测得一双头蜗杆的轴向模数是 2mm，$d_{a1} = 28\text{mm}$，求蜗杆的直径系数、导程角和分度圆直径。

5-33 有一标准圆柱蜗杆传动，已知模数 $m = 8\text{mm}$，传动比 $i = 20$，蜗杆分度圆直径 $d = 80\text{mm}$，蜗杆头数 $z = 2$。试计算该蜗杆传动的主要几何尺寸。

6 轮系和减速器

6.1 轮系的功用和分类

在齿轮机构中，对一对齿轮的啮合传动和几何计算进行了分析。但在实际机械中常常采用一系列互相啮合的齿轮来传递运动和动力。这种由一系列齿轮组成的传动系统称为轮系。

6.1.1 轮系的功用

在机械中，轮系的应用十分广泛，主要表现为以下几点：
（1）利用轮系可以实现较远轴之间的运动和动力的传递；
（2）可以获得很大的传动比；
（3）可以使一个主动轴带动几个从动轴转动，以实现分路传动或获得多种转速；
（4）可以实现运动的合成或分解。
传动系统中，利用轮系可以避免单对齿轮传动的缺陷。

6.1.2 轮系的分类

根据轮系运动时各轮几何轴线的位置是否固定而将轮系分为定轴轮系和周转轮系和混合轮系。

在图 6-1 所示轮系中，传动时所有齿轮的几何轴线都是固定不动的，称为定轴轮系。

在图 6-2 所示轮系中，齿轮 1 和齿轮 3 绕固定轴线 O_1、O_H 转动，双联齿轮 2-2′ 一方面绕自己的轴线 O_2 转动，同时还随构件 H 绕轴线 O_1、O_H 转动，所以齿轮 2 的轴线是不固定的，这种至少有一个齿轮的几何轴线不固定的轮系，称为周转轮系。

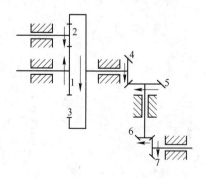

图 6-1　定轴轮系

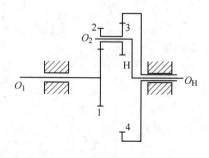

图 6-2　周转轮系

6.2 定轴轮系的传动比和应用

6.2.1 定轴轮系传动比

轮系中主动轴和从动轴间的转速或角速度之比，称为轮系的传动比。轮系传动比的计算包括两个内容：一是传动比的大小计算；二是确定从动轮的转动方向。

对于图 6-3 （a） 所示的一对外啮合圆柱齿轮组成的传动，其传动比为：

$$i = \frac{\omega_1}{\omega_2} = \frac{n_1}{n_2} = - \frac{z_2}{z_1}$$

式中，"−"号表示转向相反。

对于图 6-3 （b） 所示的一对内啮合圆柱齿轮传动，其传动比为：

$$i = \frac{\omega_1}{\omega_2} = \frac{n_1}{n_2} = + \frac{z_2}{z_1}$$

式中，"＋"号表示转向相同。

由于一对平面齿轮啮合点的速度相同，所以对平面齿轮的转向可用箭头表示。当两箭头反向时，传动比为负，两箭头同向时，传动比为正。

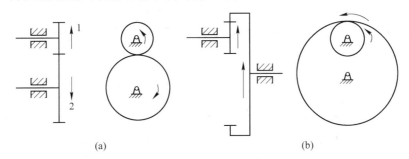

(a)   (b)

图 6-3　圆柱齿轮传动

（a）外啮合；（b）内啮合

图 6-1 所示定轴轮系中，首、末二轮的传动比 i_{17} 可由各对齿轮的传动比求出。

$$i_{12} = \frac{n_1}{n_2} = \frac{z_2}{z_1} \; ; \; i_{23} = \frac{n_2}{n_3} = \frac{z_3}{z_2} \; ; \; i_{45} = \frac{n_4}{n_5} = \frac{z_5}{z_4} \; ; \; i_{67} = \frac{n_6}{n_7} = \frac{z_7}{z_6}$$

由于齿轮 3 与 4 固定在一根轴上，$n_3 = n_4$ ，同理 $n_5 = n_6$ ，故：

$$i_{17} = \frac{n_1}{n_7} = \frac{n_1}{n_2} \times \frac{n_2}{n_3} \times \frac{n_4}{n_5} \times \frac{n_6}{n_7} = \frac{z_2 \times z_3 \times z_5 \times z_7}{z_1 \times z_2 \times z_4 \times z_6} = \frac{z_3 z_5 z_7}{z_1 z_4 z_6}$$

上式表示定轴轮系的传动比等于各对啮合齿轮传动比的连乘积，也等于各对啮合齿轮中所有的从动轮齿数的连乘积与所有主动轮齿数的连乘积之比，即

$$i_{主从} = \frac{n_主}{n_从} = \frac{轮系中所有从动轮齿数的连乘积}{轮系中所有主动轮齿数的连乘积} \tag{6-1}$$

定轴轮系主、从动轮的转向关系，可用标注箭头的方法来确定。若主动轮、从动轮的转向相同或相反，则在传动比之前冠以"＋"号或"−"号。

在图 6-1 的定轴轮系中，从动轮开始按传动路线逐对画箭头示出转向关系，从而确定从动轮 7 的转向与主动轮 1 相反，故在传动比前冠以"−"号，即

$$i_{17} = \frac{n_1}{n_7} = -\frac{z_3 z_5 z_7}{z_1 z_4 z_6}$$

由上式及图 6-1 可见齿轮 2 和两个齿轮同时啮合，它既是前一对齿轮的从动轮，又是后一对齿轮的主动轮，它的齿数不影响传动比的大小，只改变从动轮转向的作用。这种齿轮称为惰轮。

【例 6-1】　图 6-4 所示的轮系中，各轮齿数为 $z_1 = 20$，$z_2 = 50$，$z_{2'} = 15$，$z_3 = 30$，$z_4 = 40$，$z_{4'} = 18$，$z_5 = 52$，求传动比 i_{15}，并指出当提升重物时手柄的转向。

解：由式（6-1）得：

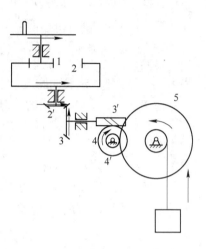

$$i_{15} = \frac{n_1}{n_5} = \frac{z_2 z_3 z_{4'} z_5}{z_1 z_{2'} z_{3'} z_4} = \frac{50 \times 30 \times 18 \times 52}{20 \times 15 \times 1 \times 40} = 117$$

转向如图 6-4 所示：提升重物时，卷筒逆时针转动，齿轮 5 也逆时针转动，与齿轮 5 相啮合的齿轮 4 顺时针转动，蜗轮也顺时针转动，与蜗轮相啮合的蜗杆逆时针转动，圆锥齿轮 3 也逆时针转动，与圆锥齿轮 3 相啮合的圆锥齿轮逆时针转动，使得同一轴上的圆柱齿轮 2 也逆时针转动，与圆柱齿轮 2 相啮合的圆柱齿轮 1 逆时针转动，从而手柄也逆时针转动。

图 6-4　轮系

6.2.2　定轴轮系应用

图 6-5 所示是滑移齿轮组成的变速机构。在该滑移齿轮变速机构中，由一个滑移齿轮 $z47$，两个二联滑移齿轮 $z26$-37、$z26$-54 和一个三联滑移齿轮 $z16$-22-19 以及固定齿轮等组成。分别改变各滑移齿轮的啮合位置，以实现改变该轮系的传动比，从而满足变速要求。

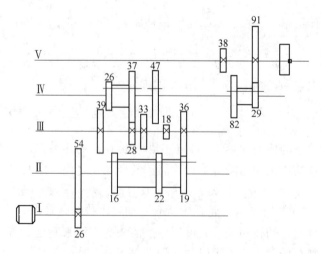

图 6-5　滑移齿轮组成的变速机构

在图 6-5 中，当电动机转动时，通过齿轮 $z26 \rightarrow z54$，$z19 \rightarrow z36$，$z28 \rightarrow z37$，$z29 \rightarrow z91$，

使主轴旋转。由于轴Ⅰ和轴Ⅱ的传动比只有 54/26 一种，所以轴Ⅱ只有一种转速；轴Ⅰ和轴Ⅱ的传动比有 39/16、33/22、36/19 三种，因此轴Ⅲ可有三种不同的转速；轴Ⅲ和轴Ⅳ间又有 26/39、37/28、47/18 三种传动比，故轴Ⅳ有 3×3 = 9 种转速；轴Ⅳ和轴Ⅴ间又有 38/82、91/29 两种传动比，这样，轴Ⅴ有 9×2 = 18 种转速。图示位置轴Ⅴ的转速为：

$$n_V = n_电 \frac{26 \times 19 \times 28 \times 29}{54 \times 36 \times 37 \times 91} \quad \text{r/min}$$

若使轴Ⅱ上的三联滑移齿轮左移，使 $z22$ 和齿轮 $z33$ 啮合，此时轴Ⅴ又可得到另一种转速

$$n_V = n_电 \frac{26 \times 22 \times 28 \times 29}{54 \times 33 \times 37 \times 91} \quad \text{r/min}$$

虽然两种转速不同，但在滑移齿轮改变啮合位置时，每对都是小齿轮带动大齿轮时，将会使轴Ⅴ得到最慢转速；反之，将使轴Ⅴ得到最快转速。

6.3　周转轮系的传动比

图 6-6 所示周转轮系中，齿轮 1、3 和构件 H 分别绕固定轴线 O_1、O_3、O_H 转动（轴线 O_1、O_3 和 O_H 重合）。齿轮 2 空套在构件 H 上。当构件 H 转动时，齿轮 2 不仅绕自身轴线 O_2 自转，同时还随构件 H 绕 O_H 转动（公转），所以该轮系是周转轮系。周转轮系中既做自转又做公转的齿轮称为行星轮；支持行星轮做自转和公转的构件 H 称为行星架；轴线位置固定的齿轮称为太阳轮。

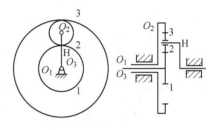

图 6-6　周转轮系

在周转轮系中，由于行星轮的运动有自转和公转，所以不能用定轴轮系的传动比式（6-1）来求解。但是，根据相对运动原理，如果给整个周转轮系加上一个绕轴线 O_H 转动大小为 n_H 而方向与 n_H 相反的公转转速（$-n_H$）后，行星架 H 便固定不动，那么该轮系便成为一个假想的定轴轮系。这时就可以由式（6-1）列出该假想定轴轮系的传动比计算式，从而求出周转轮系的传动比。我们将周转轮系化为定轴轮系来求任意两轴间的传动比的方法称为转化机构法。

图 6-6 所示周转轮系，当加一公共转速"$-n_H$"以后，各构件的转速变化可列于表 6-1。

表 6-1　各构件的速度

构 件 号	周转轮系速度	转化轮系的速度
1	n_1	$n_1^H = n_1 - n_H$
2	n_2	$n_2^H = n_2 - n_H$
3	n_3	$n_3^H = n_3 - n_H$
H	n_H	$n_H^H = n_H - n_H = 0$

由表 6-1 可见，由于 $n_H^H = 0$，所以该周转轮系已转化为图 6-7 所示的定轴轮系。表中转化机构的转速 n_1^H、n_2^H、n_3^H 及 n_H^H 的右上方都带有角标 H，表示这些转速是各构件相对行星架 H 的相对转速。

该转化中，齿轮 1 与齿轮 3 的传动比 i_{13}^{H} 可按定轴轮系的传动比方法求得。

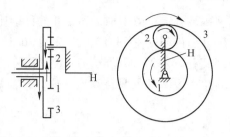

$$i_{13}^{H} = \frac{n_1^{H}}{n_3^{H}} = \frac{n_1 - n_H}{n_3 - n_H} = -\frac{z_3}{z_1}$$

式中，齿数比前的 "－" 号表示在转化轮系中，齿轮 1 与齿轮 3 的转向相反。

图 6-7　转化轮系

综合上述，可求出周转轮系的一般公式，设周转轮系中的两个太阳轮分别为 1 和 k，行星架为 H，则其转化轮系的传动比 i_{1k}^{H} 可写为：

$$i_{1k}^{H} = \frac{n_1^{H}}{n_k^{H}} = \frac{n_1 - n_H}{n_k - n_H} = \pm \frac{z_2 z_4 z_6 \cdots z_k}{z_1 z_3 z_5 \cdots z_{k-1}} \qquad (6-2)$$

由式（6-2）可知，若已知各轮齿数，当给定周转轮系中任意两个构件的转速，就可求出第三个构件的转速；若给定任何一个构件的转速，则可求得另外两个构件之间的传动比。

应用式（6-2）时必须注意：

（1）该公式只适用于轮 1、轮 k 和行星架 H 的转动轴线相互平行或重合的情况。

（2）将 n_1、n_k、n_H 的已知值代入公式时必须带 "－" 号或 "＋" 号。当假定其中某种转向的角速度为正值时，则与之相反的为负值。

（3）因 i_{1k}^{H} 为转化轮系中轮 1、k 的转速之比（即 $\frac{n_1^{H}}{n_k^{H}}$），其大小为正。正负号应按定轴轮系传动比的方法确定。

【例 6-2】　图 6-8 所示是由圆锥齿轮组成的周转轮系。已知 $z_1 = z_3 = 40$，$z_2 = 20$，当 $n_3 = 0$ 时，求 i_{1H}。

解： 由式（6-2）得：

$$i_{13}^{H} = \frac{n_1 - n_H}{n_3 - n_H} = -\frac{z_3}{z_1} = -1$$

式中，右边符号是由打箭头得出，齿轮 1、3 箭头相反。

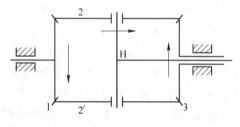

图 6-8　由圆锥齿轮组成的周转轮系

将 $n_3 = 0$ 代入上式得：

$$\frac{n_1 - n_H}{0 - n_H} = -1$$

$$i_{1H} = \frac{n_1}{n_H} = 2$$

6.4　混合轮系传动比

前面已经研究了单一的定轴轮系和单一的周转轮系。在实际机械中经常用到定轴轮系和周转轮系组合或几个单一的周转轮系组成的混合轮系，对于混合轮系，既不能转化成单一的定轴轮系，又不能转化成单一的周转轮系，所以不能用一个公式来求解混合轮系传动比。必须首先分清各个单一的周转轮系和定轴轮系；然后分别列出计算这些轮系的方程式；最后再联立求解出所求的传动比。

区分各轮系的关键在于找出各个单一的周转轮系。找周转轮系的方法是：先找行星轮，即找到那些几何轴线绕另一齿轮的几何轴线转动的齿轮；那么支持行星轮转动的那个构件就是行星架（注意：行星架的形状不一定都是简单的形状）；而与行星轮啮合同时又是固定的齿轮就是太阳轮，那么这些行星轮、太阳轮和行星架就组成一个单一周转轮系。所有周转轮系区分出来后，剩下的就是定轴轮系（不一定只有一个定轴轮系）。

【例 6-3】 图 6-9 所示轮系中，设已知各轮齿数，试求传动比 i_{1H}。

解： 由图可见，3、4、5 和 A 组成一个周转轮系，6、7、8、9 和 H 组成另一个周转轮系，剩下的齿轮 1 和齿轮 2 组成定轴轮系。

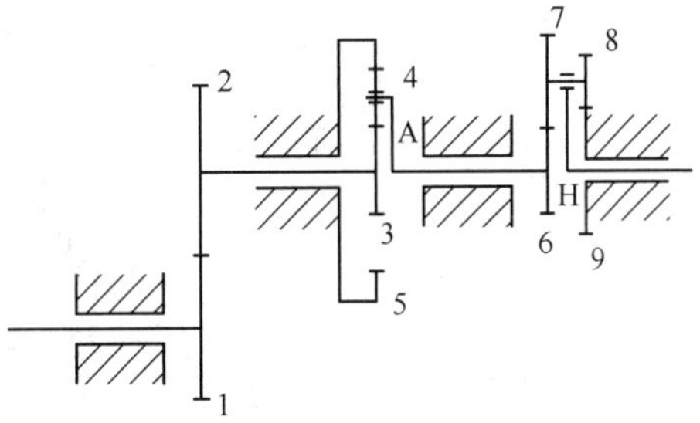

定轴轮系的传动比：

$$i_{12} = \frac{n_1}{n_2} = -\frac{z_2}{z_1}$$

图 6-9 混合轮系

行星轮系的传动比：

$$i_{35}^{A} = \frac{n_3 - n_A}{n_5 - n_A} = -\frac{z_5}{z_3}$$

$$i_{69}^{H} = \frac{n_6 - n_H}{n_9 - n_H} = \frac{z_7 z_9}{z_6 z_8}$$

结合由图可知的辅助方程：

$$n_2 = n_3, \ n_A = n_6, \ n_3 = 0, \ n_9 = 0$$

解得：

$$i_{1H} = \frac{n_1}{n_H} = -\frac{z_2}{z_1}\left(1 - \frac{z_7 z_9}{z_6 z_8}\right)\left(1 + \frac{z_5}{z_3}\right)$$

6.5 减速器

减速器是由置于刚性的封闭箱体中的一对或几对相啮合的齿轮组成。它在机器中常为一独立部件，用来降低转速。

减速器由于结构紧凑，效率高，寿命长，传动准确可靠，使用维修方便，得到了广泛应用。

按齿轮的形式来分，齿轮减速器可以分为圆柱齿轮减速器、锥齿轮减速器、蜗杆减速器、锥-圆柱齿轮减速器和行星齿轮减速器等。

按传动级数来分，齿轮减速器可分为一级、二级和多级。

图 6-10 所示为一级圆柱齿轮减速器。

减速器主要由传动零件（齿轮或蜗杆、蜗轮）轴、轴承、连接零件（螺钉、销钉等）及箱体附属零件、润滑和密封装置等部分组成。

箱体由箱盖与箱座组成。箱体是安置齿轮、轴及轴承等零件的机座，并存放润滑油起到润滑和密封箱内零件的作用。箱体常采用剖分式结构（剖分面通过轴的中心线），这

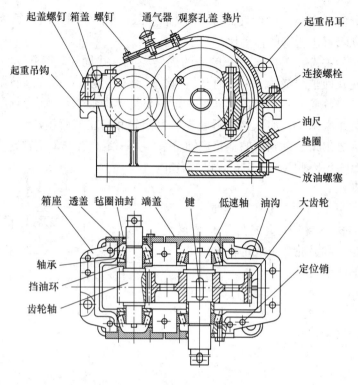

图 6-10　一级圆柱齿轮减速器

样，轴及轴上的零件可预先在箱体外组装好再装入箱体，拆卸方便。箱盖与箱座通过一组螺栓连接，并通过两个定位销钉确定其相对位置。为保证座孔与轴承的配合要求，剖分面之间不允许放置垫片，但可以涂上一层密封胶或水玻璃，以防箱体内的润滑油渗出。为了拆卸时易于将箱盖与箱座分开，可在箱盖的凸缘的两端各设置一个起盖螺钉，拧入起盖螺钉，可顺利地顶开箱盖。箱体内可存放润滑油，用来润滑齿轮。如同时润滑滚动轴承，在箱座的接合面上应开出油沟，利用齿轮飞溅起来的油顺着箱盖的侧壁流入油沟，再由油沟通过轴承盖的缺口流入轴承。

　　减速器箱体上的轴承座孔与轴承盖用来支承和固定轴承，从而固定轴及轴上零件相对箱体的轴向位置。轴承盖与箱体孔的端面间垫有调整垫片，以调整轴承的游动间隙，保证轴承正常工作。为防止润滑油渗出，在轴外伸端的轴承盖孔壁中装有密封圈。

　　减速器中常采用滚动轴承，当轴向力很大（如采用圆锥齿轮、斜齿轮等），则采用圆锥滚子轴承或角接触球轴承。对于需传递的转矩很大的减速器（如汽车），常采用花键轴。

　　减速器箱体上根据不同的需要装置各种不同用途的附件。为了观察箱体内齿轮的啮合情况和注入润滑油，在箱盖顶部设有观察孔，平时用盖板封住。在观察孔盖板上常常安装透气塞（也可直接装在箱盖上），其作用是沟通减速器内外的气流，及时将箱体内因温度升高受热膨胀的气体排出，以防止高压气体破坏各接合面的密封，造成漏油。为了排除污油和清洗减速器的内腔，在减速器箱座底部装置放油螺塞。箱体内部的润滑油面的高度是通过安装在箱座壁上的油标尺来观测的。为了吊起箱盖，一般装有一到两个吊环螺钉。不应用吊环螺钉吊运整台减速器，以免损坏箱盖与箱座之间的连接精度。吊运整台减速器可在箱座两侧设置吊钩。

减速器的箱体是采用地脚螺栓固定在机架或地基上的。

思考题与习题

6-1 定轴轮系与周转轮系的主要区别是什么？行星轮系和差动轮系有何区别？

6-2 定轴轮系中传动比大小和转向的关系是什么？

6-3 什么是惰轮？它有何用途？

6-4 什么是转化轮系？如何通过转化轮系计算出周转轮系的传动比？

6-5 如何区别转化轮系的转向和周转轮系的实际转向？

6-6 怎样求混合轮系的传动比？分解混合轮系的关键是什么？如何划分？

6-7 观察日常生活周围的机器，各举出一个定轴轮系和周转轮系，并计算出传动和转向。

6-8 在图6-11所示轮系中，已知各齿轮的齿数分别为 $z_1 = 18$、$z_2 = 20$、$z_{2'} = 25$、$z_3 = 24$、$z_{3'} = 2$（右旋）、$z_4 = 40$，$n_1 = 100 \text{r/min}$（A 向看为逆时针），求轮4的转速及其转向。

6-9 图6-12所示的输送带行星轮系中，已知各齿轮的齿数分别为 $z_1 = 12$、$z_2 = 33$、$z_{2'} = 30$、$z_3 = 78$、$z_4 = 75$，电动机的转速 $n_1 = 1450 \text{r/min}$，1轴的转向如图。试求输出轴转速 n_4 的大小与方向。

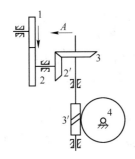

图6-11 题6-8图

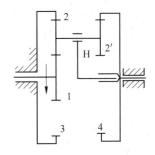

图6-12 题6-9图

7 其他常用机构

7.1 凸轮机构

7.1.1 凸轮机构的应用和分类

在机械设计时，常要求某些从动件的运动按照预定的规律变化。虽然这种要求可以利用连杆机构来实现，但难以满足精确，而且连杆机构的设计方法也较复杂。因此，在这种情况下，特别是要求从动件按复杂的运动规律运动时，通常多采用凸轮机构。

7.1.1.1 凸轮机构的组成及特点

凸轮机构是由凸轮 1、从动件 3、机架 2 以及附属装置所组成（见图 7-1）。当凸轮连续转动时，由于其轮廓曲线上各点具有不同大小的曲率半径，通过其曲线轮廓与从动件之间的点、线接触，推动从动件，可使其按预定的规律进行往复运动。

例如，图 7-1 所示的内燃机配气机构，当凸轮 1 连续转动时，凸轮推动气门 3（从动件）相对于气门导管 2（机架）做往复直线移动，从而控制气门有规律的开启和关闭。该气门的运动规律取决于凸轮曲线的形状。

图 7-2 所示为一自动机床的进刀机构。当圆柱凸轮 1 连续转动时。其凹槽的侧面使从动件 2 绕 A 点做往复摆动，从而控制刀架的自动进刀和退刀运动。刀架的运动规律完全取决于圆柱凸轮凹槽曲线的形状。

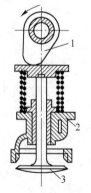

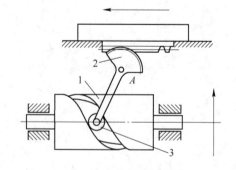

图 7-1　内燃机配气机构

1—凸轮；2—气门导管；3—气门

图 7-2　自动机床的进刀机构

1—凸轮；2—从动件；3—滚子

凸轮机构的优点是：选择适当的凸轮轮廓曲线，能使从动件获得各种预期的运动规律，结构简单、紧凑，运动可靠，设计方便，因此凸轮机构广泛应用于各种机械、仪器以及自动控制装置之中。

凸轮机构的缺点是：由于凸轮轮廓与从动件之间为点或线接触，单位接触面的压力大，容易磨损，而且凸轮轮廓曲线的加工难度较大，所以凸轮机构多用于要求精确实现比较复杂的运动规律而传力不大的场合。

7.1.1.2 凸轮机构的分类

凸轮机构的种类很多，通常可按以下方法来分类。

（1）按凸轮形状分。

1）盘形凸轮机构（见图7-3）。这种凸轮是具有变化向径的盘形零件，通常凸轮绕固定轴线等速转动，从动件的运动平面与凸轮轴线垂直。

2）移动凸轮机构（见图7-4）。当盘形凸轮的回转轴线移至无穷远处时，凸轮不再转动，而是相对于机架做直线往复运动，这种凸轮称为移动凸轮。从动件与凸轮在同一平面内做往复运动。

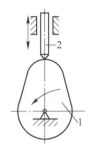

图7-3 盘形凸轮机构
1—盘形凸轮；2—从动件

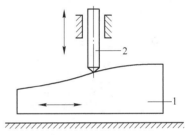

图7-4 移动凸轮机构
1—移动凸轮；2—从动件

3）圆柱凸轮机构（见图7-2）。圆柱凸轮可以看成是将移动凸轮卷成圆柱体演化而来的。凸轮是圆柱体，等速转动，从动件移动或摆动。

（2）按从动件的结构形式分。

1）尖顶从动件（见图7-3）。这是最简单、最基本的形式。尖顶能与任何形状的凸轮轮廓相接触，从而实现任意预期的运动规律。但尖顶与凸轮是点接触，易磨损，故仅适用于受力不大的低速凸轮机构，如仪器、仪表中的凸轮机构。

2）滚子从动件（见图7-2）。这种从动件的一端装有可自由转动的滚子3。由于滚子与凸轮轮廓之间为线接触，磨损较小，可用来传递较大的功率，因而应用广泛。但因其零件较多，体积重量增加较大，且滚子轴磨损后会产生噪声，故适用于重载和中低速的凸轮机构。

3）平底从动件（见图7-1）。这种从动件与凸轮廓表面接触处为一平面。平底与凸轮轮廓接触处易形成油膜，故润滑状态良好。当不考虑摩擦时，凸轮对从动件的作用力始终垂直于平底，传动效率较高，故常适用于高速凸轮机构中。平底从动件的缺点是仅能与轮廓全部外凸的凸轮相作用构成凸轮机构，凸轮轮廓线内凹时会因为不能接触而失真。

以上三种从动件都可以相对机架做往复直线运动或做往复摆动。为了使凸轮与从动件始终保持接触，可依靠凸轮上的槽（见图7-2）或利用重力（见图7-3）、弹力（见图7-1）来实现。

7.1.2　凸轮机构的工作过程和运动规律

从动件的运动规律是指从动件的位移 s、速度 v 和加速度 a 随时间变化规律，它系统地反映了从动件的运动特性及其变化的规律性。

7.1.2.1　凸轮机构工作过程分析

凸轮轮廓曲线的形状决定了从动件的运动规律。不同的从动件运动规律，要求凸轮具有不同形状的轮廓曲线，不同的运动规律对凸轮机构的工作性能也有很大的影响。因此，在设计凸轮机构时，首先应根据凸轮机构的工作要求和工作条件来选择适当的从动件运动规律。

图 7-5 所示为一对心移动尖顶从动件盘形凸轮机构及其从动件的运动规律。图 7-5 (a) 中以凸轮轮廓上的最小曲率半径 r_b 所作的圆称为基圆，r_b 称为基圆半径。

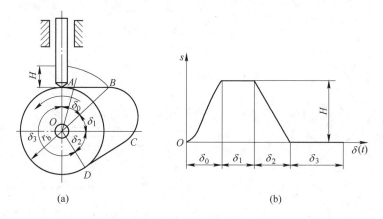

图 7-5　对心移动尖顶从动件盘形凸轮机构

当凸轮转过一个角度时，从动件尖顶被凸轮轮廓推动，随着凸轮 AB 段轮廓线上各点曲率半径的逐渐增大，从动件从起始位置 A 点开始，逐渐被推到离凸轮轴心最远的位置 B 点，从动件的这一运动过程称为推程。与推程相对应的凸轮转角称为推程运动角 δ_0。

BC 段轮廓线是以最大的曲率半径 OB 所作的圆弧。当凸轮继续转过角度时，从动件尖顶与圆弧 BC 相接触，此时从动件在离凸轮轴心最远位置处停止不动，这是因为凸轮转动时 BC 段上各点的曲率半径大小不变。从动件这一运动过程被称为远休止过程，与远休止相对应的凸轮转角称为远休止角 δ_1。

CD 段轮廓线上各点的曲率半径是逐渐减小的，随着凸轮的继续运动，从动件也从最远位置逐渐返回到距离凸轮轴心最近的位置，从动件从最远位置返回到最近位置过程称为回程。与回程相对应的凸轮转角称为回程运动角 δ_2。

当凸轮继续转动，从动件尖顶与圆弧 DA 上各点依次相接触。此时，由于圆弧 DA 上各点的曲率半径大小不变，所以从动件在离凸轮轴心最近位置处停止不动。从动件的这一运动过程称为近休止过程。与近休止相对应的凸轮转角称为近休止角 δ_3。

当凸轮继续回转时，从动件将重复上述过程。从动件在推程或回程运动中所移动的距离称为位移，以 s 表示。从动件的最大位移称为行程，以 H 表示。以凸轮的转角（或者对

应的时间 t) 为横坐标，从动件的位移 s 为纵坐标，所作的曲线图如图 7-5 (b) 所示。该曲线称为从动件的位移曲线 (s-δ 曲线)。

7.1.2.2 从动件常用的运动规律

机械设计中所采用的从动件规律类型甚多。现以推程为例，就从动件的速度、加速度以及冲击特性来介绍几种常用的从动件运动规律。

(1) 等速运动规律。当凸轮等角速度转动时，从动件上升或下降的运动速度保持不变，这种运动规律称为等速运动规律。

等速运动规律的运动线图如图 7-6 所示。由图可知，从动件在运动开始和运动终止的瞬时，速度会发生突变，因而其加速度在理论上会变为无穷大，此时，从动件在理论上会产生无穷大的惯性力。此惯性力会使机构产生强烈的冲击、振动和噪声，这种类型的冲击称为刚性冲击。实际上，由于构件材料的弹性，从动件不会产生理论上为无穷大的惯性力，但仍会在构件中引起极大的作用力，造成极大的冲击、振动和噪声，并导致凸轮轮廓和从动件严重磨损，工作性能变差。因此，这种运动规律一般仅用于低速凸轮机构中。

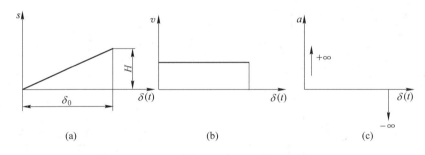

图 7-6 等速运动规律的运动线图

在实际应用中，为了避免等速运动规律在运动的起点和终点所产生的刚性冲击，可对位移曲线进行修正。修正方法为将位移曲线的始末两小段曲线改为变化较平缓的圆弧、抛物线或其他过渡曲线。

(2) 等加速等减速运动规律。等加速等减速运动是指从动件在一个行程中，先做等加速运动，后做等减速运动，通常为加速运动与减速运动的绝对值相等 (根据工作需要，两者也可以不相等)。

等加速等减速运动规律的运动线图如图 7-7 所示。图中从动件在加速运动间和减速运动间所用的时间相同，均为 $t_0/2$；从动件在这两段运动时间内的位移也相同，均为 $H/2$。在实际设计中，根据工作要求，两者也可以不相等。

等加速等减速运动规律又称为抛物线运动规律，由图可知在行程的始点 A、中点 B 点和终点 C 处，加速度有所突变，但其变化为有限值，由此而产生的惯性力的变化也为有限值。这种由加速度和惯性力的有限变化对凸轮机构所造成的冲击、振动和噪声要较刚性冲击小，称之为柔性冲击。这种具有柔性冲击的运动规律适用于中低速凸轮机构中。

等加速等减速运动的位移曲线画法如图 7-7 所示。在纵坐标上将行程 H 分成相等的两部分。在横坐标轴上将与行程 H 相对应的凸轮转角也分成相等的两部分，再将每一部分分为若干等分 (图中为 4 等分)，得分点 1、2、3…，过这些分点分别作横坐标轴的垂线。

同时将纵坐标上各部分也分为与横坐标轴相同的部分（4 等分），得分点 1′、2′、3′···各点，将这些交点连接成光滑曲线，即可得到推程 AB 段的等加速运动的抛物线位移曲线，后半行程的等减速运动的抛物线位移曲线也可以用同样的方法画出。

（3）简谐运动规律。简谐运动是指当动点在圆周上做匀速运动时，由该动点在此圆直径上的投影所成的运动。简谐运动规律的运动线图如图 7-8 所示。简谐运动规律又称余弦加速度运动规律。从动件做简谐运动时，其速度和加速度曲线对无停歇区间的运动（图中虚线所示）来说是光滑连续曲线，速度和加速度均为渐变，没有突变。此时既无刚性冲击，也无柔性冲击，故可用于高速凸轮机构，但对于有停歇区间的运动形式来说，在从动件运动的起始位置和终止位置（图中 A、B 两点处）速度和加速度都会发生有限值的突变，此时从动件在行程的始末两处仍会产生柔性冲击，因此，对于有停歇区间的运动形式来说，简谐运动规律也仅适用于中低速凸轮机构。

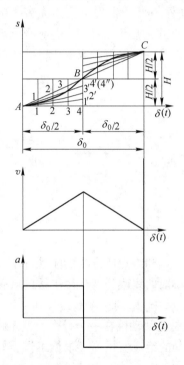

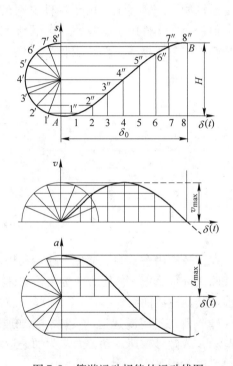

图 7-7　等加速等减速运动规律运动线图　　　　图 7-8　简谐运动规律的运动线图

简谐运动的位移曲线也可用于作图法画出。如图 7-8 所示，将横坐标轴上代表 δ 的线段分为若干等分（图中分为 8 等份），得 1、2、3···各点，过这些点分别作横坐标轴的垂线。再以行程 H 为直径在纵坐标轴上作一半圆，将该半圆圆周也等分相等份数（8 等份），得 1、2、3···各点，过这些分点，作平行于坐标轴的直线与上述各对应的垂直相交于 1″、2″、3″···各点，将这些交点连接成光滑的曲线，即得简谐运动规律的位移曲线。

7.1.3　用图解法绘制盘形凸轮工作轮廓

由前面可知，凸轮轮廓曲线的形状决定了从动件的运动规律，而从动件的运动规律又要满足一定的工作要求。因此，在设计凸轮轮廓曲线时，首先要根据机器的工作要求选择适当的从动件运动规律，然后再考虑凸轮安装空间的大小及其他辅助条件初步确定凸轮的基圆半径，最后进行凸轮轮廓曲线设计。凸轮轮廓曲线的设计方法有图解法和解析法两种。图解法简单易操作，虽然其精度较低，但由于能满足一般机械的要求，故应用很广泛。解析法设计时，其计算工作量很大，但随着电脑和各种数控设备在生产中的应用，解析法设计凸轮轮廓曲线也越来越广泛地用于生产实践中。本节主要介绍图解法。

7.1.3.1 图解法反转原理

图解法设计凸轮轮廓曲线所依据的基本原理是反转原理，其方法便是反转法。

如图 7-9 所示的对心移动尖顶从动件盘形凸轮机构中，如果设想给整个凸轮机构加上一个与凸轮角速度大小相等、方向相反的角速度 $-\omega$，这样并不会改变凸轮与从动件之间的相对位置关系。此时，凸轮将静止不动，而从动件一方面随着导路以角速度 $-\omega$ 绕凸轮轴线转动，另一方面又按预期的从动件运动规律在导路中相对运动。由于从动件的尖顶始终与凸轮轮廓曲线相接触，所以反转后，尖顶复合运动的轨迹就是凸轮的轮廓曲线。把原来转动着的凸轮看成静止不动的，而把原来静止

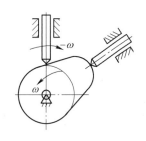

图 7-9 反转原理

不动的导路与原来往复移动的从动件看成是反转运动的，即为反转原理。利用反转原理来设计凸轮轮廓曲线的方法即为反转法。反转法是图解法绘制凸轮轮廓曲线的基本方法。用图解法设计凸轮轮廓曲线，实际上就是利用反转原理来求作从动件的高副元素（尖顶、滚子或平底）在复合运动中运动的轨迹或曲线族的包络线。

7.1.3.2 对心移动尖顶从动件盘形凸轮轮廓曲线设计

设计如图 7-10（a）所示轮廓曲线。已知：从动件位移曲线 $s-\delta(t)$（见图 7-10b），基圆半径 r_b，凸轮以等角速度 ω 逆时针回转。

作图步骤如下：

（1）以 O 为圆心、r_b 为半径作基圆。图示点 B_0 就是从动件尖底的起始位置。

（2）将位移曲线的推程运动角 δ_0、回程运动角 δ_2 分别分成若干等分（图中分别为 8 等分）。

（3）自曲率半径 OB_0 开始按 $-\omega$ 方向取推程运动角 δ_0、远休止角 δ_1、回程运动角 δ_2、近休止角 δ_3。并将各运动阶段的凸轮转角分别等分（等分分数与位移曲线图相同），得到一系列曲率半径线 O_1、O_2、O_3⋯，这些曲率半径线就是从动件在反转运动中依次相对于凸轮的移动方向线。

（4）依次按各自曲率半径线与基圆的交点 $B_{1'}$、$B_{2'}$、$B_{3'}$⋯向外量取从动件在各对应位置的位移量，即 $B_{1'}B=11'$，$B_{2'}B_2=22'$ 得点 B_1、B_2⋯，这些点就是从动件尖顶在反转过程中依次占据的位置。

（5）将点 B_1、B_2⋯连成光滑曲线，即为所求的凸轮轮廓线。

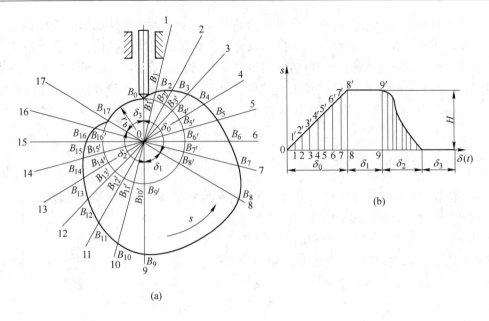

图 7-10　对心移动尖顶从动件盘形凸轮轮廓曲线设计

7.1.3.3　对心移动滚子从动件盘形凸轮轮廓曲线设计

对于滚子从动件，其凸轮轮廓线的设计方法如图 7-11 所示。首先将滚子的中心看作尖顶从动件的尖顶，按照上述方法求得一条轮廓曲线 h，再以 h 上各点为中心，滚子半径为半径，画一系列小圆，作出这些小圆内侧包络线 h'，便得到滚子从动件凸轮的实际轮廓线。凸轮的实际廓线间的法向距离始终等于滚子半径，所以这两条曲线互为等距曲线。

对于平底从动件，其凸轮轮廓的设计方法与上述相似。

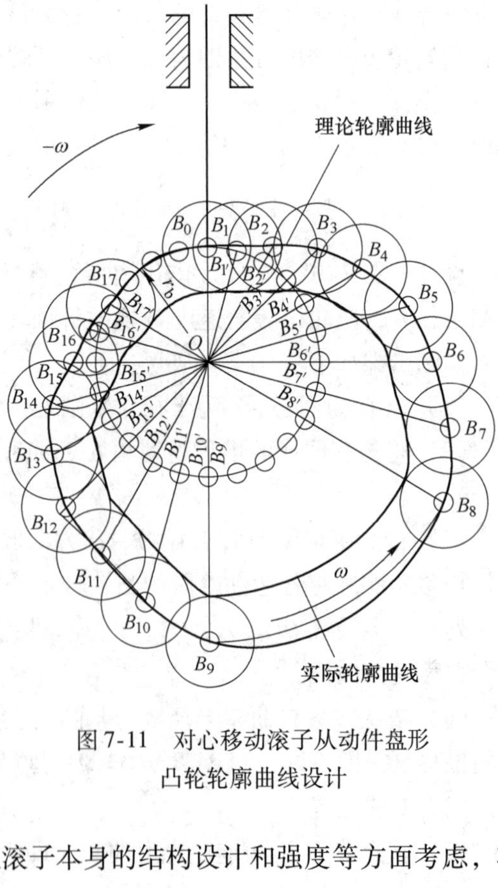

7.1.4　凸轮机构设计中应注意的问题

设计凸轮机构，不仅要保证从动件能实现所预期的运动规律，而且还要求其传力性能良好、体积小、结构紧凑。这些要求均与滚子半径、基圆半径、压力角等因素有关。

7.1.4.1　滚子半径的确定

凸轮结构中，常采用滚子从动件。合理选择滚子的半径，要求考虑多方面的因素。从滚子本身的结构设计和强度等方面考虑，将

图 7-11　对心移动滚子从动件盘形
凸轮轮廓曲线设计

滚子半径取大些较好。因为这样有利于提高滚子的接触强度和寿命，也便于进行滚子的结构设计和安装。但是滚子半径的增大也要受到一定的限制，因为滚子半径的大小对凸轮实际轮廓线的形状有直接影响。

图 7-12 所示为在同一条理论轮廓线上，采用三种不同半径的滚子所得到的三条实际轮廓线。

当理论轮廓线上的最小曲率半径（ρ_{min}）大于滚子半径（r_G）时，实际轮廓线为一条平滑曲线。

当理论轮廓线上的最小曲率半径等于滚子半径时，实际轮廓线上的曲率半径为零，此时实际轮廓线在曲率半径为零处会产生尖点，曲线不再平滑，极易磨损，磨损后就会改变所预期的从动件运动规律。

当理论轮廓线上的最小曲率半径小于滚子半径时，凸轮实际轮廓线由两条在此处相交的包络线组成。图中相交处的阴影部分会在凸轮加工过程中被刀具切除，导致实际轮廓线变形，从动件失掉真实运动规律现象称为"运动失真"。

可见滚子半径过大会导致实际轮廓线变形，产生"运动失真"现象。设计时对于外凸的凸轮轮廓线，应使滚子半径 r_G 小于理论轮廓线上的最小曲率半径，通常可取滚子半径为 $r_G < 0.8\rho_{min}$。

另一方面，滚子半径又不能取得过小，其大小还受到结构和强度方面的限制。根据经验，可取滚子半径为 $r_G = (0.1 \sim 0.5)r_b$，式中为凸轮基圆半径 r_b。

凸轮实际轮廓线的最小曲率半径一般不应小于 $1 \sim 5mm$。过小会给滚子结构设计带来困难。如果不能满足此要求。可适当放大凸轮的基圆半径。必要时，还需对从动件的运动规律进行修改。

7.1.4.2　凸轮机构的压力角

图 7-13 所示为对心移动尖顶从动件盘形凸轮机构在推程中的受力情况。W 为作用在从动件上的载荷（包括工作阻力、重力、弹簧力和惯性力等）。F 为凸轮对从动件的作用力，若不考虑摩擦，该力将沿着接触点 A 处的公法线 $n—n$ 方向。从动件受力方向与其运动方向间所夹的锐角 α 称为凸轮机构的压力角。压力角是凸轮机构设计中的一个重要参

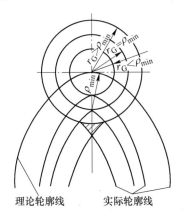

图 7-12　滚子半径与凸轮轮廓的关系

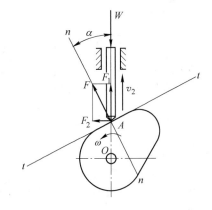

图 7-13　凸轮机构的压力角

数。在凸轮转动过程中，从动件与凸轮轮廓线的接触点位置是变化的，各接触的公法线方向不同，从而凸轮对从动件的作用力 F 的方向也不同。因此，凸轮廓线上的各点处的压力角并不相同。

由图可见，作用力 F 可沿平行于从动件运动方向和垂直于从动件运动方向分解为两个力：$F_1 = F\cos\alpha$，$F_2 = F\sin\alpha$。其中，F_1 的方向与从动件运动方向一致，是克服载荷 W 并推动从动件运动的有效分力；F_2 的方向与运动方向垂直，是将从动件压紧在导路上产生摩擦阻力的有害分力。由平衡条件可知，压力角愈小，有效分力 F_1 愈大，有害分力 F_2 愈小，机构的受力情况和传动性能也就愈好。反之，压力角 α 愈大，有效分力愈小，有害分力愈大，由其所产生的摩擦阻力也就愈大。当压力角 α 增大到某一数值时，有效分力会小于由有害分力所产生的摩擦阻力。此时即使没有工作载荷 W，无论凸轮给从动件作用多大的作用力都无法使从动件运动，即机构处于自锁状态。机构开始出现自锁现象时的压力角称为极限压力角 α_{lim}。极限压力角的大小与多种因素有关，如摩擦系数、支撑跨距、悬臂长度、润滑条件等。

实际设计中，为改善机构的受力机构状况。保持较高的传动效率，使机构具有良好的工作性能，规定了压力角的许用值（查手册）。

7.1.4.3　基圆半径的确定

基圆半径是凸轮设计中的一个主要参数，它对凸轮机构的结构尺寸、体积、压力角、受力情况、工作性能等都有重要影响。

由凸轮机构工作情况可知，从减小机构体积使其结构紧凑方面考虑，宜取较大压力角。但从改善机构的受力状况使其具有良好的工作性能方面考虑，宜取较小的压力角。设计时，应根据具体情况，合理解决。若对机构的体积没有严格要求时，可取较大的基圆半径，以便减小压力角，使机构具有良好的受力条件；若机构体积小，结构紧凑，可取较小的基圆半径，此时压力角会增大，最大压力角不得超过许用压力角 $[\alpha]$。一般在设计中，为兼顾受力状况和结构紧凑两方面要求，通常可在压力角 α 不超过许用角的条件下，尽可能采用较小的基圆半径 r_b。

7.2　间歇运动机构

常用的间歇运动机构有棘轮机构、槽轮机构、不完全齿轮机构、蜗形凸轮机构和圆柱凸轮间歇运动机构等。这里只介绍常用的前三种机构。

7.2.1　棘轮机构

图 7-14 所示为典型的棘轮机构，该机构由棘轮 2、棘爪 3 和机架组成。当曲柄 4 连续转动时，通过连杆 6，摇杆 1 做往复摆动。当摇杆向左摆动时，装在摇杆上的棘爪 3 就嵌入棘轮的齿槽内推动棘轮 2 向逆时针方向转过一个角度；当摇杆向右摆动时，棘爪 3 便在棘轮 2 的

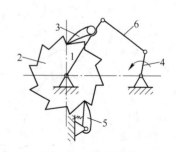

图 7-14　棘轮机构
1—摇杆；2—棘轮；3—棘爪；4—曲柄；
5—止回爪；6—连杆

齿背上滑回原位，棘轮 2 则在止回棘爪的作用下静止不动。

棘轮机构的特点是结构简单，制造方便，运动可靠，转角大小可以调节。但是，当棘爪落入齿槽底部，开始推动棘轮的瞬时会发生刚性冲击，故传动的平稳性较差。当棘爪返回在棘轮齿顶滑行时，会产生噪声和齿顶磨损。轮的转角不宜过大，而且只能以棘轮齿数为单位作有级的变化。因此，棘轮机构常用于低速要求转角不太大或需要经常改变转角的场合。

7.2.2　槽轮机构

槽轮机构由槽轮、销轮和机架组成，有外啮合（见图 7-15a）和内啮合（见图 7-15b）两种类型。带圆销 3 的销轮 1 是原动件，具有径向槽的槽轮 2 是从动件，当销轮做连续回转、圆销进入从动槽轮的径向槽时，即拨动槽轮转动；当圆销由径向槽滑出时，槽轮停止运动。为使槽轮具有精确的间歇运动，当圆销脱离径向槽时，销轮圆盘上的锁止弧应恰好卡在槽轮的凹圆弧上，迫使槽轮停止运动，直到圆销再次进入下一个径向槽，锁止弧脱开，槽轮才能继续回转。

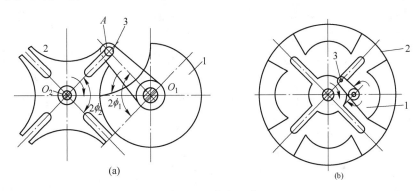

图 7-15　槽轮机构
（a）外啮合；（b）内啮合
1—销轮；2—槽轮；3—圆销

槽轮机构结构简单，工作可靠，在进入和退出啮合时槽轮的运动要比棘轮的运动较平稳，但由于槽轮每次转过的角度大小和槽数有关，要想改变转角的大小必须更换具有相应槽数的槽轮。所以槽轮机构多用于不需要经常调整转动角度的分度装置中，对于转速过高，从动系统转动惯量较大时，也不宜使用槽轮机构。

7.2.3　不完全齿轮机构

图 7-16 所示为不完全齿轮机构。主动轮 1 为只有一个齿或几个齿的不完全齿轮，从动轮 2 可以是普通齿轮，也可以是正常齿和带锁止弧的加厚齿相间地组成。当主动轮连续转动时，依靠其有齿部分的工作，带动从动轮做间歇运动。由图 7-16 中不难看出，每当主动轮转过 1 周时，几个从动轮将分别间歇地转过 1/8、1/4 和 1 周。为防止从动轮在停歇期间游动，两轮轮缘上各装有锁止弧。

不完全齿轮机构是由圆柱齿轮机构演变而来的，它具有齿轮机构的某些特点。当不完全齿轮有齿部分与从动轮啮合传动时，可以像齿轮传动那样具有恒定传动比。所以与棘轮

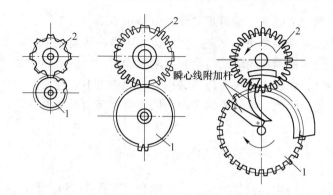

图 7-16　不完全齿轮机构
1—主动轮；2—从动轮

机构和槽轮机构相比，其从动轮的运动较为平稳，且承载能力较高。当然，当不完全齿轮有齿部分在与从动齿合传动的开始与结束阶段，由于从动齿轮由停歇而突然达到某一转速，以及由某一转速而突然停止是会像等速运动规律的凸轮机构那样产生刚性冲击的。因此对于转速较高的不完全齿轮机构，可以在两轮的端面分别装上瞬心线附加装置来改善每次转动的起始与停止阶段动力性能。

　　由于瞬心线附加装置的作用，不完全齿轮机构可以用于转速较高的场合。另外，从动轮的动与停，取决于主动轮上不完全齿数的分布，在主动轮转动一周的过程中，从动轮可以做一次或多次不同时间的停歇，但不能随意调整。这是不同于棘轮机构和槽轮机构的一个特点。

思考题与习题

7-1　凸轮机构的应用场合是什么？凸轮机构的组成是什么？通常用什么办法保证凸轮与从动件之间的接触？

7-2　凸轮机构分成哪几类？凸轮机构有什么特点？

7-3　为什么滚子从动件是最常用的从动件形式？

7-4　凸轮机构从动件的常用运动规律有哪些？各有什么特点？

7-5　图解法绘制凸轮轮廓的原理是什么？为什么要采用这种原理？

7-6　什么情况下要用解析法设计凸轮的轮廓？

7-7　设计凸轮应注意哪些问题？

7-8　从现有的机器上找出两个凸轮机构应用实例，分析其类型和运动规律。

7-9　设计一对心直动滚子从动件盘形凸轮。已知凸轮基圆半径 $r_b = 40$mm，滚子半径 $r = 10$mm，凸轮顺时针回转，从动件运动规律见表 7-1。

表 7-1　从动件运动规律

凸轮转角 δ	0° ~ 150°	150° ~ 180°	180° ~ 300°	300° ~ 360°
从动件运动规律	简谐运动 上升 30mm	停止不动	等加速等减速运动规律下降 30mm	停止不动

7-10 什么是间歇运动机构？常用的间歇运动机构有哪几种？各有何运动特点？棘轮机构中调节从动轮转角大小的方法有哪几种？

7-11 比较棘轮机构和槽轮机构，在运动平稳性、加工难易程度和制造成本方面各具有哪些优、缺点？各适用于什么场合？

8 轴承与轴

在机器中，轴是机器中最常见的零件，它的主要作用是支承旋转零件，并起到固定零件和传递动力的作用。轴在大多数情况下都是由多个零件组合成一个构件在机器中使用，该构件上所有零件的工作状况好坏与各个零件之间的连接、组合方式有关，而机器的使用状况又与组合后的情况有关。故轴与轴上安装的零件是一个整体，设计与使用时要综合考虑。我们把轴和轴上零件所构成的系统称为轴系。

由于轴上零件的安装与拆卸、轴系的固定等，主要与轴和轴承有关，在设计中这两者相互交叉和影响。而传动部分与连接部分零部件在前面已单独介绍，故本章主要讨论轴承的选择计算、轴的结构设计与强度校核、轴系的组合设计。

机器中用来支承轴的部件称为轴承（见图8-1），它是机械中的重要组成部分。根据轴承工作时的摩擦性质，轴承可分为滚动摩擦轴承（简称滚动轴承）和滑动摩擦轴承（简称滑动轴承）。

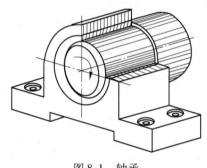

图 8-1 轴承

8.1 滑动轴承

8.1.1 滑动轴承的分类

滑动轴承按工作表面的摩擦状态分（见图8-2），可分为：

（1）液体摩擦滑动轴承。摩擦表面完全被润滑油隔开的轴承称为液体摩擦滑动轴承。

（2）非液体摩擦滑动轴承。摩擦表面不能被润滑油完全隔开的轴承称为非液体摩擦滑动轴承。

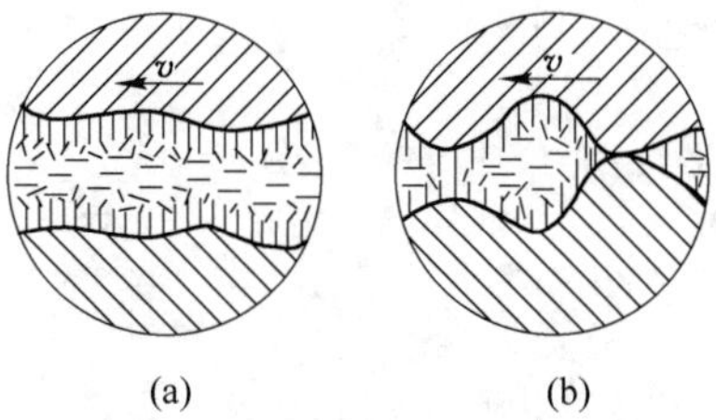

滑动轴承按所受载荷的方向分，可分为：

（1）径向滑动轴承。工作时只承受径向载荷的滑动轴承称为径向滑动轴承。

| (a) | (b) |

图 8-2 滑动轴承摩擦状态
（a）液体摩擦状态；（b）非液体摩擦状态

（2）推力滑动轴承。工作时主要承受轴向载荷的滑动轴承称为推力滑动轴承。

8.1.2 滑动轴承的结构

8.1.2.1 径向滑动轴承

（1）整体式。它由轴承座和轴瓦组成（见图8-3），轴瓦压装在轴承座孔中。轴承座用螺栓与机座连接，顶部设有安装注油油杯的螺纹孔。这种轴承的结构简单，成本低廉，但是摩擦表面磨损后，轴颈与轴瓦之间的间隙无法调整，且轴颈只能从端部装入，使装拆不便，所以整体式轴承常用于低速、轻载、间歇工作且不重要的场合。

（2）剖分式。剖分式滑动轴承（见图8-4）是轴承的常见形式。它由轴承座1、轴承盖2、剖分轴瓦3、双头螺柱4等组成。轴承盖与轴承座的剖分面应尽量取在垂直于载荷的直径平面内，为防止轴承盖和轴承座横向错位，并便于装配时对中，剖分面上开有定位止口，同时可通过放置于轴承盖与轴承座之间的垫片以调整磨损后轴颈与轴瓦之间的间隙。剖分式滑动轴承在拆装轴时，轴颈不需要轴向移动，故拆装方便。

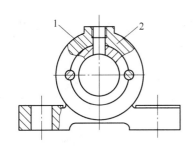 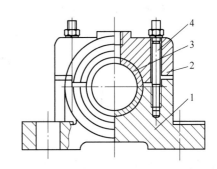

图 8-3　整体式滑动轴承　　　　　　　　图 8-4　剖分式滑动轴承
1—轴瓦；2—轴承座　　　　　　1—轴承座；2—轴承盖；3—剖分轴瓦；4—双头螺柱

（3）调心式。它利用轴瓦与轴承座间的球面配合使轴瓦可在一定角度范围内摆动（见图8-5a），以适应轴受力后产生的弯曲变形，避免图8-5（b）所示轴与轴承两端局部接触和局部磨损。但由于球面不易加工，故只用于轴承宽径比 $b/d > 1.5 \sim 1.75$ 的轴承。

8.1.2.2　推力滑动轴承的结构

图8-6所示为固定式推力滑动轴承。常见的轴颈结构形式有实心、空心、单环形和多环形。

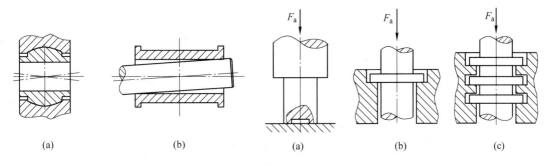

（a）　　　　　　　（b）　　　　　　　　（a）　　　　　　（b）　　　　　（c）

图 8-5　调心式滑动轴承　　　　　　图 8-6　推力滑动轴承

实心轴颈的轴颈端面与止推轴瓦组成摩擦副。由于工作面上相对滑动速度不等，靠近边缘处，相对滑动速度大，磨损严重，易造成工作面上压强分布不均，靠近中心处的压强极高。所以常设计成如图 8-6（a）所示的空心轴颈或图 8-6（b）所示的单环轴颈。当载荷较大时，可采用多环轴颈，如图 8-6（c）所示，这种结构的轴承能承受双向载荷。轴向接触环数目不宜过多，一般为 2 ~ 5 个，否则各环之间载荷分布不均现象更为严重。

上述结构形式的轴向接触轴承不易形成液体动力润滑，通常处在非液体摩擦状态，故多用于低速、轻载的场合。

8.1.3 轴瓦结构

8.1.3.1 轴瓦和轴承衬

轴瓦是轴承与轴颈直接接触的零件，对于重要轴承，为了改善轴瓦表面的摩擦性质，常在轴瓦内表面浇铸一层减摩性能好的材料，称为轴承衬。

剖分式轴瓦的结构如图 8-7 所示。两端凸缘是用来限制轴瓦轴向窜动。为了防止轴瓦随轴转动，可用定位销定位，如图 8-8 所示。为使轴承衬与轴瓦贴附牢固，在轴瓦内表面作出燕尾形或螺纹形的榫槽，如图 8-9 所示。

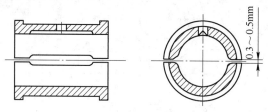

图 8-7　剖分式轴瓦

图 8-8　定位销定位

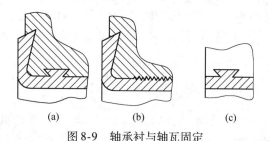

(a)　　　　　　(b)　　　　　　(c)

图 8-9　轴承衬与轴瓦固定

8.1.3.2 油孔、油沟和油室

油孔用来供应润滑油，油沟用来输送和分布润滑油。常见的油沟形式如图 8-10 所示。

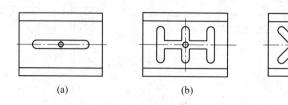

(a)　　　　　　(b)　　　　　　(c)

图 8-10　常见的油沟形式

油孔与油沟的位置应设置在不承受载荷的区域内。为了使润滑油能均匀分布在整个轴颈上，油沟应有足够的长度，通常可取轴瓦长度的 80%。

图 8-11 是油室的结构，它可使润滑油沿轴向均匀分布，并起着储油和稳定供油的作用。此结构用于往复转动的重载轴承，双向进油并有大的油室。

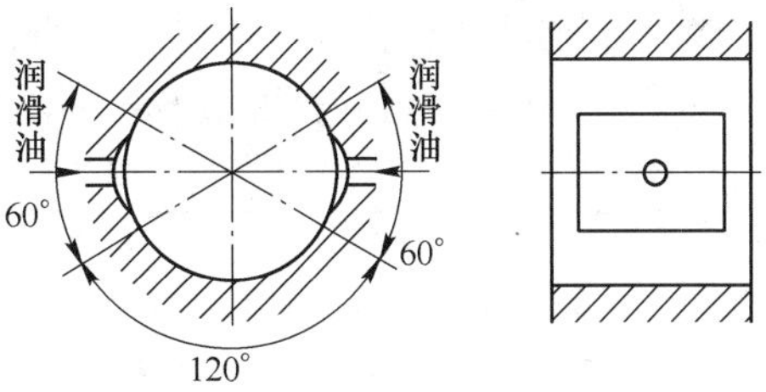

图 8-11 普通油室

8.1.4 轴承材料

8.1.4.1 轴瓦材料的要求

滑动轴承最常见的失效形式是轴瓦磨损和胶合（烧瓦），所以对轴瓦（轴承与轴接触部分）的材料有如下要求：

（1）足够的强度（包括抗压强度、疲劳强度）；
（2）良好的减摩性、耐磨性和跑合性，较好的抗胶合性；
（3）较好的顺应性和嵌藏性；
（4）良好的导热性及加工工艺性等。

材料的减摩性好是指配对材料摩擦因素低。耐磨性是指单一材料抵抗磨粒磨损和胶合磨损的性质。跑合性是指材料消除表面粗糙度而使轴瓦表面与轴颈表面相吻合的性质。顺应性是指材料补偿对中误差和顺应其他几何误差的能力。弹性模量小、塑性大的材料顺应性就好。嵌藏性是指材料嵌藏污物和外来微粒以防止刮伤和磨损轴的能力。顺应性好的材料，一般嵌藏性也好。但非金属材料则不然，如碳-石墨，弹性模量虽小，顺应性好，但质硬，嵌藏性不好。

应该指出的是，任何一种材料很难全面满足这些要求。因此在选材料时，应根据轴承的具体工作条件，有侧重地选用较合适的材料。

8.1.4.2 常用的轴承材料

常用的轴承材料可分为金属材料、粉末冶金、非金属材料三大类。

（1）金属材料。

1）轴承合金（巴氏合金）。轴承合金有锡锑轴承合金和铅锑轴承合金两类。这两类合金分别以锡、铅作为基体，加入适量的锑、铜制成。基体较软，使材料获得塑性，硬的锑、铜晶粒起抗磨作用。因此，这两类材料减摩性、跑合性好，抗胶合能力强，适用于高速和重载轴承。但合金的机械强度较低，价格较贵，故只用于作轴承衬材料。

2）铜合金。铜合金是常用的轴瓦材料，主要有锡青铜、铝青铜和铅青铜三种。青铜的强度高，减摩性、耐磨性和导热性都较好，但材料的硬度较高，不易跑合。它适用于中速重载、低速重载的场合。

3）铸铁。铸铁分为灰铸铁和球墨铸铁。材料中的片状或球状石墨成分在材料表面上覆盖后，可以形成一层起润滑作用的石墨层。这是这类材料可以用作轴瓦材料的主要原因。铸铁的性能不如轴承合金和铜合金，但价格低廉，适用于低速、轻载不重要的轴承。

（2）粉末冶金。粉末冶金是一种多孔金属材料，由铜、铁、石墨等粉末经压制、烧结而成，若将轴承浸在润滑油中，使微孔中充满润滑油，则称为含油轴承，具有自润滑性能。但该材料韧性小，只适用于平稳的无冲击载荷及中、小速度情况下。

除了上述几种材料外，还可采用非金属材料，如塑料、尼龙、橡胶等作为轴瓦材料。常用金属轴瓦材料的性能及应用见表8-1。

表8-1　常用金属轴瓦材料

材料	牌　号	$[p]$/MPa	$[v]$/m·s^{-1}	$[pv]$/MPa·m·s^{-1}	最小轴颈硬度（HBS）	应　用
锡锑轴承合金	ZSnSb11Cu6	25（平稳）	80（平稳）	20（平稳）	130～170	用作轴承衬，用于重载、高速的重要轴承，如汽轮机、高转速的机床主轴的轴承等
	ZSnSb8Cu4	20（冲击）	60（平稳）	15（平稳）		
铅锑轴承合金	ZPbSb16Sn16Cu2	12	12	10	130～170	用于没有显著冲击的重载、中速的轴承，如车床、发电机的轴承
锡青铜	ZCuSn10P1	15	10	15	300～400	用于重载、中速工作的轴承
铝青铜	ZCuAl10Fe3	15	4	12	300	用于润滑充分的低速、重载轴承
灰铸铁	HT150～HT250	1～4	0.5～2			用于不受冲击的低速轻载轴承

注：$[pv]$值为非液体摩擦状态时的许用值。

8.2　滚动轴承的结构、类型和代号

8.2.1　滚动轴承的结构

典型的滚动轴承的基本结构如图8-12所示，它是由内圈、外圈、滚动体和保持架（隔离架）等部分组成，图中内圈、外圈上的滚道用以限制滚动体的轴向移动，保持架的作用是将滚动体均匀隔开，以减少滚动体之间的摩擦和磨损。

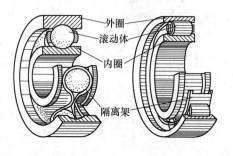

图8-12　滚动轴承结构

8.2.2　滚动轴承的类型

公称接触角 α 指轴承中套圈与滚动体接触处的法线和垂直于轴承轴线平面间的夹角。它反映了轴承能承受的轴向力与能承受的径向力之间的比例关系。公称接触角 α 越大，承受的轴向力与径向力的比值就越大。

按公称接触角 α 的不同，滚动轴承分为向心轴承和推力轴承两类。向心轴承（0°≤α≤45°）主要承受径向载荷。其中 α=0° 的轴承称为径向接触轴承，一般只能承受径向力。推力轴承（45°<α≤90°）主要承受轴向载荷。其中 α=90° 的轴承称为轴向接触轴承，只能承受轴向力。

滚动轴承常用的滚动体有球和滚子（圆柱滚子、滚针、圆锥滚子、鼓形滚子等）两类，如图8-13所示。按滚动体的布置可分为单列、双列和四列。

图8-13　滚动体形状

常用滚动轴承的类型、代号及性能特点见表8-2。

表8-2 常用滚动轴承的类型

轴承类型及类型代号	结构简图及承载方向	尺寸系列代号	性能特点
调心球轴承 10000		(0) 2 (0) 3 22 23	主要承受径向载荷，不宜承受纯轴向载荷；外圈滚道表面是以轴承中点为中心的球面，具有自动调心性能，内、外圈轴线允许偏斜量不大于2°~3°；适用于多支点轴
调心滚子轴承 20000		13 22 23 30 31 32 40 41	主要特点与调心球轴承相近，但具有较大的径向承载能力，内圈对外圈轴线允许偏斜量不大于1.5°~2.5°
圆锥滚子轴承 30000		02 03 13 20 22 23 29 30 31 32	主要承受以径向载荷为主的径向与单方向轴向载荷；内、外圈可分别安装，游隙可以调整，承载能力较大；承受径向载荷时，会引起轴向力，一般成对使用
双列深沟球轴承 40000		(2) 2 (2) 3	主要承受径向负荷，也能承受一定的双向轴向负荷；它比深沟球轴承具有较大的承载能力
推力球轴承 50000		11 12 13 14	一般轴承套圈与滚动体是分离的；高速时离心力大，钢球与保持架磨损，发热严重，寿命降低，故极限转速很低；适用于轴向载荷较大、轴承转速较低的场合
深沟球轴承 60000		17 37 18 19 (0)0 (1)0 (0)2 (0)3 (0)4	主要承受径向载荷，也可同时承受小的轴向载荷；工作中允许内、外圈轴线偏斜量不大于8′~16′；大量生产，价格最低；应用广泛，特别适用于高速场合
角接触球轴承 70000C（α=15°） 70000AC（α=25°） 70000B（α=40°）		19 (1)0 (0)2 (0)3 (0)4	可以同时承受径向载荷及单方向轴向载荷，也可单独承受轴向载荷；承受轴向载荷的能力由接触角α决定；接触角大的，轴向承载的能力也大；一般成对使用，适用于高速且运转精度要求较高的场合工作
推力圆柱滚子轴承 80000		11 12	承受很大的单向轴向载荷

轴承类型及类型代号	结构简图及承载方向	尺寸系列代号	性 能 特 点
圆柱滚子轴承 N0000		10　（0)2 22　（0)3 23　（0)4	外圈（或内圈）可以分离，故不能承受轴向载荷，滚子由内圈（或外圈）的挡边轴向定位，工作时允许内、外圈有少量的轴向错动；有较大的径向承载能力，但内、外圈轴线的允许偏斜量很小（2′～4′）；适用于径向载荷较大，轴对中性好的场合
滚针轴承 NA0000		48 49 69	这类轴承一般不带保持架，摩擦系数大，不能承受轴向载荷；有较大的径向承载能力；适用于径向载荷大，径向尺寸受限制的场合

8.2.3　滚动轴承的代号

　　滚动轴承代号是用字母加数字表示其结构、尺寸、公差等级、技术性能等特征的产品符号。滚动轴承代号由基本代号、前置代号和后置代号构成，其排列见表 8-3。

表 8-3　滚动轴承代号组成

轴承代号											
前置代号	基本代号			后置代号（组）							
				1	2	3	4	5	6	7	8
成套轴承分部件	类型代号	尺寸系列代号	内径代号	内部结构	密封与防尘套圈变型	保持架及其材料	轴承材料	公差等级	游隙	配置	其他

　　（1）基本代号。基本代号一般由 5 位数字或字母组成，分别表示轴承类型、尺寸系列和轴承内径，其组成和排列顺序见表 8-4。

表 8-4　基本代号组成

基本代号（数字或字母）				
五	四	三	二	一
类型代号	尺寸系列代号		内径系列代号	
	宽度系列代号	直径系列代号		

　　1）轴承内径（右起第 1、2 位数字）。内径系列代号表示轴承公称直径的大小，用数字表示，见表 8-5。

表 8-5　轴承内径代号

轴承公称内径/mm	内 径 代 号	示 例
0.6～10（非整数）	用公称内径毫米数直接表示，在其与尺寸系列代号之间用"/"分开	深沟球轴承 618/2.5 $d = 2.5$ mm

轴承公称内径/mm		内 径 代 号	示 例
1~9（整数）		用公称内径毫米数直接表示，对深沟球轴承及角接触球轴承 7、8、9 直径系列，内径与尺寸系列代号之间用"/"分开	深沟球轴承 618/5 $d = 5$ mm
10~17	10	00	深沟球轴承 6200 $d = 10$mm
	12	01	
	15	02	
	17	03	
20~480（22、28、32 除外）		公称内径除以 5 的商数，商数为个位数，需在商数左边加"0"，如 08	调心滚子轴承 23208 $d = 40$ mm
≥500 以及 22、28、32		用公称内径毫米数直接表示，但在与尺寸系列之间用"/"分开	调心滚子轴承 230/500 $d = 500$ mm 深沟球轴承 62/22 $d = 22$ mm

2）尺寸系列代号（右起第 3、4 数字）。尺寸系列由两位数字组成，是轴承的直径系列与宽度系列（或高度系列）的总称，其中第 3 位数字为直径系列，第 4 位数字为宽度系列。它表示同一类型的轴承，相同的内径可以有不同的外径和不同的宽度。

3）轴承类型（右起第 5 位数字或字母）。轴承类型代号用阿拉伯数字或大写拉丁字母表示，常用轴承类型见表 8-2，当轴承类型代号用字母表示时，字母与尺寸系列的数字相隔半个汉字的距离。

基本代号标注时，基本代号中的类型代号和尺寸系列代号在组合后，其组合代号中有特殊可省略不标注的情况，一般省略尺寸系列代号中的 1 个，如：60215 = 6215。

（2）前置代号。前置代号用大写拉丁字母或再加阿拉伯数字表示，它表明成套的轴承分部件，具体表示方法参考轴承手册。

（3）后置代号。后置代号用大写拉丁字母或再加阿拉伯数字表示，共分为 8 组。它表明技术内容的改变，各组排序见表 8-3。

第 1 组为内部结构代号，表示同一类型轴承的不同内部结构，用紧跟着基本代号的字母表示。如公称接触角 $\alpha = 15°$、$25°$、$40°$的角接触球轴承，分别用 C、AC 和 B 表示其内部结构的不同。

第 5 组为轴承公差等级，分为 0、6 、6x、5、4、2 共 6 级（其中 6x 级只用于圆锥滚子轴承），公差等级由低向高排列，分别用代号 P0、P6、P6x、P5、P4、P2 表示，且 P0 在轴承代号中可省略不标。

第 6 组为轴承游隙，分为 1、2、0、3、4、5 共 6 组，游隙由小向大排列，分别用代号 C1、C2、C0、C3、C4、C5 表示，且 C0 组在轴承代号中可省略不标。

后置代号在标注时，4 组（含 4 组）以后的内容，在其代号前用"/"与前面代号隔开。当公差等级与游隙组别同时标注时，可省略后者字母及符号"/"，如 6210/P6/C3 = 6210/P63。

（4）滚动轴承代号示例。

1）7210AC。7 表示角接触球轴承；2 表示尺寸系列 02：宽度系列代号 0（省略），直径系列代号 2；10 表示轴承内径 $d = 10 \times 5 = 50\text{mm}$；AC 表示公称接触角 $\alpha = 25°$；公差等级为 0 级（省略）。

2）6407/P53。6 表示角接触球轴承；4 表示尺寸系列 04：宽度系列代号 0（省略），直径系列代号 4；07 表示轴承内径 $d = 7 \times 5 = 35\text{mm}$；公差等级为 5 级，游隙组别为 3 组。

8.2.4　滚动轴承类型选择

选用滚动轴承时，首先是选择轴承类型。由前所述，滚动轴承的类型很多，在选择时应考虑工作载荷（大小、方向和性质）、转速及使用要求等。下列原则可供参考。

（1）轴的载荷。轴承所受载荷是选择轴承类型的主要依据。

1）载荷较小时，应优先选用球轴承。因为球轴承中的主要元件间是点接触，适于承受较轻或中等载荷；而滚子轴承中则主要为线接触，故用于承受较大的载荷或冲击载荷，承载后的变形也较小。

2）根据载荷的方向选择轴承类型时，若只承受轴向载荷，一般选用轴向接触球轴承。若只承受径向载荷，一般选用深沟球轴承或圆柱滚子轴承。若承受径向载荷的同时，还承受轴向载荷，可选用深沟球轴承、角接触球轴承、圆锥滚子轴承或径向接触轴承和轴向接触轴承的组合结构。

（2）轴承的转速。

1）球轴承与滚子轴承相比，球轴承允许的极限转速高于滚子轴承，故在高速时应优先选用球轴承。

2）在内径相同的条件下，外径越小，则滚动体越小，质量越轻，运转时滚动体加在外圈滚道上的离心力也就越小，因而也就更适于在更高的转速下工作。

3）轴向接触球轴承允许的工作转速很低。当工作转速高时，若轴向载荷不十分大，可采用深沟球轴承或角接触球轴承。

4）可以用提高轴承的精度等级、选用循环润滑、加强对循环油的冷却等措施来改善轴承的高速性能。

（3）轴承的调心性能。当轴的刚度较低或两轴承孔同轴度较低时，会导致轴的中心线与轴承座中心线不重合，造成轴承的内外圈轴线发生偏斜。这时，应采用有一定调心性能的调心球轴承。

（4）轴承的经济性。低精度轴承比高精度轴承便宜。同型号滚动轴承尺寸公差等级由低到高依次为 0、6（6x 只适用于圆锥滚子轴承）、5、4、2，其价格比约为 1:1.5:2:7:10，精度每提高一个等级，其价格就要提高几倍，所以选用高精度轴承必须慎重。

（5）装拆、调整方便。为便于轴承的装拆、调整可选用内圈、外圈可分离的轴承。

8.3　滚动轴承的选择计算

8.3.1　滚动轴承的失效形式与计算准则

8.3.1.1　滚动轴承的失效形式

（1）疲劳点蚀。轴承在安装、润滑、维护良好的条件下工作时，由于各承载元件承受脉动循环变应力作用,各接触表面的金属材料将发生局部剥落,产生疲劳点蚀。这是滚动轴承的主要失效形式。轴承在发生疲劳点蚀后,通常在运转时会产生振动和噪声,旋转精度下降,影响机器的正常工作。为使轴承在规定期限内不发生疲劳点蚀,应进行寿命计算。

(2)塑性变形。当轴承的转速很低($n < 10r/min$)或间歇摆动时,一般不会发生疲劳点蚀,此时轴承往往因受过大的静载荷或冲击载荷,内、外圈滚道与滚动体接触处的局部应力超过材料的屈服极限而产生永久变形,形成不均匀的凹坑,使轴承在运转中产生剧烈振动和噪声而失效。为防止塑性变形应进行静强度计算。

(3)磨损。由于使用、维护不当或密封、润滑不良等原因,还可能引起轴承的磨粒磨损。轴承在高速运转时,还可产生胶合磨损。所以,要限制轴承最高转速,采取良好的润滑和密封措施。

8.3.1.2 滚动轴承的计算准则

在选择滚动轴承类型后要确定其型号和尺寸,为此,要针对滚动轴承主要失效形式进行必要的计算。其计算准则是:对于一般工作条件的滚动轴承,主要失效形式是疲劳点蚀,因此主要进行以疲劳强度计算为依据的寿命计算,并校核静强度;对于不转动、摆动或转速低的轴承,可认为轴承各元件是在静应力下工作的,其失效形式是塑性变形,故主要进行静强度计算;对于高速轴承,除寿命计算外,还应校验极限转速,防止发生胶合。

8.3.2 基本概念

(1)轴承的实际寿命。滚动轴承的实际寿命是指轴承中任意元件出现疲劳点蚀前轴承转过的总转数,或在一定转速下总的工作小时数。由于加工精度、材料的均质程度的差异,即使型号相同的轴承在相同的条件下工作,其实际寿命也各不相同。因此,为了保证轴承工作的可靠性,在国标中规定以基本额定寿命作为计算依据。

(2)轴承的基本额定寿命。轴承的基本额定寿命是指一批相同型号的轴承,在同样条件下工作,其中90%的轴承未产生疲劳点蚀时转过的总转数(以$10^6 r$为单位),或在一定转速下总的工作小时数,分别用L_{10}表示和L_h表示。可见,基本额定寿命与破坏概率有关。对于每一个轴承来说,它能在基本额定寿命期内正常工作的概率为90%,而在基本额定寿命期未结束之前即发生点蚀破坏的概率仅为10%。

(3)基本额定动载荷。轴承的基本额定动载荷,就是使轴承的基本额定寿命为$10^6 r$时,轴承所能承受的最大载荷,用C表示。这个基本额定动载荷,对径向接触轴承和向心角接触轴承而言,是径向载荷;对轴向接触轴承,是指轴向载荷。

(4)基本额定静载荷。基本额定静载荷是指受载最大的滚动体与内、外圈滚道接触处达到某一接触应力时的载荷,用C_0表示(可查轴承手册)。基本额定静载荷对于径向接触轴承和向心角接触轴承为单一的径向载荷,对轴向接触轴承为单一的轴向载荷。

(5)当量动载荷。在计算轴承寿命时,为了能和基本额定动载荷进行比较,必须把实际作用在轴承上的双向载荷折算成与基本额定动载荷方向相同的一假想载荷,在该假想载荷作用下轴承的寿命与在实际载荷作用下轴承的寿命相同,则该假想载荷称为当量动载荷,用P表示。

（6）当量静载荷。在计算静强度时，为了能和基本额定静载荷进行比较，必须把实际作用在轴承上的双向载荷折算成与基本额定静载荷方向相同的一假想载荷，在该假想载荷作用下轴承受载最大的滚动体和套圈滚道的塑性变形量之和与实际载荷作用下的塑性变形量之和相同，则该假想载荷称为当量静载荷，用 P_0 表示。

常用滚动轴承的尺寸及性能参数见表 8-6 ~ 表 8-8。

表 8-6 深沟球轴承（摘自 GB/T 276—2013）

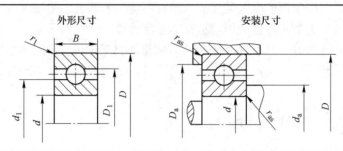

外形尺寸   安装尺寸

轴承代号	基本尺寸/mm			其他尺寸/mm			安装尺寸/mm			基本额定载荷/kN	
	d	D	B	d_1	D_1	r_1	d_{amin}	D_{amax}	r_{asmax}	C_r	C_{0r}
6204	20	47	14	29.3	39.7	1	26	41	1	12.8	6.65
6205	25	52	15	33.8	44.2	1	31	47	1	14.0	7.88
6206	30	62	16	40.8	52.2	1	36	56	1	19.5	11.5
6207	35	72	17	46.8	60.2	1.1	42	65	1	25.5	15.2
6208	40	80	18	52.8	67.2	1.1	47	73	1	29.5	18.0
6209	45	85	19	58.8	73.2	1.1	52	78	1	31.5	20.5
6210	50	90	20	62.4	77.6	1.1	57	83	1	35.0	23.2
6211	55	100	21	68.9	86.1	1.5	64	91	1.5	43.2	29.2
6212	60	110	22	76	94.1	1.5	69	101	1.5	47.8	32.8
6213	65	120	23	82.5	102.5	1.5	74	111	1.5	57.2	40.0
6214	70	125	24	89	109	1.5	79	116	1.5	60.8	45
6215	75	130	25	94	115	1.5	84	121	1.5	66.0	49.5

表 8-7 $\alpha = 15°$ 的角接触球轴承（摘自 GB/T 292—2013）

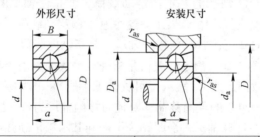

外形尺寸   安装尺寸

轴承代号	基本尺寸/mm				安装尺寸/mm			基本额定动负荷 C_r/kN	基本额定静负荷 C_{0r}/kN
	d	D	B	a	d_{amin}	D_{amax}	r_{asmax}		
7204C	20	47	14	11.5	26	41	1	14.5	8.22

轴承代号	基本尺寸/mm				安装尺寸/mm			基本额定动负荷 C_r/kN	基本额定静负荷 C_{0r}/KN
	d	D	B	a	d_{amin}	D_{amax}	r_{asmax}		
7205C	25	52	15	12.7	31	46	1	16.5	10.5
7206C	30	62	16	14.2	36	56	1	23.0	15.0
7207C	35	72	17	15.7	42	65	1	30.5	20.0
7208C	40	80	18	17	47	73	1	36.8	25.8
7209C	45	85	19	18.2	52	78	1	38.5	28.5
7210C	50	90	20	19.4	57	83	1	42.8	32.0
7211C	55	100	21	20.9	64	91	1.5	52.8	40.5
7212C	60	110	22	22.4	69	101	1.5	61.0	48.5
7213C	65	120	23	24.2	74	111	1.5	69.8	55.2
7214C	70	125	24	25.3	79	116	1.5	70.2	60.0
7215C	75	130	25	26.4	84	121	1.5	79.2	65.8

表 8-8 圆锥滚子轴承（摘自 GB/T 296—2013）

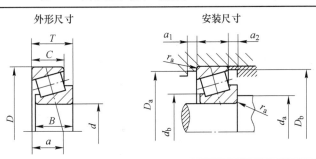

轴承代号	基本尺寸/mm						安装尺寸/mm							基本额定载荷/kN		计算系数		
	d	D	T	B	C	a	d_a	d_b	D_a	D_b	a_1	a_2	r_a	C_r	C_{0r}	e	Y	Y_0
30204	20	47	15.25	14	12	11.2	26	27	41	43	2	3.5	1	28.2	30.5	0.35	1.7	1
30205	25	52	16.25	15	13	12.6	31	31	46	48	2	3.5	1	32.2	37	0.37	1.6	0.9
30206	30	62	17.25	16	14	13.8	36	37	56	58	2	3.5	1	43.2	50.5	0.37	1.6	0.9
30207	35	72	18.25	17	15	15.3	42	44	65	67	3	4	1.5	54.2	63.5	0.37	1.6	0.9
30208	40	80	19.75	18	16	16.9	47	49	73	75	3	4	1.5	63.0	74.0	0.37	1.6	0.9
30209	45	85	20.75	19	16	18.6	52	53	78	80	3	5	1.5	67.8	83.5	0.4	1.5	0.8
30210	50	90	21.75	20	17	20	57	58	83	86	3	5	1.5	73.2	92.0	0.42	1.4	0.8
30211	55	100	22.75	21	18	21	64	64	91	95	4	5	2	90.8	115	0.4	1.5	0.8

8.3.3 基本计算

8.3.3.1 当量动载荷的计算

对于同时承受径向载荷 F_r 和轴向载荷 F_a 的轴承，当量动载荷 P 的计算公式为：

$$P = XF_r + YF_a$$

式中，径向载荷系数 X 和轴向载荷系数 Y，可分别按 $F_a / F_r > e$ 或 $F_a/F_r \leqslant e$ 两种情况，由表 8-9 查取。表中参数 e 反映了轴向载荷对轴承承载能力的影响，其值与轴承类型和 F_a/C_0 有关。

表 8-9　径向载荷系数 X 和轴向载荷系数 Y

轴承类型		F_a/C_0	e	$F_a/F_r > e$		$F_a/F_r \leqslant e$	
				X	Y	X	Y
深沟球轴承		0.014	0.19		2.30		
		0.028	0.22		1.99		
		0.056	0.26		1.71		
		0.084	0.28		1.55		
		0.11	0.30	0.56	1.45	1	0
		0.17	0.34		1.31		
		0.28	0.38		1.15		
		0.42	0.42		1.04		
		0.56	0.44		1.00		
角接触球轴承	$\alpha = 15°$	0.015	0.38		1.47		
		0.029	0.40		1.40		
		0.058	0.43		1.30		
		0.087	0.46		1.23		
		0.12	0.47	0.44	1.19	1	0
		0.17	0.50		1.12		
		0.29	0.55		1.02		
		0.44	0.56		1.00		
		0.58	0.56		1.00		
	$\alpha = 25°$	—	0.68	0.41	0.87	1	0
	$\alpha = 40°$	—	1.14	0.35	0.57	1	0
圆锥滚子轴承		—	见表 8-8	0.4	见表 8-8	1	0

当然，对于只承受径向载荷 F_r 的轴承，其当量动载荷 $P = F_r$；对于只承受轴向载荷 F_a 的轴承，当量动载荷 $P = F_a$。

8.3.3.2　当量静载荷的计算

对于同时承受径向载荷 F_r 和轴向载荷 F_a 的轴承，当量静载荷 P_0 的计算公式为：

$$P_0 = X_0 F_r + Y_0 F_a$$

式中，X_0 和 Y_0 分别为当量静载荷的径向载荷系数和轴向载荷系数，见表 8-10。

表 8-10　当量静载荷的径向载荷系数 X_0 和轴向载荷系数 Y_0

轴承类型		X_0	Y_0
深沟球轴承		0.6	0.5
角接触球轴承	7000C	0.5	0.46
	7000AC		0.38
	7000B		0.26
圆锥滚子轴承		0.5	见表 8-8

当计算结果 $P_0 < F_r$ 时，则取 $P_0 = F_r$。

对于只承受径向载荷 F_r 的径向接触轴承，其当量静载荷即为外载荷 F_r；对于只承受轴向载荷 F_a 的轴向接触轴承，其当量静载荷即为外载荷 F_a。

8.3.3.3　向心角接触轴承（3类、7类轴承）轴向载荷的计算

（1）内部轴向力。如图 8-14 所示，因为存在公称接触角 α，角接触球轴承和圆锥滚子轴承在承受径向载荷 F_r 时，载荷作用线会偏离轴承宽度的中点，而与轴心线交于 O 点，O 点称载荷作用中心，同时会产生派生的内部轴向力 F_s，其值可按表 8-11 所列的近似式计算，其外圈对轴的内部轴向力方向由轴承外圈的宽边一端指向窄边一端（图 8-14 为轴对外圈的内部轴向力方向），载荷作用中心与轴承外侧端面距离 a 可由表 8-7、表 8-8 查取。

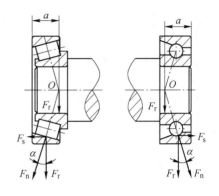

图 8-14　向心角接触轴承的内部轴向力

表 8-11　向心角接触轴承内部轴向力 F_s

轴承类型	角接触球轴承 70000 型			圆锥滚子轴承 30000 型
	$\alpha = 15°$	$\alpha = 25°$	$\alpha = 40°$	
F_s	$0.4F_r$ 或 eF_r	$0.68F_r$	$1.14F_r$	$\dfrac{F_r}{2Y}$（Y 是 $F_a/F_r > e$ 时的轴向载荷系数）

（2）向心角接触轴承轴向载荷。由于角接触轴承只能承受单方向的轴向力，故这类轴承都应成对使用。图 8-15 所示是向心角接触轴承的两种不同安装方式。图 8-15（a）中两端轴承外圈窄边相对，称为正安装（面对面安装），图 8-15（b）中两端轴承外圈宽边相对，称为反安装（背靠背安装）。设轴受径向外力 F_r 和轴向外力 F_a，根据静力平衡条件，计算出作用在两个轴承上的径向载荷 F_{r1}、F_{r2}，并由表 8-11 查算出派生的内部轴向力 F_{s1}、F_{s2}，再按下述方法，确定轴承所受的总轴向力 F_{a1}、F_{a2}：

1）当 $F_a + F_{s2} = F_{s1}$ 时，轴在合外力的作用下，没有轴向移动的趋势。则轴承 1、2 所受的轴向载荷分别为自己内部轴向力本身，即 $F_{a1} = F_{s1}$、$F_{a2} = F_{s2}$。

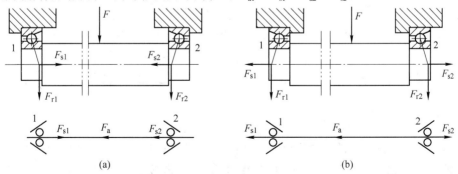

图 8-15　角接触球轴承（或圆锥滚子轴承）轴向载荷分析
（a）正装（面对面）；（b）反装（背靠背）

2）当 $F_a + F_{s2} > F_{s1}$ 时，轴在合外力的作用下将有向左移动的趋势。但实际上轴必须处于平衡位置，即轴承座要通过轴承1的外圈施加一个附加的轴向力来阻止轴的移动，而使轴承1压紧，所以轴承1所受的总轴向力 F_{a1} 必须与 $F_a + F_{s2}$ 相平衡，即 $F_{a1} = F_a + F_{s2}$；而轴承2（放松端）的轴向力 F_{a2} 只受其内部轴向力 F_{s2} 本身，即 $F_{a2} = F_{s2}$。

3）当 $F_a + F_{s2} < F_{s1}$ 时，轴在合外力的作用下将有向右移动的趋势，轴承2被压紧，而轴承1被放松。同样道理，放松端轴承1的轴向力 $F_{a1} = F_{s1}$，而压紧端轴承2的轴向力为 $F_{a2} = F_{s1} - F_a$。

综上所述，在计算向心角接触轴承轴向载荷时，要通过力的分析判断轴承的放松端和压紧端。放松端的轴向载荷等于其内部轴向力；压紧端的轴向载荷等于除去其内部轴向力外，所有轴向力的代数和。

8.3.3.4　滚动轴承的寿命计算

轴承寿命计算的目的是使轴承在规定的使用时间内不发生疲劳点蚀。图8-16所示为轴承的当量载荷 P 与基本额定寿命 L_{10} 之间的关系曲线。其方程式为 $P^\varepsilon L_{10} =$ 常数。其中 ε 为寿命指数，对于球轴承 $\varepsilon = 3$，对于滚子轴承 $\varepsilon = 10/3$。

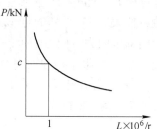

图 8-16　轴承寿命曲线

当 $P = C$ 时 $L_{10} = 1$，故有：$P^\varepsilon L_{10} = C^\varepsilon \times 1$，由于轴承的基本额定动负荷 C 是在静载荷并且在温度小于100℃的实验条件下得到的，故工程计算时引入载荷系数 f_P（见表8-12）、温度系数 f_T（可查手册）进行修正。当轴承工作温度小于100℃时，其温度系数 $f_T = 1$，则轴承寿命计算公式为：

$$L_{10} = = \left(\frac{C}{f_P P} \right)^\varepsilon \times 10^6 r$$

实际计算时，人们习惯于以时间 L_h 作为轴承的寿命。若轴承转速为 $n(\text{r/min})$，则轴承寿命计算的另一表达式为：

$$L_h = \frac{10^6}{60n} \left(\frac{C}{f_p P} \right)^\varepsilon \approx \frac{16670}{n} \left(\frac{C}{f_p P} \right)^\varepsilon$$

表 8-12　载荷系数 f_P 的近似值

载荷性质	载荷系数 f_P	举　　例
无冲击或轻微冲击	1.0 ~ 1.2	电动机、汽轮机、通风机、水泵
中等冲击	1.2 ~ 1.8	车辆、动力机械、起重机、造纸机、冶金机械、选矿机、卷扬机、机床
强大冲击	1.8 ~ 3.0	破碎机、轧钢机、钻探机、振动筛等

8.3.3.5　滚动轴承的静强度计算

轴承静强度计算的目的是防止轴承产生过大的塑性变形。在工作载荷作用下基本上不旋转的轴承（如起重机吊钩上用的轴向接触轴承），或者缓慢地摆动以及转速极低的轴承，一般不会发生疲劳点蚀，而主要是载荷过大，在滚动体和滚道上产生过量塑性变形，所以应按轴承的静强度来选择轴承。而 C_0 是滚动轴承规定的不能超过的外载荷界限。所以静强度计算的公式为：

$$\frac{C_0}{P_0} \geqslant S_0$$

式中，C_0 为额定静载荷；P_0 为当量静载荷；S_0 为静强度安全系数（见表 8-13），在一般工作精度和轻微冲击时可取 $S_0 = 0.8 \sim 1.2$。

表 8-13 轴承静强度安全系数

工 作 条 件		安全系数 S_0	
		球轴承	滚子轴承
旋转轴承	对旋转精度及平稳性要求高、或受冲击载荷	1.5 ~ 2	2.5 ~ 4
	正常使用	0.5 ~ 2	1 ~ 3.5
	对旋转精度及平稳性要求低、没有冲击载荷	0.5 ~ 2	1 ~ 3
静止或摆动轴承	水坝闸门装置、附加载荷小的大型起重吊钩	≥1	
	吊桥、附加载荷大的小型起重吊钩	≥1.5 ~ 1.6	

此外，滚动轴承转速过高会使轴承摩擦表面间产生高温，降低润滑剂的黏度，导致胶合失效，因此应使轴承的工作转速低于其极限转速。

【例 8-1】 轴承布置如图 8-17（a）所示。轴承 1、2 型号均为 30206，轴向外力 $F_a = 800N$，经计算轴承径向载荷分别为 $F_{r1} = 2800N$、$F_{r2} = 1600N$，试计算轴承的当量动负荷。

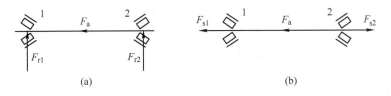

图 8-17 圆锥滚子轴承轴向载荷

解：（1）计算轴承内部轴向力 F_s。查表 8-8，30206 轴承的轴向系数 $Y = 1.6$，计算系数 $e = 0.37$；由表 8-11，轴承内部轴向力为：

$$F_{s1} = \frac{F_{r1}}{2Y} = \frac{2800}{2 \times 1.6} = 875N \text{，方向向左（见图 8-17b）}$$

$$F_{s2} = \frac{F_{r2}}{2Y} = \frac{1600}{2 \times 1.6} = 500N \text{，方向向右（见图 8-17b）}$$

（2）计算轴承轴向载荷。

1）判定"放松"和"压紧"。

$$F_{s1} + F_a = 875 + 800 = 1675N > F_{s2} = 500N$$

轴向力合力方向向左，轴向左移，因此轴承 1 "放松"，轴承 2 "压紧"。

2）计算轴承轴向载荷。

$$F_{a1} = F_{s1} = 800N$$

$$F_{a2} = F_{s1} + F_a = 875 + 800 = 1675N$$

（3）计算当量动负荷。

$$\frac{F_{a1}}{F_{r1}} = \frac{800}{2800} = 0.29 < e$$

故　　　　　　　　　　　　　　$$P_1 = F_{r1} = 2800\text{N}$$

$$\frac{F_{a2}}{F_{r2}} = \frac{1675}{1500} = 1.05 > e$$

由表 8-9，$X = 0.4$；由表 8-8，$Y = 1.6$，故：

$$P_2 = X F_{r2} + Y F_{a2} = 0.4 \times 1600 + 1.6 \times 1675 = 3325\text{N}$$

【例 8-2】　如图 8-18 所示的轴，已知齿轮圆周力 $F_t = 7408\text{N}$、$F_r = 2764\text{N}$、$F_a = 1673\text{N}$，带轮作用力 $F_Q = 3931\text{N}$，齿轮分度直径 $d = 110\text{mm}$，采用 30210 轴承、正装，转速 $n = 331.82\text{r/min}$。载荷有轻微冲击，试计算轴承寿命。

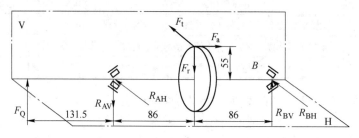

图 8-18　轴的受力图

解：（1）求支反力。

1）垂直方向（V 面）支反力如图 8-19 所示。

$$\sum M_A(F) = 0 : 172R_{BV} - 86F_r - 55F_a - 131.5F_Q = 0$$

$$R_{BV} = \frac{86F_r + 55F_a + 131.5F_Q}{172}$$

$$= \frac{86 \times 2764 + 55 \times 1673 + 131.5 \times 3931}{172} = 4922\text{N}$$

$$\sum F_Y = 0 : F_Q + R_{BV} - R_{AV} - F_r = 0$$

$$R_{AV} = F_Q + R_{BV} - F_r = 3931 + 4922 - 2764 = 6127\text{N}$$

2）水平方向（H 面）支反力如图 8-20 所示。

$$R_{AH} = R_{BH} = \frac{F_t}{2} = \frac{7408}{2} = 3704\text{N}$$

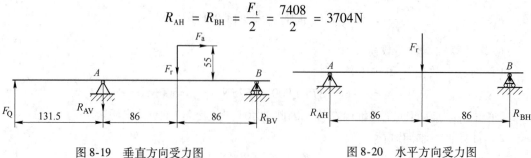

图 8-19　垂直方向受力图　　　　　　　　图 8-20　水平方向受力图

（2）计算轴承径向力。

$$R_A = \sqrt{R_{AH}^2 + R_{AV}^2} = \sqrt{3704^2 + 6127^2} = 7160N$$

$$R_B = \sqrt{R_{BH}^2 + R_{BV}^2} = \sqrt{3704^2 + 4922^2} = 6160N$$

（3）计算轴承轴向力。查表 8-9，30210 轴承的 $X = 0.4$；查表 8-8，$Y = 1.4$，$e = 0.42$，$C = C_r = 73.2kN$。

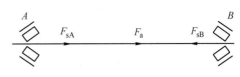

图 8-21 轴承内部轴向力

1）计算轴承内部轴向力 F_s。

$$F_{sA} = \frac{R_A}{2Y} = \frac{7160}{2 \times 1.4} = 2557N \text{（方向如图 8-21 所示）}$$

$$F_{sB} = \frac{R_B}{2Y} = \frac{6160}{2 \times 1.4} = 2200N \text{（方向如图 8-21 所示）}$$

2）计算轴承轴向力。

①计算合力方向，判断轴承的放松与压紧。

$$F_{sA} + F_a = 2557 + 1673 > F_{sB} = 2200N$$

合力向右，故轴承 A "放松"，轴承 B "压紧"。

②计算轴向力。

$$F_{aA} = F_{sA} = 2557N$$

$$F_{aB} = F_{sA} + F_a = 2557 + 1673 = 4230N$$

（4）计算轴承当量动负荷 P。

因为 $\dfrac{F_{aA}}{R_A} = \dfrac{2557}{7160} = 0.36 < e = 0.42$

所以 $P_A = R_A = 7160N$

因为 $\dfrac{F_{aA}}{R_A} = \dfrac{4230}{6160} = 0.67 > e = 0.42$

所以 $P_B = XR_A + YF_{aA} = 0.4 \times 6160 + 1.4 \times 4230 = 8386N$

（5）计算轴承寿命 L_h。查表 8-12，负荷系数 $f_P = 1.2$，故：

$$L_{hA} = \frac{16670}{n}\left(\frac{C_r}{f_P P_A}\right)^\varepsilon = \frac{16670}{331.82} \times \left(\frac{73.2 \times 10^3}{1.2 \times 7160}\right)^{\frac{10}{3}} = 63449h$$

$$L_{hB} = \frac{16670}{n}\left(\frac{C_r}{f_P P_B}\right)^\varepsilon = \frac{16670}{331.82} \times \left(\frac{73.2 \times 10^3}{1.2 \times 8386}\right)^{\frac{10}{3}} = 37464h$$

若按一年工作 300 天，每天工作 16h 计算，则轴承 A 可工作 13.2 年，轴承 B 可工作 7.8 年。

8.4 轴的类型、结构和轴上零件的固定方法

8.4.1 轴的分类

轴按承载性质分，可分为心轴、传动轴和转轴。

（1）心轴：只承受弯矩，不传递转矩的轴，如自行车的前轮轴、铁路机车的车轮轴，如图 8-22 所示。

（2）传动轴：只承受转矩、不承受弯矩或受很小弯矩的轴，如图 8-23 所示为汽车的传动轴。

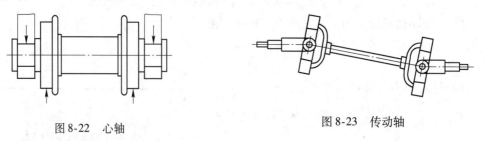

图 8-22 心轴   图 8-23 传动轴

（3）转轴：既承受弯矩又承受转矩的轴。转轴在各种机器中最为常见，如图 8-24 所示的桥式起重机的大车主动车轮轴。

轴按轴线形状可分为直轴（见图 8-25）、曲轴（见图 8-26）、挠性钢丝轴（见图 8-27）；直轴按轴的外形可分为光轴、阶梯轴，按照心部结构可分为实心轴和空心轴。

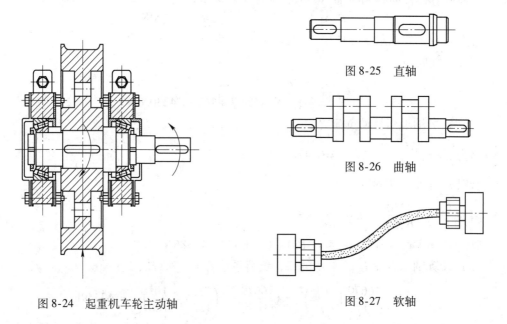

图 8-25 直轴

图 8-26 曲轴

图 8-24 起重机车轮主动轴

图 8-27 软轴

8.4.2 轴的结构

8.4.2.1 轴的各部分名称

（1）轴头：与传动零件（带轮、齿轮、联轴器等）轮毂配合的部分称为轴头。

（2）轴颈：与轴承配合的轴段称为轴颈。

（3）轴身：连接轴颈和轴头的非配合部分称为轴身。

（4）轴肩与轴环：阶梯轴上直径变化处称为轴肩。按其作用不同，轴肩可分为定位轴肩和非定位轴肩（自由轴肩）。定位轴肩对轴上零件起轴向定位作用，非定位轴肩是便于轴上零件的安装和拆卸而设置的工艺轴肩。当轴上的零件安装在直径最大的轴段时，为了零件定位和固定的需要，在该轴段上故意增加一直径较大、长度较短的一个轴段，该轴段称为轴环。

8.4.2.2 轴的结构设计

轴的结构设计就是根据轴的受载情况和工作条件确定轴的形状和全部结构尺寸。

轴的结构设计应满足以下准则：轴上零件相对于轴必须有可靠的轴向固定和周向固定；轴的结构要便于加工，轴上零件要便于装拆；轴的结构要有利于提高轴的疲劳强度。

A 轴上零件的定位和固定

轴上零件的定位是为了保证零件在轴上有准确的安装位置；固定则是为了保证轴上零件在运转中保持原位不变。

轴上零件的轴向定位和固定可采用轴肩、轴环、套筒、圆螺母、轴端挡圈、弹性挡圈、紧定螺钉等方式，其结构形式、特点与应用见表8-14。

表8-14 轴上零件的轴向固定方法

固定方法及简图	特点及应用
轴肩、轴环	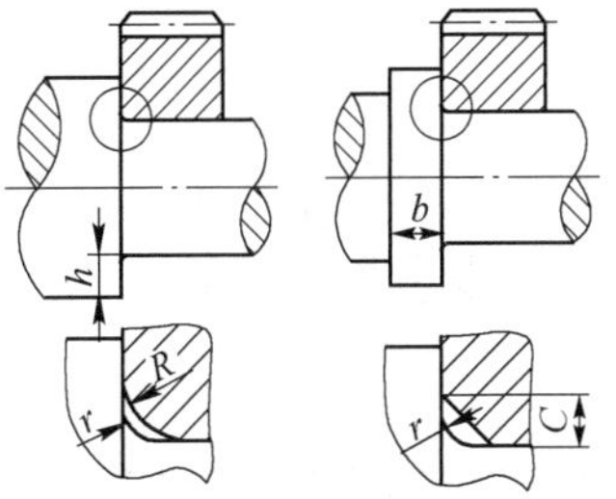 固定简单可靠，不需要附加零件，能承受较大轴向力，广泛应用于各种轴上零件的固定，但这种方法会使轴径增大，阶梯处形成应力集中；为了使轴上零件与轴肩贴合，轴上圆角半径 r 应小于零件毂孔的圆角半径 R 或倒角高度 C，同时还须保证轴肩高度大于零件毂孔的圆角半径 R 或倒角高度 C；一般取轴肩高度 $h \approx (0.07 \sim 0.1)d$，轴环宽度 $b \approx 1.4h$
套筒	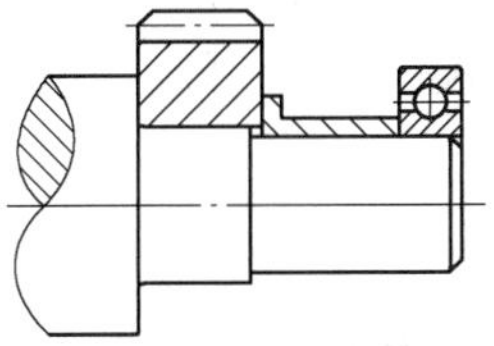 简单可靠，简化了轴的结构且不削弱轴的强度，常用于轴上两个近距离零件间的相对固定，不宜用于高速转轴为了使轴上零件与套筒紧密贴合，轴头应较轮毂长度短 $1 \sim 2mm$
圆螺母和止退垫圈	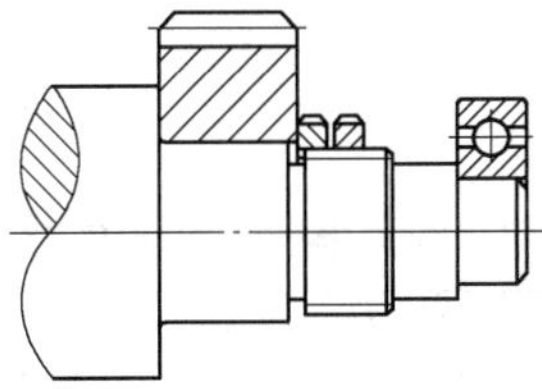 固定可靠，可承受较大的轴向力，能实现轴上零件的间隙调整，用于固定轴中部的零件时，可避免采用过长的套筒，以减轻重量，但轴上须切制螺纹和退刀槽，应力集中较大，故常用于轴端零件固定；为减小对轴强度的削弱，常用细牙螺纹；为防止松动，须加止动垫圈。
圆锥面和轴端挡圈	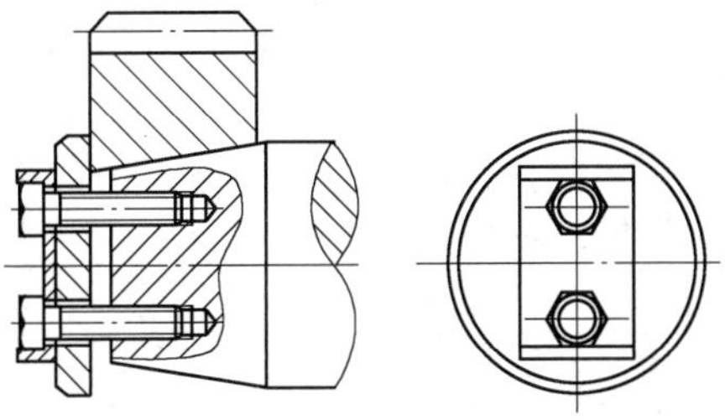 用圆锥面配合装拆方便，且可兼作周向固定，能消除轴和轮毂间的径向间隙，能承受冲击载荷，只用于轴端零件固定，常与轴端挡圈联合使用，实现零件的双向固定；轴端挡圈（又称压板），用于轴端零件的固定，工作可靠，能承受较大轴向力，应配合止动垫片等防松措施使用

续表 8-14

固定方法及简图	特点及应用
弹性挡圈	结构简单紧凑，装拆方便，但轴向承受力较小，且轴上切槽将引起应力集中，可靠性差，常用于轴承的轴向固定；轴用弹性挡圈的结构尺寸见 GB/T 894.1—1986
挡环、紧定螺钉	挡环用紧定螺钉与轴固定，结构简单，但不能承受大的轴向力；紧定螺钉适用于轴向力很小、转速很低或仅为防止偶然轴向滑移的场合，同时可起周向固定的作用
销连接	结构简单，但轴的应力集中较大，用于受力不大、同时需要轴向和周向固定的场合

　　轴上零件周向定位的目的是限制轴上零件相对于轴的转动，以满足机器传递扭矩和运动的要求。常用的周向固定方法有销、键、花键、紧定螺钉、过盈配合和成型连接等，其结构、特性、应用及尺寸计算见有关手册。

　　B　各轴段直径的确定

　　轴的各段直径通常是在根据轴所传递的转矩初步估算出最小直径 d_{min} 的基础上，考虑轴上零件的安装及固定等因素逐一确定的。

　　确定轴的直径时应遵循的原则是：

　　（1）轴头的直径取标准尺寸（见表 8-15）。

表 8-15　轴的标准尺寸、定位轴肩尺寸 a 及零件孔端圆角半径 R 和倒角 C　　　　mm

轴的标准尺寸														
10	12	14	16	18	20	22	24	25	26	28	30	32	34	36
38	40	42	45	48	50	53	56	60	63	67	71	75	80	85

定位轴肩尺寸 a 及零件孔端圆角半径 R 和倒角 C					
轴径 d	>10~18	>18~30	>30~50	>50~80	>80~100
r	0.8	1.0	1.6	2.0	2.5
R 或 C	1.6	2.0	3.0	4.0	5.0
a_{min}	2.0	2.5	3.5	4.5	5.5
b	轴环的宽度 $b \approx 1.4a$				

（2）安装滚动轴承的轴颈，应按滚动轴承标准规定的内孔直径选取。

（3）定位轴肩，其高度 a 按表 8-14 给定的原则确定（或参考表 8-15）；非定位轴肩是为了便于轴上零件的安装而设置的工艺轴肩（如图 8-28 中轴段②与轴段③间的轴肩），其高度可以很小，一般取 $1 \sim 2mm$ 即可。

滚动轴承的定位轴肩高度必须低于轴承内圈端面厚度（图 8-28 中轴段⑥处），以便于轴承的拆卸，具体数值查相应的轴承标准。

（4）轴中装有过盈配合零件时（图 8-28 中的轴段③），该零件毂孔与装配时需要通过的其他轴段（轴段①、轴段②）之间应留有间隙，以便于安装。

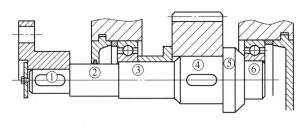

图 8-28 轴的组成

C 各轴段长度应满足的确定

轴的各段长度主要是根据得到轴上零件的轴向尺寸及轴系结构的总体布置来确定，设计时应满足的要求是：

（1）轴与传动件轮毂相配合的部分的长度，一般应比轮毂长度短 $2 \sim 3mm$，以保证传动件能得到可靠的轴向固定（图 8-28 轴段①和④）。轮毂长 $L \approx (1 \sim 1.5)d$。

（2）安装滚动轴承的轴颈长度取决于滚动轴承的宽度。

（3）其余轴段的长度，可根据总体结构的要求（如零件间的相对位置、拆装要求、轴承间隙的调整等）在结构设计中确定。

D 影响轴结构的一些因素

（1）轴的加工工艺性。为使轴具有良好的加工工艺性，应注意以下几点：

1）轴直径变化尽可能小，并尽量限制轴的最小直径与各段直径差，这样既可以节省材料又可以减少切削加工量。

2）轴上有磨削或需切螺纹处，应留砂轮越程槽和螺纹退刀槽，如图 8-29 所示，以保证加工完整。

3）应尽量使轴上同类结构要素（如过渡圆角、倒角、键槽、越程槽、退刀槽及中心孔等）的尺寸相同，并符合标准和规定；如数个轴段上有键槽，应将它们布置在同一母线上，以便于加工。

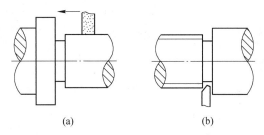

图 8-29 砂轮越程槽与螺尾退刀槽

(a) 砂轮越程槽；(b) 螺尾退刀槽

（2）轴的装配工艺性。为使轴具有良好的装配工艺性，常采取以下措施：

1）为了便于轴上零件的装拆和固定，常将轴设计成阶梯形。如图 8-28 为减速器中高速级齿轮轴的简图，轴上装有联轴器和齿轮，并用滚动轴承支承。如果将轴设计成光轴，虽然便于加工，但轴上齿轮装拆困难，而且齿轮和联轴器的轴向位置不便于固定。因此，可设计成如图 8-28 所示的阶梯轴。

2）为了便于装配，轴端应加工出 45°或 30°（ 60°）倒角，过盈配合零件装入端常加工出导向锥面。

（3）减小应力集中，提高轴的疲劳强度。应力集中常常是产生疲劳裂纹的根源。为了提高轴的疲劳强度，应从结构设计、加工工艺等方面采取措施，减小应力集中。对于合金钢轴尤其应注意这一要求（以下仅从结构方面讨论）。

1）要尽量避免在轴上（特别是应力较大的部位）安排应力集中严重的结构，如螺纹、横孔、凹槽等。

2）当应力集中不可避免时，应采取减少应力集中的措施，如适当增大阶梯轴轴肩处圆角半径、在轴上或轮毂上设置卸载槽安全（见图 8-30a、b）等。由于轴上零件的端面应与轴肩定位面靠紧，因此轴的圆角半径常常受到限制，这时可采用凹切圆槽（见图 8-30c）或过渡肩环（见图 8-30d）等结构。

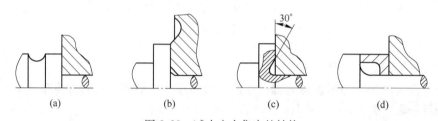

图 8-30 减小应力集中的结构
（a）轴上设卸载槽；（b）轮毂上设卸载槽；（c）采用凹切圆槽；（d）采用过渡肩环

3）键槽端部与轴肩距离不宜过小，以避免损伤过渡圆角，减少多种应力集中源重合的机会。

4）减小轴的表面粗糙度，表面进行强化处理（如高频淬火、表面渗碳、氰化、氮化、喷丸、碾压等）。

8.5 轴系的组合设计

为了保证轴系能正常工作，除了要正确选择轴承的类型和尺寸外，还应正确处理轴承的轴向位置固定、配合、调整、拆装、润滑和密封等问题，这些问题综合起来考虑并确定轴系的结构称为轴系的组合设计。轴系的组合设计与轴承的外围部件、使用要求等因素有关。

8.5.1 轴系的固定（轴系支承结构形式）

滚动轴承支承的轴系结构必须防止轴工作时发生轴向窜动，保证轴及轴上零件有确定的工作位置，同时又要保证滚动轴承不致因轴受热膨胀而被卡死。

轴系的固定是通过对轴承的固定来实现的，滚动轴承部件的典型支承方式有三类。

（1）双支点单向固定（两端固定，简称双固式）。对于两支点距离小于 350mm 的短轴，或在工作中温升较小的轴，可采用图 8-31 所示这种简单结构。轴两端的轴承内圈用轴肩固定，外圈用轴承端盖固定。

为补偿轴的受热伸长，对于内部间隙不可调的轴承（如深沟球轴承），在轴承外圈与端盖间应留有轴向间隙 Δ（在 $0.25 \sim 0.4$mm 之间）。但间隙不能太大，否则轴会出现过大的轴向窜动。对于内部间隙可以调整的轴承（如角接触球轴承、圆锥滚子轴承）不必在外部留间隙，而在装配时，将温升补偿间隙留在轴承内部。

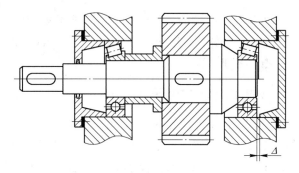

图 8-31　两端固定式支承

（2）单支点双向固定，另一支点游动（一端固定、一端游动，简称固游式）。如图 8-32 所示，当轴的支点跨距较大（大于 350mm）或工作温度较高时，因这时轴的热伸长量较大，采用上一种支承预留间隙的方式已不能满足要求。左端轴承的内、外圈两侧均固定，使轴双向轴向定位，而右端可采用深沟球

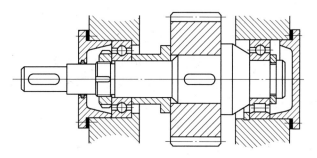

图 8-32　一端固定、一端游动式支承

轴承作游动端，为防止轴承从轴上脱落，轴承内圈两侧应固定，而其外圈两侧均不固定，且与机座孔之间是间隙配合。右端也可采用外圈无挡边圆柱滚子轴承为游动端，这时的内、外圈的固定方式如图 8-32 下方所示。

（3）双支点游动（简称双游式）。如图 8-33 所示，其左、右两端都采用圆柱滚子轴承，轴承的内、外圈都要求固定，以保证在轴承外圈的内表面与滚动体之间能够产生左右轴向游动。此种支承方式一般只用在人字齿轮传动这种特定的情况下，而且另一个轴必须采用两端固定结构。该结构可避免人字齿轮传动中，由加工误差导致干涉甚至卡死的现象。

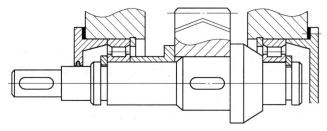

图 8-33　两端游动式支承

8.5.2　轴承的配置

轴一般采用双支承结构，每个支承由 1 ~ 2 个轴承组成。只要能承受一个方向轴向力的轴承，就可以作为双固式的支承（如 1、2、3、6、7 类轴承）。能承受双向轴向力的轴

承距均可作为固定端的支承（如1、2、6类轴承或一个支承采用两个3类、7类轴承组合使用）。内、外圈能双向分离的轴承与内、外圈不能分离的轴承可作为游动端的支承（如6、N、NA类轴承）。

8.5.3　轴系组合结构的调整

轴承间隙的大小将影响轴承的旋转精度、传动零件工作的平稳性。游隙过大，则轴承的旋转精度降低，噪声增大；游隙过小，则由于轴的热膨胀使轴承受载加大、寿命缩短、效率降低。故轴承间隙必须能够调整。轴承间隙调整的方法有：

（1）调整垫片。如图 8-31 所示，利用加减两端轴承端盖与箱体间垫片的厚度，进行调整。

（2）可调压盖。如图 8-34 所示，利用端盖上的调整螺钉推动压盖，移动滚动轴承外圈进行调整，调整后用螺母锁紧。

轴系轴向位置调整的目的是使轴上零件有准确的工作位置。如蜗杆传动，要求蜗轮的中间平面必须通过蜗杆轴线；直齿锥齿轮传动，要求两锥齿轮的锥顶点必须重合。图 8-35 为小锥齿轮轴的轴承组合结构，轴承装在轴承套杯 3 内，通过加减套杯与箱体间垫片 1 的厚度来调整轴承套杯的轴向位置，可调整小锥齿轮的轴向位置；通过加减套杯与端盖间垫片 2 的厚度可调整轴承间隙。

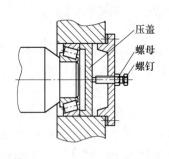

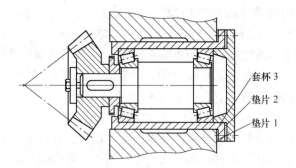

图 8-34　轴承间隙调整图　　　　　　　图 8-35　小锥齿轮轴的轴承组合结构

8.5.4　提高轴系的支承刚度

增强轴系的支承刚度，可提高轴的旋转精度、减小振动噪声、保证轴承使用寿命。对刚度要求高的轴系部件，设计时可采取下列措施以利于提高支承刚度。

（1）合理布置轴承。同样的轴承，若布置方式不同，则轴的刚度也会不同。如图 8-36 和图 8-37 所示小锥齿轮轴角接触轴承的正、反两种安装方式。因小锥齿轮是悬臂布置，故悬臂长度越短，轴的刚度越大。从图中可看出，在支承距离相同的条件下，压力中心间的距离，图 8-36 中为 L_1，图 8-37 中为 L_2，因 $L_1 < L_2$，显然图 8-37 悬臂较短，比图 8-36 刚度大。如果小锥齿轮处在两轴承之间，则角接触轴承正装时跨距小，刚度大。由此可见，根据轴上工作零件的位置合理布置轴承，有利于提高轴系的支承刚度。

（2）对轴承进行预紧。对于精度要求高的轴系部件（如精密机床的主轴部件）常采用对轴承预紧的方法增强轴系的支承刚度。预紧是指在安装轴承部件时，采取一定措施，

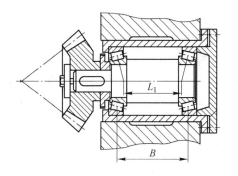

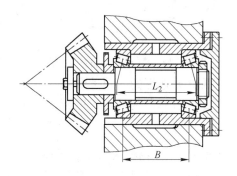

图 8-36 小锥齿轮轴支承结构之一 　　　　图 8-37 小锥齿轮轴支承结构之二

预先对轴承施加一轴向载荷，使轴承内部的游隙消除。预紧后的轴承在工作载荷作用时，其内、外圈的轴向及径向的相对移动量比未预紧时小得多，支承刚度和旋转精度得到显著的提高。但预紧量应根据轴承的受载情况和使用要求合理确定，预紧量过大，轴承的磨损和发热量增加，会导致轴承寿命降低。预紧的主要方法有：

1）定位预紧。在轴承的内（外）套圈之间加一金属垫片或磨窄某一套圈的宽度，在受到一定轴向力后产生预变形而得到预紧（见图 8-38）。

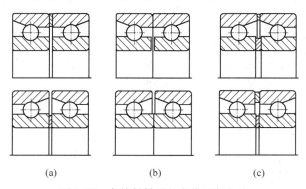

(a) 　　　　　　　　　(b) 　　　　　　　　　(c)

图 8-38 角接触轴承的定位预紧方法
（a）加金属垫片；（b）磨窄套圈；（c）内、外套筒垫片厚度不同

2）定压预紧。在高速运转时常采用定压预紧方式（见图 8-39）。此时通过调整弹簧的压紧量对轴承进行预紧，在运行中轴承的轴向预紧载荷，不受因温差引起轴的长度变化影响而保持不变。

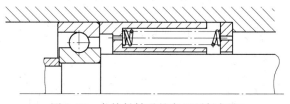

图 8-39 角接触轴承的定压预紧方法

8.5.5 滚动轴承的配合与装拆

合理选择滚动轴承的配合与装拆方法是影响轴的回转精度、轴承使用寿命以及轴承维护难易的重要因素。

8.5.5.1　滚动轴承的配合

滚动轴承的配合是指轴承内圈与轴颈及轴承外圈与机座孔的配合，轴承的周向固定就是通过配合来保证的。轴承配合选择的一般原则是：转动圈（一般为内圈）的配合选紧些；固定圈（一般为外圈）的配合选松些。对一般机械，与轴承内圈配合的回转轴常采用n6、m6、k5、k6、js6；与不转动的外圈相配合的机座孔常采用J6、J7、H7、G7等配合。

8.5.5.2　滚动轴承的安装与拆卸

滚动轴承是精密件，因而装拆方法必须规范，否则会使轴承精度降低，损坏轴承和其他零部件。装拆的要点是：使滚动体不受装拆力，装拆力要对称或均匀地作用在座圈的端面上。

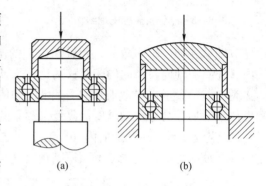

轴承的安装有热套法和冷压法。热套法就是将轴承放入油池中，加热至80～100℃，然后套装在轴上。冷压法如图8-40所示，需有专用压套，用压力机压入。

图 8-40　冷压法安装轴承

拆卸轴承时，可采用专用工具。如图8-41（a）所示，为便于拆卸，轴承的定位轴肩高度应低于轴承内圈高度，否则，难以放置拆卸工具的钩头，轴肩定位尺寸见表8-6～表8-8中的d_a。

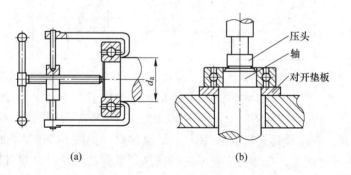

图 8-41　轴承内圈的拆卸

拆卸分离型轴承（30000）的外圈，应使轴承外圈留出足够的拆卸空间（图8-42a中

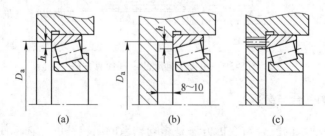

图 8-42　轴承外圈的拆卸

的尺寸 h），其定位尺寸见表 8-6～表 8-8 中的 D_a。对于端部封闭的情况还要留出一定的轴向空间（≥8～10mm），以便放入拆卸器的钩头（见图 8-42b），也可以借助于设置的几个螺纹孔（沿圆周分布），用螺钉将其顶出（见图 8-42c）。

8.6 轴的（静）强度校核

8.6.1 轴的材料

轴的主要失效形式是疲劳破坏和过载折断。因此轴的材料应具有足够的抗疲劳强度、较小的应力集中敏感性和良好的加工性，轴与滑动轴承发生相对运动的表面应具有足够的耐磨性。轴的常用材料是碳素钢、合金钢、球墨铸铁和高强度铸铁。选择轴的材料时，应考虑轴所受载荷的大小和性质、转速高低、周围环境、轴的形状和尺寸、生产批量、重要程度、材料力学性能及经济性等因素。

轴的常用材料及主要力学性能见表 8-16。

表 8-16 轴的常用材料及力学性能

材 料	热处理	毛坯直径 /mm	硬度 （HBS）	抗拉强度 σ_b	屈服极限 σ_s	弯曲疲劳极限 σ_{-1}	扭转疲劳极限 τ_{-1}	应用场合
				MPa				
Q235				440	235	200	105	用于不重要或载荷不大的轴
35	正火	≤100	143～187	520	270	250	125	有好的塑性和适当的强度，可做一般曲轴、转轴等
	正火回火	>100～300		500	260	240	120	
	调质	≤100	63～207	560	300	265	135	
45	正火回火	≤100	170～217	600	300	275	140	应用最为广泛
		>100～300	162～217	580	290	270	135	
	调质	≤200	217～255	650	360	300	155	
40Cr	调质	≤100	241～286	750	550	350	200	用于载荷较大而无很大冲击的重要轴
		>100～300	241～266	700		340	195	
40MnB	调质	≤200	241～286	750	500	335	195	性能接近 40Cr，可作其代用品
35SiMn 42SiMn	调质	≤100	229～286	800	520	400	205	
		>100～300	217～269	750	450	350	185	
35CrMo	调质	≤100	207～269	750	550	390	200	用于重载荷的轴
20Cr	渗碳＋淬火＋回火	≤60	表面 50～60HRC	650	400	280	160	用于强度、韧度及耐磨性较高的轴
QT450-10			160～210	450	310	160	140	多用于铸造形状复杂的曲轴、凸轮轴等
QT600-3			190～270	600	370	215	185	

8.6.2　轴的强度校核

不同受力类型的轴，其强度计算的方法是不同的。其中传动轴按扭转强度计算；心轴按弯曲强度计算；转轴按弯扭合成强度计算。

（1）传动轴的强度计算。传动轴工作时只承受扭矩，由材料力学可知，轴的强度条件为：

$$\tau_{max} = \frac{T}{W_P} \leqslant [\tau]$$

式中，τ_{max} 为轴受扭时的横截面上最大切应力（MPa）；W_P 为轴的抗扭截面系数（mm³），对实心圆截面，$W_P \approx 0.2d^3$；$[\tau]$ 为轴材料的许用切应力（MPa）；T 为轴横截面上的扭矩（N·mm），若轴上各轴段的扭矩相同时，此时扭矩 T 就等于外力偶矩 M_n：$T = M_n = 9.55 \times 10^6 \dfrac{P}{n}$；$P$ 为轴传递的功率（kW）；n 为轴的转速（r/min）；d 为轴的直径（mm）。

故对于实心圆截面轴，轴上的各段扭矩相同时，其强度计算公式为：

$$\tau_{max} = \frac{T}{W_P} \approx \frac{9.55 \times 10^6 P}{0.2d^3 n} \leqslant [\tau]$$

或 $$d \geqslant \sqrt[3]{\frac{T}{0.2[\tau]}} = \sqrt[3]{\frac{9.55 \times 10^6 P}{0.2n[\tau]}} = A \cdot \sqrt[3]{\frac{P}{n}} \tag{8-1}$$

式中，A 是与轴的材料有关的系数，见表8-17。

表8-17　常用材料的 $[\tau]$ 和 A 值

轴的材料	Q235、20	35	45	40Cr、35SiMn
$[\tau]$/MPa	12 ~ 20	20 ~ 30	30 ~ 40	40 ~ 52
A	160 ~ 135	135 ~ 118	118 ~ 107	107 ~ 98

由式（8-1）计算出的直径为轴的最小直径。若该轴段同一截面上开有一个键槽，轴径应增大3%；开有两个键槽应增大7%左右。

（2）心轴的强度计算。心轴只受弯矩，由材料力学知，对实心圆轴，其强度条件为：

$$\sigma_{max} = \frac{M}{W} \approx \frac{M}{0.1d^3} \leqslant [\sigma]$$

（3）转轴的强度计算。转轴是同时承受弯矩和扭矩，由第三强度理论，其强度条件为：

$$\sigma_c = \sqrt{\sigma^2 + 4\tau^2} \leqslant [\sigma]$$

$$\sigma_c = \sqrt{\left(\frac{M}{W}\right)^2 + 4\left(\alpha \cdot \frac{T}{W_P}\right)^2} = \frac{\sqrt{M^2 + (\alpha T)^2}}{W} = \frac{M_e}{W} \leqslant [\sigma_{-1}]$$

式中，M_e 为当量弯矩，$M_e = \sqrt{M^2 + (\alpha T)^2}$；$W$ 为轴截面的抗弯截面模量；W_P 为轴截面的抗扭截面模量；α 为折算系数，切应力 τ 为对称循环，$\alpha = 1$；τ 为脉动循环，$\alpha = 0.6$；对不变的扭矩，$\alpha = 0.3$；$[\sigma_{-1}]$ 为轴的对称循环许用弯曲应力，见表8-18。

表8-18　轴的许用弯曲应力　　　　　　　　　　　　　　　　　　　　MPa

材　料	σ_b	$[\sigma_{+1}]$	$[\sigma_0]$	$[\sigma_{-1}]$	材　料	σ_b	$[\sigma_{+1}]$	$[\sigma_0]$	$[\sigma_{-1}]$
碳素钢	400	130	70	40	合金钢	800	270	130	75
	500	170	75	45		900	300	140	80
	600	200	95	55		1000	330	150	90
	700	230	110	35		1200	400	180	110

注：表中 $[\sigma_{-1}]$、$[\sigma_0]$、$[\sigma_{+1}]$ 分别为对称循环、脉动循环和静应力状态下材料的许用应力。

8.6.3　轴的计算简图

通过轴的结构设计，确定了轴的几何形状和尺寸，且轴上零件相对于轴的位置也已确定，再将实际载荷简化并确定出轴上支承反力作用点的位置，绘制成计算简图（按材料力学中基本变形所规定的外力条件，把载荷简化到规定的作用平面上所形成的力学模型称为计算简图），即可进行轴的强度校核计算。

8.6.3.1　轴上载荷的简化

（1）一般情况下，可将齿轮、带轮等传动零件的作用力，简化为作用在轮缘宽度中点处的集中载荷。

（2）作用在轴上的转矩，简化在传动零件轮毂与轴连接件的配合长度的中点处。

（3）当两轴轴线不能严格对中但仍在允许的偏差内时，联轴器上将有使轴弯曲的附加载荷 F_c，一般 $F_c \approx (0.1 \sim 0.4)F_t$（$F_t$ 为联轴器上两半联轴器连接处的圆周力），其方向不定，故从最不利情况考虑，将 F_c 产生的弯矩叠加在合成弯矩上。

8.6.3.2　轴上支承反力作用点位置（支点位置确定）

轴是由轴承支承的，故轴承可简化为铰链支座。

（1）支承点位置。支承点位置与轴承类型有关，一般按图8-43确定。图（b）、（c）中的 a 值由轴承手册查出。图（e）为滑动轴承：当 $\frac{L}{d} \leq 1$ 时，$e = 0.5L$；当 $\frac{L}{d} > e$ 时，$e = 0.5d$，但不小于 $(0.25 \sim 0.35)L$；对调心轴承，$e = 0.5L$。

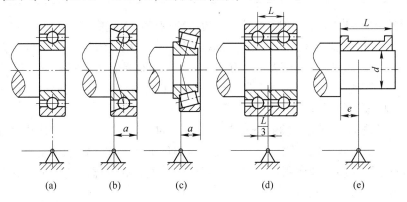

图8-43　轴承支承点位置的确定

（2）支承形式。支承点形式与轴承类型和布置方式有关。

1）轴系采用双支点单向固定（双固式）。

①对 3、7 类轴承，压紧端轴承为固定铰链支座，放松端轴承为活动铰链支座。

②对 1、2、6 类轴承，承受外部轴向力的轴承为固定端，另一端轴承为活动铰链支座。

2）轴系采用单支点双向固定（固游式）。固定端为固定铰链支座，游动端为活动铰链支座。

8.6.4　轴的静强度校核

对于那些瞬时过载很大（包括冲击载荷）的轴，它的静强度可能不足，这时应校核静强度。危险截面静强度安全系数 S_S 的校核公式为：

$$S_S = \frac{S_{S\sigma} + S_{S\tau}}{\sqrt{S_{S\sigma}^2 + S_{S\tau}^2}} \geqslant \left[S_S \right]$$

$$S_{S\sigma} = \frac{\sigma_S}{\dfrac{M_{\max}}{W}}, \quad S_{S\tau} = \frac{\tau_S}{\dfrac{T_{\max}}{W_P}}$$

式中，$S_{S\sigma}$ 为只考虑弯曲时的安全系数；$S_{S\tau}$ 为只考虑扭转时的安全系数；W 和 W_P 为轴截面的抗弯截面模量和轴抗扭截面模量；$M_{\max}$ 和 $T_{\max}$ 为轴危险截面上的最大弯矩和最大扭矩，一般情况下，若轴的最大载荷与轴的平均载荷（计算疲劳强度时的载荷）的比值为 K 时，$M_{\max} = KM$，$T_{\max} = KT$（M、T 为计算疲劳强度时轴危险截面上的弯矩与扭矩）；σ_S 为轴材料的拉伸屈服极限应力；τ_S 为轴材料的扭转屈服极限应力，一般取 $\tau_S \approx (0.55 \sim 0.62) \sigma_S$；$S_S$ 为轴弯、扭组合强度时的安全系数；$\left[S_S \right]$ 为静强度的许用安全系数，见表 8-19。

表 8-19　静强度的许用安全系数

$\dfrac{\sigma_S}{\sigma_b}$	0.45 ~ 0.55	0.55 ~ 0.7	0.7 ~ 0.9	铸　件
安全系数 $\left[S_S \right]$	1.2 ~ 1.5	1.4 ~ 1.8	1.7 ~ 1.2	1.6 ~ 2.5

【例 8-3】　某斜齿圆柱齿轮减速器，经初步结构设计，确定输入轴的结构和尺寸如图 8-44（a）所示。已知轴上齿轮分度圆直径 $d = 64\text{mm}$，作用在齿轮上的切向力 $F_t = 1850\text{N}$，径向力 $F_r = 688\text{N}$，轴向力 $F_a = 393\text{N}$（方向向右），联轴器的输入转矩 $T = 59.2\text{N} \cdot \text{m}$，采用深沟球轴承，传动不逆转，频繁启制动，轴的材料为 45 钢，调质处理。不考虑联轴器附加力，试校核该轴的强度。

解：（1）建立力学模型。轴的空间受力如图 8-44（b）所示。齿轮作用力在轮齿宽中点处，由于轴采用双固式的固定方式，左端深沟球轴承简化为活动铰支座，右端深沟球轴承简化为固定铰支座，其作用点在轴承宽度的中点处，联轴器的传动力矩作用在该轴段键槽（或轮毂）中间。

（2）计算约束反力。

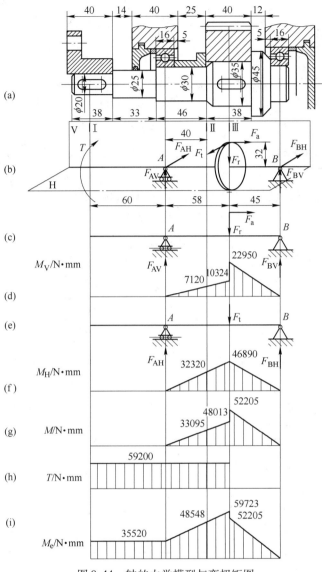

图 8-44　轴的力学模型与弯扭矩图

（a）轴结构图；（b）轴计算简图；（c）垂直方向计算简图；（d）垂直弯矩 M_V；

（e）水平方向计算简图；（f）水平弯矩 M_H；（g）合成弯矩 M；（h）扭矩 T；（i）当量弯矩 M_e

1）垂直方向。

$$\sum M_A(F) = 0 : 103F_{BV} - 32F_a - 58F_r = 0$$

$$F_{BV} = \frac{32F_a + 58F_r}{103} = \frac{32 \times 393 + 58 \times 688}{103} = 510\text{N}$$

$$\sum F_Y = 0 : F_{AV} + F_{BV} - F_r = 0$$

$$F_{AV} = F_r - F_{BV} = 688 - 510 = 178\text{N}$$

2）水平方向。

$$\sum M_A(F) = 0 : 103F_{BH} - 58F_t = 0$$

$$F_{BH} = \frac{58F_t}{103} = \frac{58 \times 1850}{103} = 1042N$$

$$\sum F_Y = 0 : F_{AH} + F_{BH} - F_t = 0$$

$$F_{AH} = F_t - F_{BH} = 1850 - 1042 = 808N$$

（3）绘制弯扭矩图。垂直弯矩 M_V，见图 8-44（d）。水平弯矩 M_H，见图 8-44（f）。合成弯矩 $M = \sqrt{M_V^2 + M_H^2}$，见图 8-44（g）。扭矩 T，见图 8-44（h）。当量弯矩 $M_e = \sqrt{M^2 + (\alpha T)^2}$，见图 8-44（i），由于轴不反转，且频繁启动，故扭转应力按脉动循环考虑，取 $\alpha = 0.6$。

（4）确定危险截面，校核轴的疲劳强度。根据轴的结构和当量弯矩图，可知其危险截面为 Ⅰ、Ⅱ、Ⅲ。轴的疲劳强度校核计算结果见表 8-20。

表 8-20　轴的疲劳强度计算

计算内容及公式	计算结果			说　明
	截面 Ⅰ	截面 Ⅱ	截面 Ⅲ	
扭矩 $T/N \cdot mm$		59200		脉动循环
合成弯矩 $M/N \cdot mm$	0	33905	48013	对称循环
当量弯矩 $M_e = \sqrt{M^2 + (\alpha T)^2}/N \cdot mm$	35520	48548	59723	$\alpha = 0.6$
许用应力 $[\sigma_{-1}]/MPa$		60		见表 8-18
轴的直径 d/mm	20	30	35	
轴上键槽数量/个	1	0	1	
所需最小直径 $d_{min} \geqslant \sqrt[3]{\dfrac{M_e}{0.1[\sigma_{-1}]_b}}/mm$	18.1	20.1	21.5	
有键槽增大 3%~7% 后轴所需的直径/mm	18.65	20.1	22.1	一个键槽增大 3%，两个键槽增大 7%
结　论	强度足够			

8.7　轴的设计步骤

在一般情况下，足够的强度、合理的结构和良好的工艺性能是设计一般轴必须满足的基本要求。但不同机械对轴的工作有不同的要求：如机床主轴要求有足够的刚度；汽轮机转子轴等高速和受周期性载荷的轴，要考虑振动问题；重型轴要考虑毛坯的制造、探伤和吊装等问题。

轴设计的一般步骤为：

（1）选择轴的材料，确定许用应力。

（2）估算轴的最小直径。

（3）进行轴的结构设计。

1）确定轴上零件的位置、定位和固定、轴系的固定方式。

2）确定各轴段的直径。

3）确定各轴段长度。

4）确定其余尺寸，如键槽、倒角、圆角、退刀槽、越程槽等尺寸。

（4）校核轴的强度，若轴的强度不够或相差较大时，必须重新修改轴的结构。

（5）绘制轴的零件图。

【例8-4】　已知图8-45所示带式运输机所用的斜齿圆柱齿轮减速器，从动轴所传递的功率为 $P = 5\text{kW}$，从动轴的转速 $n = 140\text{r/min}$，轴上齿轮的参数为 $z = 60$，$M_n = 3.5\text{mm}$，$\beta = 12°$，$\alpha = 20°$，齿轮宽度 $B = 70\text{mm}$，机架宽度 $L = 55\text{mm}$，载荷平稳，轴单向运转。试设计减速器的从动轴。

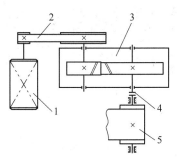

图 8-45　带式运输机传动示意

1—电动机；2—带传动；3—齿轮减速器；4—联轴器；5—工作机

解：（1）选择轴的材料，确定许用应力。查表 8-16，由于没有特殊要求，故采用 45钢、调质处理。设直径小于 200mm，其 $\sigma_b = 650\text{MPa}$，$\sigma_s = 360\text{MPa}$，217～255HBS。

（2）估算轴的最小直径 d 查表 8-17，系数 $A = 118 \sim 107$，则：

$$d \geq A \cdot \sqrt[3]{\frac{P}{n}} = (118 \sim 107) \times \sqrt[3]{\frac{5}{140}} = 38.6 \sim 35.2\text{mm}$$

由于最小轴段为安装联轴器处，考虑有一个键槽，故增大 3%。

$$d_{\min} \geq 1.03 \times (38.6 \sim 35.2) = 39.7 \sim 36.3\text{mm}$$

取 $d_{\min} = 38\text{mm}$。

（3）进行轴的结构设计。

1）轴上零件的装配和定位方案的确定，绘制轴系结构草图（见图 8-46）。采用弹性联轴器 J 型，采用深沟球轴承 62××，用螺栓固定端盖，轴端挡圈、套筒、轴环、轴肩进行轴向定位，联轴器与齿轮采用普通平键进行周向定位。

2）确定轴的各段直径（见图 8-46）。注意各轴段直径尽量符合表 8-15 中的直径系列。

第一段轴直径，安装联轴器：查手册选 HL3 型 J 型孔，轴孔直径 38mm，轮毂长度为 60mm。

第二段直径，密封轴段：由表 8-14，定位轴肩 $h_{\min} = 3.5\text{mm}$，故取直径为 45mm。

第三段轴直径，安装轴承：选 6210 轴承，查表 8-6 其宽度为 20mm，直径为 50mm。该段轴肩不是定位轴肩，其高度不受限制，可任意取值。

第四段轴直径，安装齿轮：取直径为 53mm（由表 8-15 直径系列确定，该段轴肩不是定位轴肩，其高度不受限制，可任意取值）。

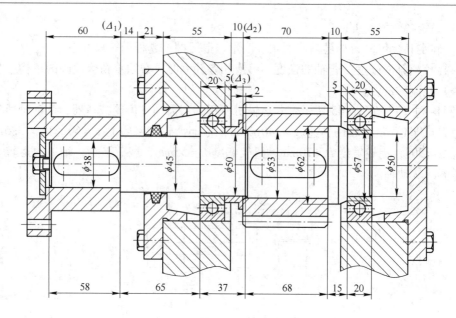

图 8-46　轴系结构草图

轴环：由表 8-14，高度 $h = 4.5\text{mm}$，宽度 $b = 1.4h = 1.4 \times 4.5 = 6.3\text{mm}$，取 $b = 8\text{mm}$，直径为 $53 + 2h = 53 + 2 \times 4.5 = 62\text{mm}$，取 $d = 62\text{mm}$。

安装轴承处轴肩尺寸，查表 8-6，其安装直径为 $d_a = 57\text{mm}$。

3）确定轴的各段长度（见图 8-47）。齿轮端面距箱壁距离 $\Delta_2 = 10 \sim 15\text{mm}$，取 $\Delta_2 = 10\text{mm}$。轴承端面距箱体内壁距离 Δ_3，在轴承采用脂润滑时 $\Delta_3 = 10 \sim 15\text{mm}$，在轴承采用油润滑时 $\Delta_3 = 3 \sim 5\text{mm}$，本例采用油润滑，取 $\Delta_3 = 5\text{mm}$。固定在减速箱体外壁上零件端面（本例为轴承盖螺钉）至联轴器端面距离 $\Delta_1 = 10 \sim 15\text{mm}$。本例取 $\Delta_1 = 14\text{mm}$。联轴器、齿轮处轴段，长度比轮毂短 $1 \sim 3\text{mm}$。

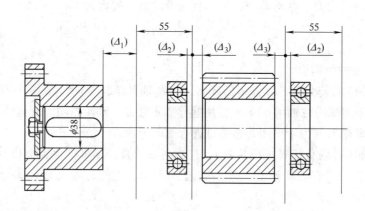

图 8-47　轴上零件位置设计

4）轴的结构细节设计。过渡圆角 r、倒角 C，由表 8-14 确定。

（4）轴的强度校核（略）。

（5）绘制轴工作图（见图 8-48）。

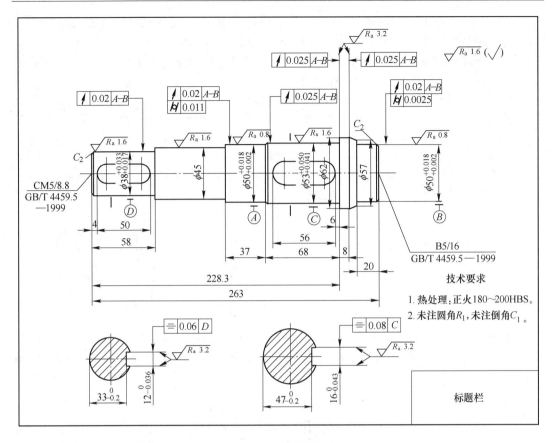

图 8-48 轴的零件图

思考题与习题

8-1 滑动轴承轴瓦材料有哪些要求?

8-2 滑动轴承中油沟和油孔的作用是什么?

8-3 为什么要限定滑动轴承轴瓦的宽径比?宽径比过大或过小有何影响?

8-4 轴系的支承结构形式有哪三种?各自适用于何种场合?

8-5 角接触轴承采用正安装与反安装时各有何特点?

8-6 滚动轴承的寿命计算是防止了轴承的什么失效?若寿命计算的时间为 30000h,试说出其含义。

8-7 什么是心轴、传动轴、转轴?试举例说明。

8-8 什么是定位和固定?

8-9 分别说出 5 种轴向定位与周向定位的方法。

8-10 装拆滚动轴承时为什么要求滚动体不受力?

8-11 其他条件相同,若轴可正反转,启制动不频繁,其校核时与不反转的轴有何不同?若轴可正反转,启制动频繁,其校核与上有何不同?

8-12 其他条件相同,若考虑联轴器的附加力,其轴的合成弯矩如何叠加?

8-13 一非液体滑动轴承,已知所受径向载荷 $F_r = 16000\text{N}$,轴的转速 $n = 960\text{r/min}$,安装轴承处轴直径 d

= 100mm，轴承宽径比为 $b/d = 1$，轴承采用材料为 ZCuAl10Fe3，试校核该滑动轴承强度。

8-14 已知滚动轴承代号为 6211/P63、32210、7204C、N214/P5、51208。

(1) 分别说出上述轴承中只能承受径向力、只能承受轴向力、能同时承受径向力与单方向轴向力、能同时承受径向力与两个方向轴向力的轴承。

(2) 说出滚动轴承的类型、内径、公差等级、游隙组别。

8-15 如图 8-49 所示，一对 7208AC 角接触球轴承所受径向力 $F_{r1} = 5600N$，$F_{r2} = 3200N$，轴向外载荷 $F_a = 1000N$。求各轴承的轴向载荷。

8-16 如图 8-50 所示，圆锥齿轮轴选用一对 30207 轴承，圆锥齿轮平均分度圆半径 $r_m = 30mm$，作用于圆锥齿轮上的圆周力 $F_t = 1800N$，径向力 $F_r = 600N$，轴向力 $F_a = 400N$，轴的转速 $n = 960r/min$，有轻微冲击，其余尺寸如图示，试计算轴承寿命。

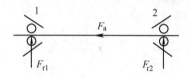

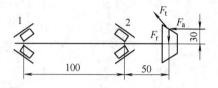

图 8-49　题 8-15 图　　　　　　　　　　　图 8-50　题 8-16 图

8-17 如图 8-51 所示为一用滚动轴承支承的转轴轴系结构图，现要求用文字分析图上编号处的结构错误，并说出该轴系采用哪种轴承支承结构形式。（注：不考虑轴承的润滑方式以及图中的倒角和圆角）

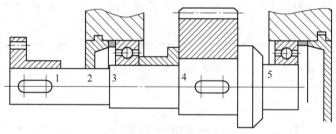

图 8-51　题 8-17 图

8-18 某斜齿圆柱齿轮减速器，输入轴的结构和尺寸如图 8-52 所示，轴上齿轮分度圆直径 $d = 64mm$，作用在齿轮上的圆周力 $F_t = 32000N$，径向力 $F_r = 12000N$，轴向力 $F_a = 6800N$（方向向右），联轴器的输入转矩 $T = 1024N \cdot m$，采用深沟球轴承 6215，传动不逆转，频繁启制动，轴的材料为 45 钢，调质处理。不考虑联轴器附加力，试校核该轴的强度是否足够。

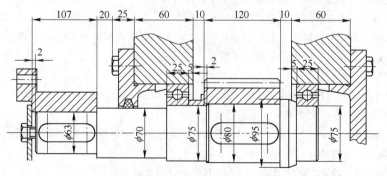

图 8-52　题 8-18 图

8-19 如图 8-53 所示为带式运输机所用的单级斜齿圆柱齿轮减速器的主动轴。已知该轴所传递的功率 $P = 7.5\text{kW}$，主动轴的转速 $n = 1440\text{r/min}$，轴上齿轮的参数为 $z = 26$，$m_n = 2.5\text{mm}$，$\beta = 13°$，$\alpha = 20°$，齿轮宽度 $B = 80\text{mm}$，机架宽度 $L = 60\text{mm}$，联轴器轮毂长度为 82mm，齿轮轴向力方向指向联轴器，载荷平稳，轴单向运转，不考虑联轴器附加力，轴承选择圆锥滚子轴承、采用油润滑，减速器端盖采用嵌入式，试设计减速器的主动轴。

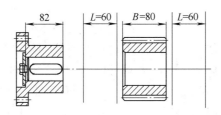

图 8-53 题 8-19 图

9 连 接

在机械中，为了便于机器的制造、安装、运输、维修等，广泛地使用各种连接。

机械连接是指实现机械零（部）件之间互相连接功能的方法。它分为两大类：（1）机械动连接，即被连接的零（部）件之间可以有相对运动的连接，如各种运动副；（2）机械静连接，即被连接零（部）件之间不允许有相对运动的连接。除有特殊说明之外，一般的机械连接是指机械静连接，本章主要介绍机械静连接的内容。

机械静连接又可分为可拆连接和不可拆连接两类。可拆连接即允许多次装拆而不失效的连接，包括螺纹连接、键连接和销连接。不可拆连接即必须破坏连接某一部分才能拆开的连接，包括铆钉连接、焊接和粘接等。另外，过盈连接既可做成可拆连接，也可做成不可拆连接。

9.1 标准螺纹连接件

螺纹连接是利用螺旋副自锁特性进行连接的一种可拆连接。它要满足两个基本要求：

（1）不断，即要有足够的强度；

（2）不松，即要求使用时，连接可靠，保证不会松动。

螺纹连接的基本类型有螺栓连接、双头螺栓连接、螺钉连接和紧定螺钉连接。其中螺栓连接还分为普通螺栓连接（螺栓与孔之间留有间隙）和铰制孔螺栓连接（孔与螺栓杆之间没有间隙，常采用基孔制过渡配合）两种结构。螺纹连接的主要类型的结构、尺寸关系、特点和应用见表9-1。

表 9-1　螺纹连接的基本类型、特点与应用

类型	结 构 图	尺 寸 关 系	特点与应用
螺栓连接	普通螺栓连接	普通螺栓的螺纹余量长度 L_1 为： 静载荷 $L_1 \geqslant (0.3 \sim 0.5)d$ 变载荷 $L_1 \geqslant 0.75d$ 铰制孔用螺栓的静载荷 L_1 应尽可能小于螺纹伸出长度 $a = (0.2 \sim 0.3)d$；螺纹轴线到边缘的距离 $e = d + (3 \sim 6)\,\text{mm}$；螺栓孔直径 d_0，对于普通螺栓，$d_0 = 1.1d$；对于铰制孔用螺栓，d_0 按 d 查有关标准	结构简单，装拆方便，对通孔加工精度要求低，应用最广泛
	铰制孔用螺栓连接		孔与螺栓杆之间没有间隙，采用基孔制过渡配合；用螺栓杆承受横向载荷或者固定被连接件的相对位置

续表9-1

类型	结 构 图	尺 寸 关 系	特 点 与 应 用
螺钉连接	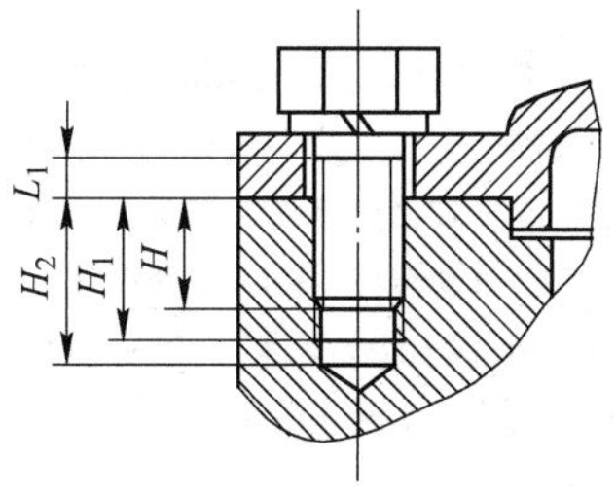	螺纹拧入深度 H，对于钢或青铜为 $H \approx d$，对于铸铁为 $H = (1.25 \sim 1.5)d$，对于铝合金为 $H = (1.5 \sim 2.5)d$； 螺纹孔深度为： $H_1 = H + (2 \sim 2.5)P$ 钻孔深度为： $H_2 = H_1 + (0.5 \sim 1)d$ L_1、a、e 值与普通螺栓连接相同	不用螺母，直接将螺钉的螺纹部分拧入被连接件之一的螺纹孔中构成连接；其连接结构简单，用于被连接件之一较厚不便加工通孔的场合，但如果经常装拆时，易使螺纹孔产生过度磨损而导致连接失效
双头螺栓连接	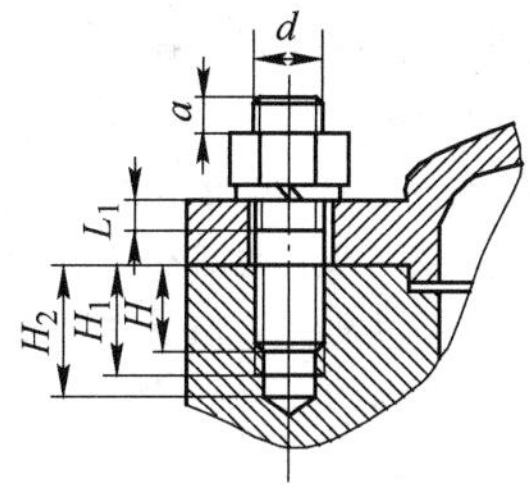		螺栓的一端旋紧在一被连接件的螺纹孔中，另一端则穿过另一被连接件的孔，通常用于被连接件之一太厚不便穿孔、结构要求紧凑或者经常装拆的场合
紧定螺钉连接	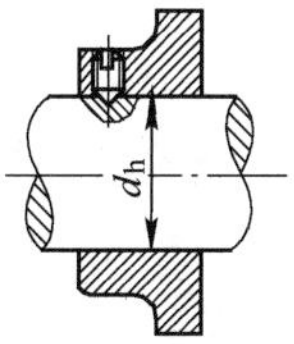	$d = (0.2 \sim 0.3)d_h$，当力和转矩较大时取较大值	螺钉的末端顶住零件的表面或者顶入该零件的凹坑中，将零件固定；它可以传递不大的载荷

　　常用的标准螺纹连接件有螺栓、双头螺栓、螺钉、螺母、垫圈等。这些标准螺纹连接件的品种、类型很多，其结构、形式和尺寸已经标准化，设计时查有关标准选用即可。

　　常用螺纹连接件的类型、结构特点和应用见表9-2。

表9-2　常用螺纹连接件的类型、结构特点及应用

类型	图　例	结构特点及应用
六角头螺栓	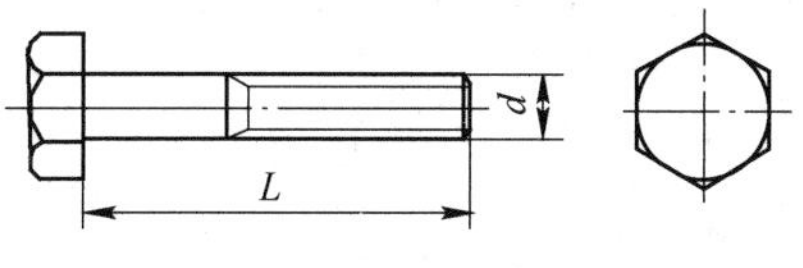	应用最广；螺杆可制成全螺纹或者部分螺纹，螺距有粗牙和细牙；螺栓头部有六角头和小六角头两种；其中小六角头螺栓材料利用率高、力学性能好，但由于头部尺寸较小，不宜用于装拆频繁、被连接件强度低的场合
双头螺栓	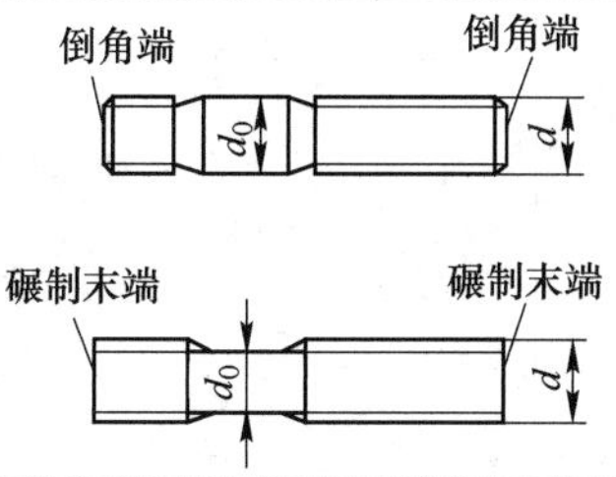	螺栓两头都有螺纹，两头的螺纹可以相同也可以不相同；螺栓可带退刀槽或者制成腰杆，也可以制成全螺纹的螺柱；螺柱的一端常用于旋入铸铁或者有色金属的螺纹孔中，旋入后不拆卸，另一端则用于安装螺母以固定其他零件

类型	图　例	结构特点及应用
螺钉		螺钉头部形状有圆头、扁圆头、六角头、圆柱头和沉头等；头部的起子槽有一字槽、十字槽和内六角孔等形式；十字槽螺钉头部强度高、对中性好，便于自动装配；内六角孔螺钉可承受较大的扳手扭矩，连接强度高，可替代六角头螺栓，用于要求结构紧凑的场合
紧定螺钉		紧定螺钉常用的末端形式有锥端、平端和圆柱端；锥端适用于被紧定零件的表面硬度较低或者不经常拆卸的场合；平端接触面积大，不会损伤零件表面，常用于顶紧硬度较大的平面或者经常装拆的场合；圆柱端压入轴上的凹槽中，适用于紧定空心轴上的零件位置
自攻螺钉		螺钉头部形状有圆头、六角头、圆柱头、沉头等；头部的起子槽有一字槽、十字槽等形式；末端形状有锥端和平端两种；多用于连接金属薄板、轻合金或者塑料零件，螺钉在连接时可以直接攻出螺纹
六角螺母		根据螺母厚度不同，可分为标准型和薄型两种。薄螺母常用于受剪力的螺栓上或者空间尺寸受限制的场合
圆螺母		圆螺母常与止退垫圈配用，装配时将垫圈内舌插入轴上的槽内，将垫圈的外舌嵌入圆螺母的槽内，即可锁紧螺母，起到防松作用；常用于滚动轴承的轴向固定
垫圈		保护被连接件的表面不被擦伤，增大螺母与被连接件间的接触面积；斜垫圈用于倾斜的支承面

9.2 螺纹连接的拧紧和防松

9.2.1 螺纹连接的预紧

绝大多数螺纹连接在装配时都需要拧紧，称为预紧。预紧可夹紧被连接件，使连接结合面产生压紧力，这个力即为预紧力，它能防止被连接件分离、相对滑移或结合面开缝。适当选用较大的预紧力可以提高连接的可靠性、紧密性。但过大的预紧力会在装配或偶然过载时拉断连接件。因此，既要保证连接所需的预紧力，又不能使连接件过载。对于一般的连接，可凭经验来控制预紧力 F_p 的大小，但对重要的连接就要严格控制其预紧力。

如图 9-1 所示，扳动螺母拧紧螺栓连接时，拧紧力矩 T 要克服螺纹副间的螺纹力矩 T_1 和螺母与被连接件（或垫片）支承面间的摩擦力矩 T_2，即 $T = T_1 + T_2$。螺母传给螺栓的螺纹力矩 T_1 由施加在螺栓头部的夹持力矩 T_4 和螺栓头支承面摩擦力矩 T_3 平衡，即 $T_1 = T_4 + T_3$。因此螺栓受扭。拧紧螺母使螺栓受轴向力 F_p，而被连接件则由螺栓头和螺母以力 F_p 夹紧，此力即为预紧力。对于 M10 ~ M68 的粗牙普通螺纹，无润滑时可取

$$T \approx 0.2 F_p d$$

式中，F_p 为预紧力（N）；d 为螺纹公称直径（mm）。

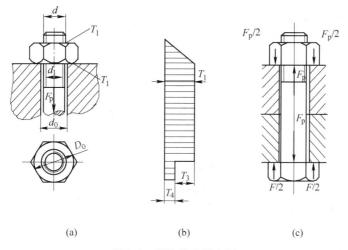

(a)   (b)   (c)

图 9-1 螺纹的拧紧力矩

控制预紧力的方法很多，例如：借助指针式扭力扳手或定力矩扳手通过拧紧力矩控制预紧力，但此法准确性较差，且不适合大型螺栓连接；通过控制拧紧圈数或螺母转角控制预紧力，此法精度略高于前者，但仍不能高精度控制预紧力；通过测量预紧前后螺栓的伸长量或测量应变控制预紧力，此法适合精确控制预紧力的连接或大型螺栓连接；另外也可以借助液力来拉伸螺栓或将螺栓加热使其伸长到要求的变形量后再拧上螺母来控制预紧力。

由于一般连接是靠经验和感觉来控制预紧力的，因此螺栓实际承受的预紧力与设计值出入较大。因此对于不控制预紧力的螺栓连接，设计时应选取较大的安全系数。另一方面也要注意，由于摩擦因数不稳定和加在扳手上的力有时难以准确控制，也可能使螺栓拧得过紧，甚至拧断。因此，对于重要的连接，通常不宜选用小于 M12 ~ M16 的螺栓。

9.2.2 螺栓连接的防松

连接中常用的单线普通螺纹和管螺纹都能满足自锁条件（$\varphi \leqslant \rho_v$），在静载荷或冲击振动不大、温度变化不大时不会自行松脱。但在冲击、振动或变载荷的作用下，或当温度变化较大时，螺纹连接会出现自动松脱的现象，因此设计螺纹连接必须考虑防松问题。

螺纹连接防松的本质就是防止螺纹副的相对运动。按照工作原理来分，螺纹防松有摩擦防松、机械防松、破坏性防松以及粘合法防松等多种方法。常用螺纹防松方法见表9-3。

表9-3 常用螺纹防松方法

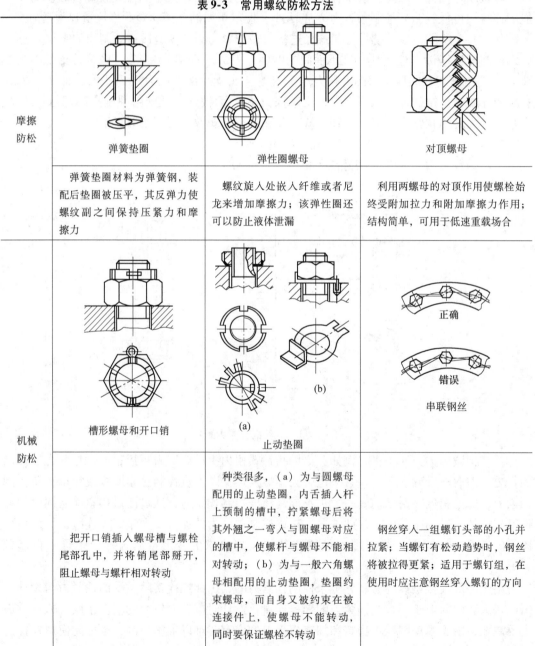

摩擦防松	弹簧垫圈	弹性圈螺母	对顶螺母
	弹簧垫圈材料为弹簧钢，装配后垫圈被压平，其反弹力使螺纹副之间保持压紧力和摩擦力	螺纹旋入处嵌入纤维或者尼龙来增加摩擦力；该弹性圈还可以防止液体泄漏	利用两螺母的对顶作用使螺栓始终受附加拉力和附加摩擦力作用；结构简单，可用于低速重载场合
机械防松	槽形螺母和开口销	止动垫圈 (a) (b) / 串联钢丝 (正确 / 错误)	
	把开口销插入螺母槽与螺栓尾部孔中，并将销尾部掰开，阻止螺母与螺杆相对转动	种类很多，（a）为与圆螺母配用的止动垫圈，内舌插入杆上预制的槽中，拧紧螺母后将其外翘之一弯入与圆螺母对应的槽中，使螺杆与螺母不能相对转动；（b）为与一般六角螺母相配用的止动垫圈，垫圈约束螺母，而自身又被约束在被连接件上，使螺母不能转动，同时要保证螺栓不转动	钢丝穿入一组螺钉头部的小孔并拉紧；当螺钉有松动趋势时，钢丝将被拉得更紧；适用于螺钉组，在使用时应注意钢丝穿入螺钉的方向

续表9-3

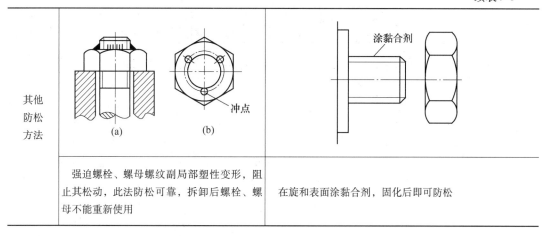

其他防松方法		
强迫螺栓、螺母螺纹副局部塑性变形，阻止其松动，此法防松可靠，拆卸后螺栓、螺母不能重新使用	在旋和表面涂黏合剂，固化后即可防松	

9.3 键连接

键是一种主要的轴毂连接件，已标准化，主要用作轴上零件的周向固定并传递转矩，有的兼作轴上零件的轴向固定，还有的在轴上零件沿轴向移动时起导向作用。

键与键槽的形状和尺寸已经标准化。键的材料通常用拉伸强度极限不低于 600MPa 的碳素钢制造，通常用 45 钢。

9.3.1 键连接的类型、结构和特点

根据其结构特点和工作原理，键连接可分为平键连接、半圆键连接、楔键连接、切向键连接等几类。

（1）平键连接。平键连接的断面结构如图 9-2 所示，平键的上下两面和两个侧面都互相平行。平键的下面与轴上键槽贴紧，上面与轮毂键槽顶面留有间隙；工作时靠键与键槽侧面的挤压来传递转矩，故平键的两个侧面是工作面。平键连接结构简单、加工容易、装拆方便、对中性好，但它不能承受轴向力，对轴上零件不能起到轴向固定的作用。

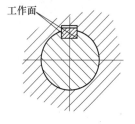

图 9-2　平键断面结构

按用途，平键连接分为普通平键、导向平键和滑键三种。

普通平键根据头部形状不同，可分为圆头（A 型）、方头（B 型）和单圆头（C 型）三种。圆头普通平键（见图 9-3a）键槽由端铣刀加工，如图 9-4（a）所示，键在槽中轴向固定较好，但键的头部侧面与轮毂上的键槽并不接触，因而键的圆头部分不能充分利用，而且轴上键槽端部的应力集中较大。方头普通平键（见图 9-3b）键槽用盘铣刀加工，如图 9-4（b）所示，键槽两端的应力集中较小，但键在槽中的轴向固定不好，常用紧定螺钉紧固，以防松动。单圆头的平键（见图 9-3c）用于轴端连接。轮毂上的键槽一般用插刀或拉刀加工。普通平键应用最广，适用于高精度、高速或冲击、变载情况下的静连接。

导向平键和滑键连接用于动连接。导向平键（见图 9-5）利用螺钉固定在轴上而轮毂可以沿着键移动。滑键（见图 9-6）固定在轮毂上随轮毂一同沿着轴上键槽移动。键与其

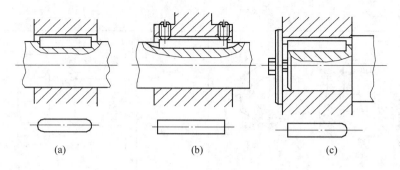

图 9-3　普通平键

(a) 圆头 A 型；(b) 方头 B 型；(c) 单圆头 C 型

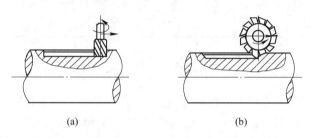

图 9-4　轴上键槽的加工

(a) 端铣刀加工；(b) 圆盘铣刀加工

相对滑动的键槽之间的配合为间隙配合。为了使键拆卸方便在键的中部制有起键螺孔。当轴向移动距离较大时，宜采用滑键，因为如用导键，键将很长，增加制造的困难。

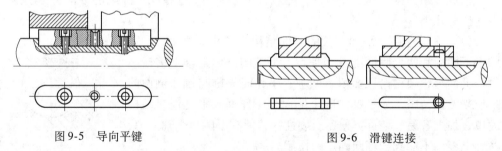

图 9-5　导向平键　　　　　　　　　图 9-6　滑键连接

（2）半圆键连接。半圆键连接键的两侧面为工作面。半圆键（见图 9-7）的上表面为一平面，下表面为半圆形弧面，两侧面互相平行。半圆键连接的工作原理与平键连接相同。轴上键槽用与半圆键半径相同的盘状铣刀铣出。因而键在键槽中可绕其几何中心摆动，以适应轮毂键槽底面的倾斜。装配时，半圆键放在轴上半圆形的键槽内，然后推上轮毂。

半圆键结构紧凑，装拆方便，但轴上键槽较深，降低了轴的强度。半圆键连接适用于轻载、轮毂宽度较窄和轴端处的连接，尤其适用于圆锥形轴端的连接。

（3）楔键连接和切向键连接。如图 9-8（a）所示，楔键的上、下面是工作面，键的上表面和轮毂键槽的底面均有 1:100 的斜度，两侧面互相平行。装配时需将键打入轴和轮毂的键槽内，工作时依靠键与轴及轮毂的槽底之间、轴与毂孔之间的摩擦力传递转矩，并能轴向固定零件和传递单向轴向力。

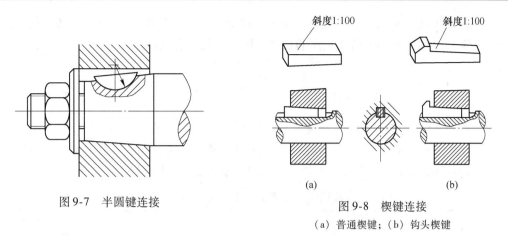

图 9-7 半圆键连接

图 9-8 楔键连接

(a) 普通楔键; (b) 钩头楔键

楔键的楔入作用，会造成轴和轴上零件的中心线不重合，即产生偏心。另外，当受到冲击、变载荷作用时楔键连接容易松动。因此，楔键连接只适用于对中性要求不高、转速较低的场合，如农业机械、建筑机械等。

楔键多用于轴端的连接，以便零件的装拆。如果楔键用于轴的中段时，轴上键槽的长度应为键长的两倍以上。按其端部形状的不同，楔键分为普通楔键和钩头楔键（见图 9-8b)，后者拆卸较方便。

切向键由两个斜度为 1:100 的普通楔键组成，如图 9-9 所示，其上下两面为工作面，其中一个工作面在通过轴心线的平面内，使工作面上的压力沿轴的切向作用，因而能传递很大的转矩。装配时两个楔键从轮毂两侧打入。一个切向键只能传递单向转矩，若要传递双向转矩则须用两个切向键，并使两键互成 120° ~ 135°。切向键主要用于轴径大于 100mm、对中性要求不高而载荷很大的重型机械中。

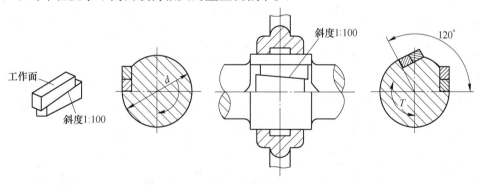

图 9-9 切向键连接

9.3.2 平键连接的尺寸选择及强度校核

平键连接的尺寸选择是在轴和轮毂的尺寸确定之后进行的。因为键是标准件，所以首先根据工作要求和轴径选择键的类型和尺寸，然后再进行强度校核。

9.3.2.1 键连接的类型

选择键连接的类型时，应考虑的因素大致包括：载荷的类型；所需传递转矩的大小；

对于轴毂对中性的要求；键在轴上的位置（在轴的端部还是中部）；连接于轴上的带毂零件是否需要沿轴向滑移及滑移距离的长短；键是否要具有轴向固定零件的作用或承受轴向力等。

9.3.2.2　平键的尺寸选择

平键的主要尺寸为宽度 b、高度 h 和键长 L。设计时其断面尺寸 $b \times h$ 通常是根据轴的直径从标准中选取（见表9-4）；平键的长度 L 则按轮毂的长度 L_1 从标准中选取，一般取 $L = L_1 - (5 \sim 10)$mm，但必须符合键长 L 的长度系列。轴和轮毂的键槽尺寸，也由表9-4 查取。

表 9-4　普通平键和键槽的尺寸（摘自 GB/T 1096—2003）　　　　　　　mm

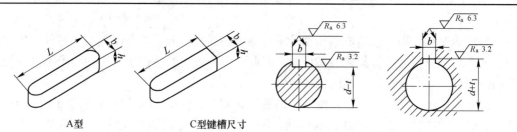

A型　　　　　　　　C型键槽尺寸

标记示例：键 16×80　GB/T 1096—2003（圆头普通平键 A 型，$b = 16$mm，$h = 10$mm，$L = 80$mm）

键 C20×110 GB/T 1096—2003（单圆头普通平键 C 型，$b = 20$mm，$h = 12$mm，$L = 110$mm）

轴	键	键　槽									
		宽度 b					深　度				
			较松键连接		一般键连接		较紧键连接	轴 t		毂 t_1	
公称直径 d	公称尺寸 $b \times h$	公称尺寸 b	轴 H9	毂 D10	轴 N9	毂 Js9	轴和毂 P9	公称尺寸	极限偏差	公称尺寸	极限偏差
>10~12	4×4	4	+0.030 0	+0.078 +0.030	0 −0.036	±0.015	−0.012 −0.042	2.5	+0.1 0	1.8	+0.1 0
>12~17	5×5	5						3.0		2.3	
>17~22	6×6	6						3.5		2.8	
>22~30	8×7	8	+0.036 0	+0.098 +0.040	0 −0.036	±0.018	−0.015 −0.051	4.0		3.3	
>30~38	10×8	10						5.0		3.3	
>38~44	12×8	12						5.0		3.3	
>44~50	14×9	14	+0.043 0	+0.120 +0.050	0 −0.043	±0.0215	−0.018 −0.061	5.5		3.8	
>50~58	16×10	16						6.0	+0.2 0	4.3	+0.2 0
>58~65	18×11	18						7.0		4.4	
>65~75	20×12	20						7.5		4.9	
>75~85	22×14	22	+0.052 0	+0.149 +0.065	0 −0.052	±0.026	−0.022 −0.074	9.0		5.4	
>85~95	25×14	25						9.0		5.4	
>95~110	28×16	28						10.0		6.4	
键长度 L 系列		6、8、10、12、14、16、18、20、22、25、28、32、36、40、45、50、56、63、70、80、90、100、110、125、140、160、180、200、250…									

注：$d - t$ 和 $d + t_1$ 两组组合尺寸的极限偏差按相应的 t 和 t_1 的极限偏差选取，但 $d - t$ 极限偏差值应取负号。

9.3.2.3 平键连接的强度校核

普通平键连接的受力情况如图 9-10 所示。其主要失效形式是连接中材料强度较弱的工作表面被挤压破坏，其次是键的剪切破坏。在通常情况下，强度校核按挤压强度条件进行。

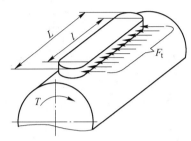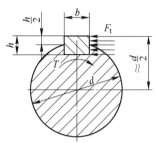

图 9-10 平键的受力分析

设轴传递的转矩为 T（N·mm），轴径为 d（mm），则键连接的挤压面上所承受的力为 $F_t = \dfrac{2T}{d}$。设载荷 F_t 沿键的工作长度均匀分布，则挤压强度条件为：

$$\sigma_p = \frac{F_t}{h'l} = \frac{2T}{h'ld} = \frac{4T}{hld} \leqslant [\sigma_p] \tag{9-1}$$

式中，σ_p 为工作表面的挤压应力（MPa）；h' 为键与轮毂的接触高度（mm），$h' \approx \dfrac{h}{2}$；l 为键的工作长度（mm），A 型键 $l = L - b$，B 型键 $l = L$，C 型键 $l = L - \dfrac{b}{2}$；$[\sigma_p]$ 为连接中较弱材料的许用应力（MPa），其值见表 9-5。

表 9-5 键连接的许用挤压应力 $[\sigma_p]$ 和许用压强 $[p]$

许用值	连接工作方式	连接中较弱零件材料	载荷性质		
			静	轻微冲击	冲击
$[\sigma_p]$	静连接	钢	125 ~ 150	100	50
		铸铁	70 ~ 80	53	27
$[p]$	动连接	钢	50	40	30

注：1. 动连接是指有相对滑动的导向连接。
　　2. 如与键有相对滑动的被连接件表面经过淬火，则动连接的 $[p]$ 可提高 2~3 倍。

导向平键连接的主要失效形式为组成键连接的轴或轮毂工作面部分的磨损，须按工作面上的压强进行强度计算，强度条件为：

$$p = \frac{F_t}{h'l} = \frac{4T}{dhl} \leqslant [p] \tag{9-2}$$

式中，$[p]$ 为较弱材料的许用压强（MPa），查表 9-5。

9.3.2.4 提高键连接强度的措施

经校核平键连接的强度不够时，可以采取下列措施提高键连接的强度：

（1）适当增加键和轮毂的长度，但通常键长不得超过 $(1.6 \sim 1.8)d$，否则挤压应力沿键长分布的不均匀性将增大。

（2）采用双键，在轴上相隔180°配置。考虑载荷分布的不均匀性，双键连接按1.5个键进行强度校核。

【例9-1】 选择如图9-11所示的减速器输出轴与齿轮间的平键连接。已知传递的转矩 $T = 600\text{N} \cdot \text{m}$，齿轮的材料为铸钢，载荷有轻微冲击。

解：（1）尺寸选择。根据轴的直径（$d = 75\text{mm}$）及轮毂长度（80mm），按表9-4选择圆头普通平键，其 $b = 20\text{mm}$，$h = 12\text{mm}$，$L = 70\text{mm}$，标记为"键 20×70 GB/T 1096—2003"。

（2）强度校核。按连接结构的材料（钢）和工作的载荷有轻微冲击，查表9-5得 $[\sigma_p] = 100\text{MPa}$。键的工作长度 $l = L - b = 70 - 20 = 50\text{mm}$。由式（9-1）得：

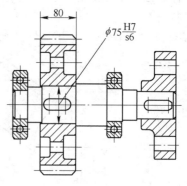

图9-11　减速器输出轴

$$\sigma_p = \frac{4T}{hld} = \frac{4 \times 600 \times 100}{12 \times 50 \times 75} = 53.3\text{MPa} < [\sigma_p] = 100\text{MPa}$$

故此键连接的强度足够。

（3）键槽的尺寸。由表9-4查得轴槽、毂槽的尺寸及公差，见图9-12。

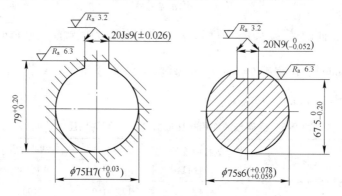

图9-12　键槽尺寸

9.4　花键连接

轴和轮毂孔沿圆周方向均布的多个键齿构成的连接称为花键连接，如图9-13所示。

花键工作时靠键齿的侧面互相挤压传递转矩。由于是多齿传递载荷，花键连接比平键连接的承载能力大，且定心性和导向性较好；又因为键齿浅、应力集中小，所以对轴的削弱小。花键连接适用于载荷较大、定心精度要求较高的静连接和动连接中，例如在飞机、汽车、机床中广泛应用。但花键连接的加工需专用设备，因而成本较高。

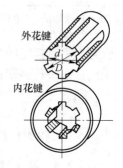

图9-13　花键连接

花键已标准化，按齿形的不同，可分为矩形花键（见图 9-14a）、渐开线花键（见图 9-14b）。

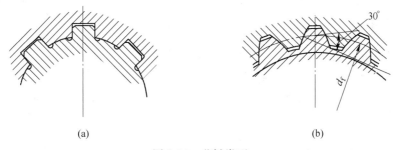

(a)   (b)

图 9-14 花键类型

（a）矩形花键；（b）渐开线花键

9.5 销连接

销连接通常用于固定零件之间的相对位置（定位销），也用于轴毂间或其他零件间的连接（连接销），还可充当过载剪断元件（安全销）。

销是标准件，其基本形式有圆柱销（见图 9-15a）、圆锥销（见图 9-15b）和开口销等。销的材料多为 35、45 钢。圆柱销靠过盈与销孔配合，为保证定位精度和连接紧固性，不宜经常装拆，主要用于定位，也用作连接销和安全销。圆锥销具有 1:50 的锥度，小端直径为标准值，自锁性能好，定位精度高，主要用于定位，也可作为连接销。圆柱销和圆锥销的销孔均需铰制。开口销常用半圆

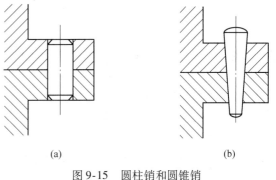

(a)   (b)

图 9-15 圆柱销和圆锥销

（a）圆柱销；（b）圆锥销

形低碳钢丝制成，工作可靠、拆卸方便，常与槽形螺母合用，锁定螺纹连接件。

销的类型按工作要求选择。对于销连接，可根据连接的结构特点按经验确定直径，必要时再进行强度校核；定位销一般不受载荷或载荷很小，其直径按结构确定，数目不得少于两个；安全销直径按销的剪切强度进行计算。

9.6 联轴器

联轴器的功用是将轴与轴（或轴与旋转零件）连成一体，使其一同运转，并将一轴转矩传递给另一轴。联轴器在运转时，两轴不能分离，必须停车后，经过拆卸才能分离。

9.6.1 联轴器的分类

如果联轴器的中间连接件是刚性的，便称这类联轴器为刚性联轴器；如果中间连接件是弹性的，便称这类联轴器为弹性联轴器。刚性联轴器按有无补偿两轴轴线间相对偏移能力又分为两类，没有补偿能力的联轴器称为固定式联轴器，有补偿能力的联轴器称为可移式联轴器。联轴器已标准化，它的主要性能参数为：标志传递能力的公称转矩 T_0、许用

转速［n］、被连接两轴的直径范围和标志补偿能力的偏移补偿。联轴器在使用时，只需按要求直接选用。

9.6.1.1　刚性联轴器

常用的刚性联轴器有套筒联轴器和凸缘联轴器等。

（1）套筒联轴器。套筒联轴器是利用套筒及连接零件（键或销）将两轴连接起来，图 9-16（a）中的螺钉用作轴向固定；当轴超载时，图 9-16（b）中的锥销会被剪断，可起到安全保护的作用。

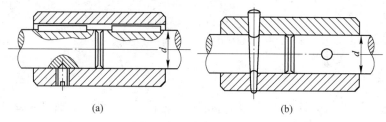

（a）　　　　　　　　　　　　　　　（b）

图 9-16　套筒联轴器

（a）平键套筒联轴器；（b）圆锥销套筒联轴器

套筒联轴器结构简单、径向尺寸小、容易制造，但缺点是装拆时因被连接轴需做轴向移动而使用不太方便，适用于载荷不大、工作平稳、两轴严格对中并要求联轴器径向尺寸小的场合。此种联轴器目前尚未标准化。

（2）凸缘联轴器。凸缘联轴器由两个带凸缘的半联轴器和一组螺栓组成。这种联轴器有两种对中方式：一种是通过分别具有凸槽和凹槽的两个半联轴器的相互嵌合来对中，半联轴器之间采用普通螺栓连接，靠半联轴器接合面间的摩擦来传递转矩，如图 9-17（a）所示；另一种是通过铰制孔用螺栓与孔的紧配合对中，靠螺栓杆承受载荷来传递转矩，如图 9-17（b）所示。当尺寸相同时后者传递的转矩较大，且装拆时轴不必做轴向移动。

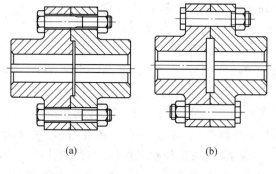

（a）　　　　　　（b）

图 9-17　凸缘联轴器

凸缘联轴器的主要特点是结构简单、成本低、传递的转矩较大，但要求两轴的同轴度要好，适用于刚性大、振动冲击小和低速大转矩的连接场合，是应用最广的一种刚性联轴器。这种联轴器已标准化（GB/T 5843—2003）。

9.6.1.2　可移式刚性联轴器

由于制造、安装误差和工作时零件变形等原因，不易保证两轴对中时，宜采用具有补偿两轴相对偏移能力的可移式刚性联轴器。这类联轴器能补偿两轴相对轴向偏移 Δx（见图 9-18a）、径向偏移 Δy（见图 9-18b）、角偏移 $\Delta \alpha$（见图 9-18c）和这些偏移组合的综合偏移。

可移式刚性联轴器有齿式联轴器、滑块联轴器和万向联轴器等。

（1）齿式联轴器。齿式联轴器如图 9-19 所示。它是利用内、外齿啮合以实现两轴相对偏移的补偿。内、外齿径向有间隙，可补偿两轴径向偏移；外齿顶部制成球面，球心在轴线上，可补偿两轴之间的角偏移。两内齿凸缘利用螺栓连接。齿式联轴器能传递很大的转矩，又有较大的补偿偏移的能力，常用于重型机械，但结构笨重，造价较高。

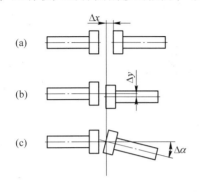

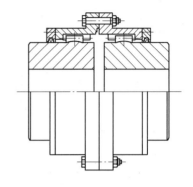

图 9-18 轴线的相对位移   图 9-19 齿式联轴器

（2）十字滑块联轴器。如图 9-20 所示，十字滑块联轴器由两个在端面上开有凹槽的半联轴器 1、3 和一个两端面均带有凸牙的中间盘 2 组成，中间盘两端面的凸牙位于互相垂直的两个直径方向上，并在安装时分别嵌入 1、3 的凹槽中。因为凸牙可在凹槽中滑动，故可补偿安装及运转时两轴间的相对位移和偏斜。

图 9-20 十字滑块联轴器

因为半联轴器与中间盘组成移动副，不能相对转动，故主动轴与从动轴的角速度应相等。但在两轴间有偏移的情况下工作时，中间盘会产生很大的离心力，故其工作转速不宜过大。这种联轴器一般用于转速较低，轴的刚性较大，无剧烈冲击的场合。

（3）万向联轴器。万向联轴器中常见的有十字轴式万向联轴器，如图 9-21 所示。它利用中间连接件十字轴 3 连接两边的半联轴器，两轴线间夹角可达 $40° \sim 45°$。单个十字轴式万向联轴器的主动轴 1 做等角速转动时，其从动轴 2 做变角速转动。为避免这种现象，可采用两个万向联轴器，使两次角速度变动的影响相互抵消，从而使主动轴 1 与从动轴 2 同步转动，如图 9-22 所示。但各轴相互位置必须满足：主动轴 1、从动轴 2 与中间轴 C 之间的夹角相等，即 $\alpha_1 = \alpha_2$；中间轴两端叉面必须位于同一平面内。

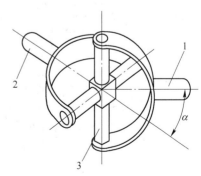

图 9-21 十字轴式万向联轴器

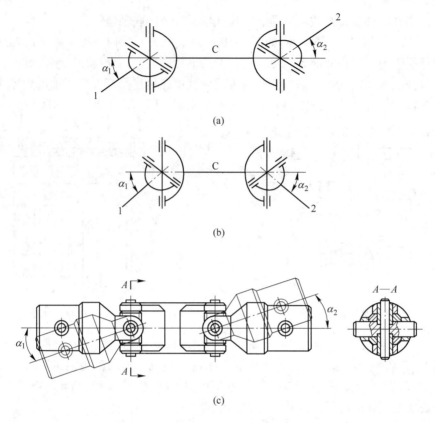

图 9-22　十字轴万向联轴器结构

9.6.1.3　弹性联轴器

弹性联轴器是利用弹性连接件的弹性变形来补偿两轴相对位移、缓和冲击和吸收振动的。弹性联轴器有弹性套柱销联轴器、弹性柱销联轴器和轮胎式联轴器等。

（1）弹性套柱销联轴器。弹性套柱销联轴器如表 9-6 中图所示，是利用一端具有弹性套的柱销作为中间连接件。为了补偿轴向偏移，在两轴间留有轴向间隙 c。为了更换易损元件弹性套，留出一定的空间距离 A。弹性套柱销联轴器的标准为 GB/T 4323—2002，见表 9-6。

表 9-6　LT 型弹性套柱销联轴器（摘自 GB/T 4323—2002）

标注示例：

LT5 联轴器 $\dfrac{ZC32 \times 60}{YC35 \times 82}$ GB/T 4323—2002

主动端：Z 型轴孔，C 型键槽，$d_z = 32mm$，$L_1 = 60mm$

从动端：Y 型轴孔，C 型键槽，$d_2 = 35mm$，$L = 82mm$

型号	公称转矩 $[T_n]$/N·m	许用转速 $[n]$/r·min⁻¹		轴孔直径 d_1、d_2、d_z/mm	轴孔长度/mm					D/mm	A/mm
					Y	J、J₁、Z 型		推荐		
		铁	钢		L	L₁	L	L		
LT3	31.5	4700	6300	16、18、19	42	30	42	38	95	35
				20、22	52	38	52			
LT4	63	4200	5700	20、22、24				40	106	35
				(25)、(28)	62	44	62			
LT5	125	3600	4600	25、28				50	130	45
				30、32、(35)	82	60	82			
LT6	250	3300	3800	32、35、38				55	160	45
				40、(42)						
LT7	500	2800	3600	40、42、45、(48)	112	84	112	65	190	45
LT8	710	2400	3000	45、48、50、55、(56)				70	224	65
				(60)、(63)	142	107	142			
LT9	1000	2100	2850	50、55、56	112	84	112	80	250	65
				60、63						
				(65)、(70)、(71)	142	107	142			
LT10	2000	1700	2300	63、65、70、71、75				100	315	80
				80、85、(90)、(95)	172	132	172			
LT11	400	1350	1800	80、85、90、96				115	400	100
				100、110	212	167	212			

注：1. 优先选用 L 推荐轴孔长度。

　　2. 括号内的数值仅适用于钢制联轴器。

　　3. 轴孔形式及长度 L、L₁ 可根据需要选取，优先选用 L（推荐）。

（2）弹性柱销联轴器。弹性柱销联轴器如表9-7中图所示，是直接利用具有弹性的非金属（如尼龙）柱销2为中间连接件，将半联轴器1连接在一起。为了防止柱销由凸缘孔中滑出，在两端配置有挡板3。这种联轴器的柱销结构简单，更换方便；安装时，要留有轴向间隙 S。弹性柱销联轴器的标准为 GB/T 5014—2003，见表9-7。

表9-7　LX 型弹性柱销联轴器（摘自 GB/T 5014—2003）

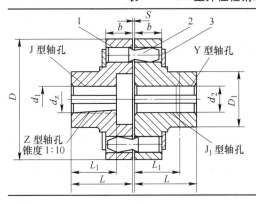

1—半联轴器；

2—柱销；

3—挡板

标注示例：

LX3 联轴器 $\dfrac{ZC35 \times 60}{YC38 \times 82}$ GB/T 5014—2003

主动端：Z 型轴孔，C 型键槽，$d_z = 35\text{mm}$，$L_1 = 60\text{mm}$

从动端：Y 型轴孔，C 型键槽，$d_2 = 38\text{mm}$，$L = 82\text{mm}$

型号	公称转矩 $[T_n]$ /N·m	许用转速 $[n]$ /r·min^{-1}	轴孔直径 d_1、d_2、d_z/mm	轴孔长度/mm			D/mm	D_1/mm	b/mm	S/mm
				Y	J、J$_1$、Z 型					
				L	L_1	L				
LX1	250	8500	12、14	32	27	—	90	40	20	
			16、18、19	40	30	42				
			20、22、24	52	38	52				2.5
LX2	560	6300	20、22、24				120	55	28	
			25、28	62	44	62				
			30、32、35	82	60	82				
LX3	1250	4750	30、32、35、38				160	75	36	
			40、42、45、48							
LX4	2500	3870	40、42、45、48、50、55、56	112	84	112	195	100		
			60、63	142	107	142			45	3
LX5	3150	3450	50、55、56	112	84	112	220	120		
			60、63、65、70、71、75	142	107	142				
LX6	6300	2720	60、63、65、70、71、75	142	107	142	280	140	56	4
			80、85	172	132	172				

弹性套柱销联轴器和弹性柱销联轴器的径向偏移和角偏移的许用范围不大，故安装时，需注意两轴对中，否则会使柱销或弹性套迅速磨损。

（3）轮胎式联轴器。轮胎式联轴器如图 9-23 所示，利用轮胎式橡胶制品 2 作为中间连接件，将半联轴器 1 与 3 连接在一起。这种联轴器结构简单可靠，能补偿较大的综合偏移，可用于潮湿多尘的场合，它的径向尺寸大，而轴向尺寸比较紧凑。轮胎式联轴器标准号为 GB/T 5844—2002。

9.6.1.4　安全联轴器

为了防止机器过载而损伤机器零部件和造成事故，常在传动的某个环节，设置安全联轴器，起到保护机器的作用。常用的安全联轴器有销钉式安全联轴器和牙嵌式安全联轴器。

图 9-24 所示为销钉式安全联轴器，它的传力件是细小的销钉，销钉装在两段钢套中，正常工作时，销钉强度足够；过载时，销钉首先被切断，以保证轴的安全。销钉式安全联轴器用于偶发性过载。

9.6.2　联轴器的选择

常用联轴器多已标准化，一般先依据机器的工作条件选择合适的类型；再依据计算转矩、轴的直径和转速，从标准中选择所需型号及尺寸；必要时对某些薄弱、重要的零件进行验算。

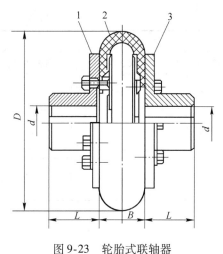

图 9-23 轮胎式联轴器

1，3—半联轴器；2—轮胎式橡胶制品

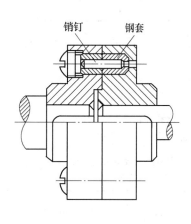

图 9-24 销钉式安全联轴器

9.6.2.1 联轴器类型的选择

选择类型的原则是使用要求应与所选联轴器的特性一致。例如：两轴能精确对中，轴的刚性较好，可选刚性固定式的凸缘联轴器，否则选具有补偿能力的刚性可移式联轴器；两轴轴线要求有一定夹角的，可选十字轴式万向联轴器；转速较高、要求消除冲击和吸收振动的，选弹性联轴器。由于类型选择涉及因素较多，一般要参考以往使用联轴器的经验进行选择。

9.6.2.2 联轴器型号、尺寸的选择

选择类型后，根据计算转矩、轴径、转速，从手册或标准中选择联轴器的型号、尺寸。选择时要满足：

（1）计算转矩 T_c 不超过联轴器的公称转矩 T_n，即

$$T_c = K_A T = K_A \cdot 9550 \frac{P}{n} \leqslant T_n$$

式中，K_A 为工作情况系数，见表9-8；T 为理论转矩，$N \cdot m$；P 为原动机功率，kW；n 为转速，r/min。

表 9-8　工作情况系数 K_A

原 动 机	工 作 机			
	电动机、汽轮机	单缸内燃机	双缸内燃机	四缸内燃机
转矩变化很小的机械，如发电机、小型通风机、小型离心泵	1.3	2.2	1.8	1.5
转矩变化较小的机械，如透平压缩机、木工机械、运输机	1.5	2.4	2.0	1.7
转矩变化中等的机械，如搅拌机、增压机、有飞轮的压缩机	1.7	2.6	2.2	1.9

原　动　机	工　作　机			
	电动机、汽轮机	单缸内燃机	双缸内燃机	四缸内燃机
转矩变化和冲击载荷中等的机械，如织布机、水泥搅拌机、拖拉机	1.9	2.8	2.4	2.1
转矩变化和冲击载荷较大的机械，如挖掘机碎石机、造纸机械	2.3	3.2	2.8	2.5
转矩变化和冲击载荷大的机械，如压延机、起重机、重型轧机	3.1	4.0	3.6	3.3

（2）转速 n 不超过联轴器许用转速 $[n]$。

（3）轴径与联轴器孔径一致。

在 GB/T 3852—2008 中，对联轴器轴孔及键槽规定：（1）轴孔有长圆柱形（Y 型）、有沉孔的短圆柱形（J 型）、无沉孔的短圆柱形（J_1 型）和有沉孔的圆锥形（Z 型）；（2）键槽有平键单键槽（A 型），120°、180°布置的平键双键槽（B、B_1 型）和圆锥形孔平键单键槽（C 型）。各种型号适应各被连接轴的端部结构和强度要求。

【例 9-2】 电动机经减速器拖动水泥搅拌机工作。已知电动机的功率 $P = 11\text{kW}$，转速 $n = 970\text{r/min}$，电动机轴的直径和减速器输入轴的直径均为 42mm，试选择电动机与减速器之间的联轴器。

解：（1）选择类型。为了缓和冲击和减轻振动，选用弹性套柱销联轴器。

（2）求计算转矩。

$$T = 9550 \frac{P}{n} = 9550 \times \frac{11}{970} = 108\text{N} \cdot \text{m}$$

由表9-8查得，工作机为水泥搅拌机时工作情况系数 $K_A = 1.9$，故计算转矩为：

$$T_c = K_A T = 1.9 \times 108 = 205\text{N} \cdot \text{m}$$

（3）确定型号。从设计手册中选取弹性套柱销联轴器 TL6。它的公称扭矩（即许用转矩）为 250N·m，半联轴器材料为钢时，许用转速为 3800r/min，允许的轴孔直径在 32 ~ 42mm 之间。以上数据均能满足本题的要求，故合用。

9.7　离合器

离合器主要也是用作轴与轴之间的连接。与联轴器不同的是，用离合器连接的两根轴，在机器工作中就能方便地使它们分离或接合。离合器大都也已标准化了，可依据机器的工作条件选定合适的类型。

离合器一般由主动部分、从动部分、接合部分、操纵部分等组成。主动部分与主动轴固定连接，还常用于安装接合元件（或一部分）。从动部分有的与从动轴固定连接，有的可以相对于从动轴做轴向移动并与操纵部分相连，从动部分上安装有接合元件（或一部分）。操纵部分控制接合元件的接合与分离，以实现两轴间转动和转矩的传递或中断。

离合器主要分为嵌入式和摩擦式两类。另外，还有电磁离合器和自动离合器。电磁离合器在自动化机械中作为控制转动的元件而被广泛应用。自动离合器能够在特定的工作条件下（如一定的转矩、一定和转速或一定的回转方向）自动接合与分离。

9.7.1 牙嵌离合器

牙嵌式离合器主要由两个半离合器组成，如图 9-25 所示。半离合器 1（主动部分）用平键与主动轴连接，半离合器 2（从动部分）用导向平键或花键与从动轴连接，并可用拨叉 4 操纵使其轴向移动以实现离合器的接合与分离。啮合与传递转矩是靠两相互啮合的牙来实现的。牙齿可布置在周向，也可布置在轴向。结合时有较大的冲击，影响齿轮寿命。

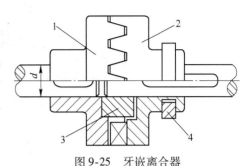

图 9-25　牙嵌离合器

1，2—半离合器；3—对中环；4—操纵机构

牙嵌式离合器常用的牙形有矩形、梯形和锯齿形等。

（1）矩形齿：特点是齿的强度低，磨损后无法补偿，难于接合，只能用于静止状态下手动离合的场合。

（2）梯形齿：特点是牙的强度高，承载能力大，能自行补偿磨损产生的间隙，并且接合与分离方便，但啮合齿间的轴向力有使其自行分离的可能。这种牙形的离合器应用广泛。

（3）锯齿形：特点是牙的强度高，承载能力最大，但仅能单向工作，反向工作时齿面间会产生很大的轴向力使离合器自行分离而不能正常工作。

牙嵌式离合器的特点是结构简单、尺寸紧凑、工作可靠、承载能力大、传动准确，但在运转时接合有冲击，容易打坏牙，所以一般离合操作只在低速或静止状况下进行。

9.7.2 摩擦式离合器

摩擦式离合器是利用接触面间产生的摩擦力传递转矩的。摩擦离合器可分单片式和多片式等。

（1）单片式摩擦离合器。单片式摩擦离合器如图 9-26 所示，是利用两圆盘 1、2 压紧或松开，使摩擦力产生或消失，以实现两轴的连接或分离。操纵滑块 3，使从动盘 2 左移，以压力 F 将其压在主动盘 1 上，从而使两圆盘结合；反向操纵滑块 3，使从动盘右移，则两圆盘分离。单片式摩擦离合器结构简单，但径向尺寸大，而且只能传递不大的转矩，常用在轻型机械上。

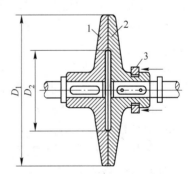

图 9-26　单片式摩擦离合器结构

1，2—圆盘；3—操纵滑块

（2）多片式摩擦离合器。多片式摩擦离合器如图 9-27（a）所示，主动轴 1、外壳 3 与一组外摩擦片 5 组成主动部分，外摩擦片（见图 9-27b）可沿外壳 3 的槽移动。从动轴 2、套筒 9 与一组内摩擦片 6 组成从动部分，内摩擦片（见图 9-27c）可沿套筒 9 上的槽滑动。滑环 8 向左移动，使杠杆 7 绕支点顺时针转，通过压板 4 将两组摩擦片压紧，于是主动轴带动从动轴转动。滑环 8 向右移动，杠杆 7 下面的弹簧的弹力将杠杆 7 绕支点反转，两组摩擦片松开，于是主动轴从动轴脱开。双螺母 10 是调节摩擦片的间距用的，借以调整摩擦面间的压力。

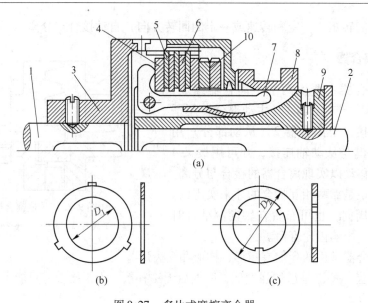

图 9-27　多片式摩擦离合器

（a）多片式摩擦离合器的结构；（b）外摩擦片；（c）内摩擦片

1—主动轴；2—从动轴；3—外壳；4—压板；5—外摩擦片；

6—内摩擦片；7—杠杆；8—滑环；9—套筒；10—双螺母

　　多片式摩擦离合器由于摩擦面的增多，传递转矩的能力显著增大，径向尺寸相对减小，但是结构比较复杂。

　　利用电磁力操纵的摩擦离合器称为电磁摩擦离合器。其中最常用的是多片式电磁摩擦离合器，如图 9-28 所示。摩擦片部分的工作原理与前述相同。电磁操纵部分原理如下：当直流电接通后，电流经接触环 1 导入励磁线圈 2，线圈产生的电磁力吸引衔铁 5，压紧两组摩擦片 3、4，使离合器处于接合状态。切断电流后，依靠复位弹簧 6 将衔铁 5 推开，两组摩擦片随之松开，使离合器处于分离状态。电磁摩擦离合器可以在电路上实现改善离合器功能的要求，例如利用快速励磁电路可实现快速接合；利用缓冲励磁电路可实现缓慢接合，避免启动冲击。

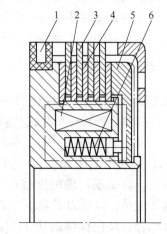

图 9-28　电磁摩擦离合器

1—接触环；2—励磁线圈；3，4—摩擦片；

5—衔铁；6—复位弹簧

　　与牙嵌式离合器相比，摩擦式离合器的优点为：在任何转速下都可接合；过载时摩擦面打滑，能保护其他零件，不致损坏；接合平稳、冲击和振动小。其缺点为接合过程中，相对滑动引起发热与磨损，损耗能量。

9.7.3　定向离合器

　　定向离合器是利用机器本身转速、转向的变化，来控制两轴离合的离合器。如图 9-29 所示，星轮 1 和外环 2 分别装在主动件或从动件上。星轮与外环间有楔形空腔，内装滚柱 3。每个滚柱都被弹簧推杆 4 以适当的推力推入楔形空腔的小端，且处于临界状态（即稍加外力便可楔紧或松开的状态）。星轮和外环都可作主动件。按图示结构，外环为主动件逆时针回转时，摩擦力带动滚柱进入楔形空间的小端，便楔紧内、外接触面，驱动星轮转动。当外环顺时针回转，摩擦力带动滚柱进入楔形空间的大端，便松开内、外接触面，外环空转。由于传动具有确定转向，故称为定向离合器。

星轮和外环都做顺时针回转时，根据相对运动关系，如外环转速小于星轮转速，则滚柱楔紧内、外接触面，外环与星轮接合。反之，滚柱与内、外接触面松开，外环与星轮分离。可见只有当星轮超过外环转速，才能起到传递转矩并一起回转的作用，故又称为超越离合器。

定向离合器是自动离合器的一种。

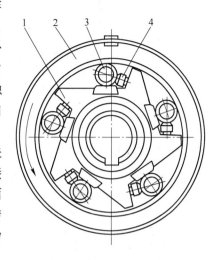

图 9-29　定向离合器

思考题与习题

9-1　螺纹连接有哪些基本类型，各有何特点，各适用于什么场合？

9-2　为什么螺纹连接常需要防松？按防松原理，螺纹连接的防松方法可分为哪几类？

9-3　为什么对于重要的螺栓连接要控制螺栓的预紧力？控制预紧力的方法有哪几种？

9-4　试述普通平键的类型、特点和应用。

9-5　平键连接有哪些失效形式？怎样进行强度校核？如经校核判定强度不够时，可采取哪些措施？

9-6　试述平键连接和楔键连接的工作原理及特点。

9-7　销主要有哪几种类型，各用于何种场合？

9-8　平键怎样发展为花键，花键为什么未能取代平键？

9-9　一齿轮装在轴上，采用 A 型普通平键连接。齿轮、轴、键均用 45 钢，轴径 $d = 80mm$，轮毂长度 $L = 150mm$，传递转矩 $T = 2000N \cdot m$，工作中有轻微冲击。试确定平键尺寸和标记，并验算连接的强度。

9-10　联轴器和离合器的功用有何相同点和不同点？

9-11　固定式联轴器与可移式联轴器有何区别，各适用于什么工作条件？刚性可移式联轴器和弹性联轴器的区别是什么，各适用于什么工作条件？

9-12　牙嵌式离合器的牙形有哪几种，各自应用场合如何？

9-13　选用联轴器应考虑哪些因素？

9-14　泵与电动机之间用弹性套柱销联轴器连接，已知电动机的型号为 Y112M－4，传递功率 $P = 4kW$，电动机转速 $n = 1440r/min$，电动机轴外伸端直径 $d_1 = 28mm$，长度 $L_1 = 60mm$；泵的轴端直径 $d_2 = 25mm$，长度 $L_2 = 40mm$。试选择联轴器的型号并写出其标记。

9-15　有一齿轮减速器的输入轴与电动机相连接的联轴器。已知电动机的型号为 Y200L2－6，传递功率 $P = 22kW$，电动机转速 $n = 970r/min$，电动机轴外伸端直径 $d_1 = 55mm$，减速器的输入轴径 $d_2 = 50mm$，工作机为链式输送机，输送机工作时启动频繁并有轻微冲击。试选择联轴器的类型和型号。

⑩ 润滑与密封

机械的零部件在运动过程中，接触表面不可避免地要产生摩擦。在摩擦副之间加入润滑剂，防止两种物体直接接触，以降低摩擦、减轻磨损，这种措施称为润滑。润滑的主要作用是：减小摩擦系数，提高机械效率；减轻磨损，延长机械使用寿命；起到冷却、防尘及吸振等作用。如果润滑不当，不但效率低，而且引起发热、振动、噪声等，影响正常工作。因此，在机械的设计和使用中，润滑是一个很重要的问题。

润滑技术包括正确选用润滑剂、采用合理的润滑方式、保持润滑剂的质量等。

在机械设备中，为了阻止液体、气体工作介质或润滑剂泄漏，防止灰尘、水分进入润滑部位，必须有密封装置。密封不仅能节约大量润滑剂，保证机器正常工作，提高机器寿命，同时对改善工厂环境卫生、保障工人健康也有很大作用，是降低成本、提高生产水平中不可忽视的问题。

10.1　常用润滑材料及其选用

凡能降低或控制相对运动、相互作用的两个接触表面之间的摩擦磨损，实现润滑，从而维持机器性能，延长摩擦副工作寿命的物质统称为润滑材料，或称润滑剂。

机械中所用的润滑剂有气体、液体、半固体和固体物质，其中液体的润滑油和半固体的润滑脂被广泛采用，尤以矿物油应用最广。

10.1.1　润滑油

润滑油可分为三类：一是有机油，通常是动、植物油，动、植物油中因含有较多的硬脂酸，在边界润滑时有很好的润滑性能，但因其稳定性差，而且来源有限，所以使用不多。二是矿物油，主要是石油产品，因其来源充足成本低廉，适用范围广，而且稳定性好，故应用最多。三是化学合成油，用化学合成制取合成油，再用添加剂改进和提高基础油的性能。合成油多是针对某种特定需要而制。

10.1.1.1　润滑油的主要质量指标

要合理选用润滑油，必须首先了解其性能。润滑油的主要性能指标有黏度、倾点、闪点、油性等。

（1）黏度。黏度就是液体的内摩擦。润滑油受到外力作用而发生相对移动时，油分子之间产生的阻力使润滑油无法进行顺利流动，其阻力的大小称为黏度。它是润滑油流动性能的主要技术指标。绝大多数的润滑油是根据其黏度大小来分牌号的，因此，黏度是各种机械设备选油的主要依据。黏度越大，润滑油就越不易被挤出接合面，在接触面之间能形成的油膜就越厚，其承受载荷的能力就越大。

黏度的度量方法分为绝对黏度和相对黏度两大类。绝对黏度分为动力黏度和运动黏度两种；相对黏度有恩氏黏度、赛氏黏度和雷氏黏度等几种表示方法。

1）动力黏度（η）。在流体中取两面积各 $1m^2$，相距 1m，相对移动速度为 1m/s 时所产生的阻力称为动力黏度，单位为 Pa·s。

2）运动黏度（ν）。流体的动力黏度 η 与同温度下该流体的密度 ρ 的比值称为运动黏度。它是这种流体在重力作用下流动阻力的度量。在国际单位制（SI）中，运动黏度的单位是 m^2/s，由于 m^2/s 比较大，通常用 mm^2/s 作为运动黏度单位。

3）恩氏黏度（°E）

这是一种过去常用的相对黏度，其定义是在规定温度下，200mL 液体流经恩氏黏度计所需时间（s），与同体积的蒸馏水在 20°时流经恩氏黏度计所需时间（s）之比称为恩氏黏度。现在这种黏度很少使用了。

（2）黏度指数（VI）。润滑油的黏度随着温度的升高而变小，随着温度的降低而变大，这就是润滑油的黏温特性。因此，对黏度的报告值必须指明测定时的温度。

黏温特性对润滑油的使用有重要意义，如发动机润滑油的黏温特性不好，当温度低时，黏度过大，就会造成启动困难，而且启动后润滑油不易流到摩擦面上，造成机械零件的磨损。温度高时，黏度变小，则不易在摩擦面上形成适当厚度的油膜，失去润滑作用，易使摩擦面产生擦伤或胶合。因此要求油品的黏温特性要好，即油品黏度随工作温度的变化越小越好。

评价油品的黏温特性普遍采用黏度指数（VI）来表示，这也是润滑油的一项重要质量指标。

（3）倾点（凝点）。倾点是润滑油冷却到不能流动时的最高温度。低温润滑时应选用倾点低的润滑油。

（4）闪点。闪点是润滑油蒸汽在火焰下闪烁时的最低温度。在较高温度及易燃环境中润滑时，应选用闪点高的润滑油。

（5）油性。油性是润滑油湿润或吸附于摩擦表面的性能。吸附能力越强，油性越好。

为了适应一定工作条件的需要，常在润滑油中加入某些添加剂，如极压添加剂、油性添加剂、抗蚀添加剂、黏度指数改进剂、降凝剂、防锈剂等，以改善润滑油在某些方面的性能。

10.1.1.2 常用矿物油

（1）全损耗系统润滑油。全损耗系统润滑油主要是指 L 类润滑剂中的 A 组用油。

L-AN 油由精制矿物制得，是目前常用的全损耗系统用油，在旧标准中称为机油或机械油，其黏度等级从 L-AN5～L-AN150 共 10 个等级，40℃时运动黏度为 4.41～165mm²/s，倾点不高于 -5℃，闪点不高于 80～180℃，主要用于轻载、普通机械的全损耗润滑系统或换油周期较短的油浸式润滑系统，不适用循环润滑系统。

（2）齿轮油。齿轮油是 L 类润滑剂 C 组用油，用于润滑齿轮传动装置包括蜗轮蜗杆副的润滑油称为齿轮油。其应具备的性能是适当的黏度，即好的热安定性与氧化稳定性，良好的极压抗磨性、抗乳化性、剪切安定性与防锈防腐性。这种润滑油一般在精制矿物油或合成油的基础上加入相应的添加剂制成。

齿轮油分为工业闭式齿轮油、工业开式齿轮油、车辆齿轮油三大类。工业闭式齿轮油分为 L – CKB、L – CKC、L – CKD、L – CKE、L – CKS、L – CKT、L – CKG 七个等级。工业开式齿轮油分为 L – CKH、L – CKJ、L – CKL、L – CKM 四个等级。

（3）压缩机油。压缩机油是 L 类润滑剂的 D 组用油。压缩机油是一种专用油，用于润滑压缩机内部摩擦机件专用油。它包括空气压缩机油、气体压缩机油、冷冻机油和真空泵油等，分别用于不同工况的压缩机。

10.1.2　润滑脂

润滑脂俗称黄油，它是润滑油与稠化剂（如钙、锂、钠的金属皂）的膏状混合物。

10.1.2.1　润滑脂的分类

根据调制润滑脂所用皂基的不同，润滑脂主要有以下几类：

（1）钙基润滑脂：有良好的抗水性，但耐热能力差，工作温度不宜超过 55 ~ 65℃。

（2）钠基润滑脂：有较高的耐热性，工作温度可达 120℃，但抗水性差。由于它能与少量水乳化，从而保护金属免遭腐蚀，因此比钙基润滑脂有更好的防锈能力。

（3）锂基润滑脂：既能抗水、耐高温（工作温度不宜高于 145℃），又有较好的机械安定性，是一种多用途的润滑脂。

（4）铝基润滑脂：有良好的抗水性，对金属表面有较高的吸附能力，可起到很好的防锈作用。

10.1.2.2　润滑脂主要性能指标

润滑脂的黏度大，不易流失，承载能力高，但摩擦功耗大。它的主要性能指标有锥入度、滴点等。

（1）锥入度。锥入度是表示润滑脂稀稠程度的指标，它标志润滑脂内摩擦阻力的大小和流动性的强弱。锥入度是指一个质量为 150g 的标准锥体，于 25℃恒温下，由润滑脂表面经 5s 后刺入的深度（以 0.1mm 计）。锥入度越小，润滑脂越稠，表明润滑脂越不易从摩擦面中被挤出，故承载能力强，密封性好，但同时摩擦阻力也大，不易充填较小的摩擦间隙。

（2）滴点。在规定的加热条件下，润滑脂从标准测量杯的孔口滴下第一滴时的温度称为润滑脂的滴点。它标志润滑脂耐高温的能力。一般润滑脂的使用温度应低于滴点 20 ~ 30℃，甚至 40 ~ 50℃。

10.1.2.3　常用润滑脂的主要性能和用途

几种常用润滑脂性能及用途见表 10-1。

表 10-1　常用润滑脂的主要性能和用途

名　称	牌号	滴点(不低于)/℃	锥入度(0.1mm)	主　要　用　途
极压锂基润滑脂（GB/T 7323—2008）	0	170	355 ~ 385	具有良好的机械安定性、抗水性、防锈性、极压抗磨性和泵送性，适用温度范围为 − 20 ~ 120℃，用于压延机、锻造机、减速机等高负荷机械设备及齿轮、轴承润滑，0、1 号可用于集中润滑系统
	1		310 ~ 340	
	2		265 ~ 290	

名　称	牌号	滴点(不低于) /℃	锥入度 (0.1mm)	主 要 用 途
通用锂基润滑脂 （GB/T 7324—2010）	1	170	310~340	具有良好的抗水性、机械安定性、防锈性和氧化安定性，适用于温度范围为 -20~120℃ 的各种机械设备的滚动轴承、滑动轴承及其他摩擦部位的润滑
	2	175	265~295	
	3	180	220~250	
钠基润滑脂 （GB 492—1989）	2	160	265~295	适用于 -10~110℃ 的一般中等负荷机械设备的润滑，不适于与水相接触的润滑部位
	3		220~250	
石墨钙基润滑脂 （SH/T 0369—1992）	ZC-S	80	—	适用于低速、重载、高压力下的简单机械润滑，如人字齿轮、起重机、挖掘机的底盘齿轮、矿山机械、绞车钢丝绳以及一般开式齿轮润滑，能耐潮湿
7407 号齿轮润滑脂 （SH/T 0469—1994）		160	75~90	用于各种低速、中载及重载齿轮、链和联轴器等部位的润滑，最高使用温度为 120℃，油膜可承受的冲击负荷为 25000MPa
二硫化钼极压锂 基润滑脂 （SH/T 0587—1994）	0	170	355~385	适用于冶金机械、矿山机械、重型起重机械以及汽车等重负荷齿轮和轴承的润滑，用于有冲击负荷的重载部位，能有效防止机械部件的卡咬和烧结，适用温度范围为 -30~200℃
	1		310~340	
	2		265~293	

10.1.3　润滑剂的选用原则

10.1.3.1　润滑剂类型的选用

一般情况多选用润滑油润滑，但对橡胶、塑料制成的零件（轴瓦）宜用水润滑。润滑脂常用于不易加油或重载低速场合。固体润滑剂一般用于不宜使用润滑油或润滑脂的特殊条件下，如高温、高压、极低温、真空、强辐射、不允许污染及无法给油等场合，或作为润滑油或润滑脂的添加剂以及与金属或塑料等混合制成自润滑复合材料。

10.1.3.2　润滑剂牌号的选用

在润滑剂类型确定后，牌号的选用可以从以下几方面考虑：

（1）工作载荷。润滑油的黏度愈高，其油膜承载能力愈大，故工作负荷大时，应选用黏度高且油性和极压性好的润滑油。对受冲击负荷或往复运动的零件，因不易形成液体油膜，故应采用黏度大的润滑油或锥入度小的润滑脂，或用固体润滑剂。

（2）运动速度。低速不易形成动压油膜，宜选用黏度高的润滑油或锥入度小的润滑脂；高速时，为减少功率损失，宜选用黏度低的润滑油或锥入度大的润滑脂。

（3）工作温度。低温下工作应选用黏度小、凝点低的润滑油；高温下工作应选用黏度大、闪点高及抗氧化性好的润滑油；工作温度变化大时，宜选用黏温特性好、黏度指数高的润滑油。在极低温下工作，当采用抗凝剂也不能满足要求时，应选用固体润滑剂。

（4）工作表面粗糙度和间隙大小。表面粗糙度大，要求使用黏度大的油或锥入度小的脂；间隙小要求使用黏度小的润滑油。

10.2　润滑方式及其选用

为保证润滑状态良好，除正确选择润滑剂外，合理地选择润滑方法和润滑装置也是十分重要的。

10.2.1　常用润滑方式

（1）手工定时润滑。手工定时润滑是利用各种油枪、油壶、油嘴、油杯，靠手工定时加油，是一种间歇润滑方式。各种油杯、油嘴已标准化，选择时参考有关标准。

（2）油绳润滑。油绳润滑是用毛线或棉纱做成芯捻（油绳），其一端浸在油中，利用毛细管的虹吸原理向润滑部位供油（见图10-1）。

（3）油浴、油环及溅油润滑。在闭式传动的润滑中，可利用转动件齿轮、油环、油链等从油池中将油带入或溅流至摩擦副润滑部位。

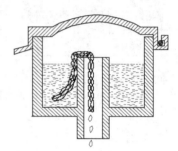

图 10-1　油绳式油杯

如图10-2所示为齿轮减速箱中，大齿轮下部浸在油中，转动时将油带至啮合部位（油浴润滑），而齿轮同时将油飞溅至箱盖，通过油沟送至轴承（飞溅润滑）。若齿轮接触不到油面，可在轴上增加油环、油轮等零件，使油环或油轮浸于油中，转动时将油带至润滑部位（见图10-3）。

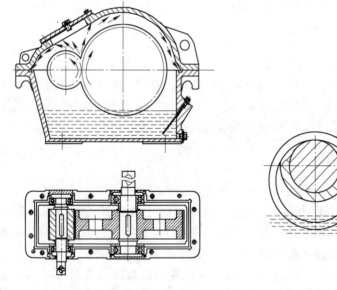

图 10-2　油浴与飞溅润滑

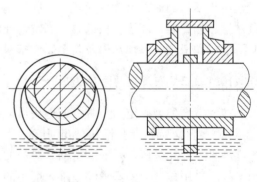

图 10-3　油环润滑

这几种润滑都要利用转动件带油。零件转速太低，带油量过少；转速太高，会使油产生大量泡沫和热量，迅速氧化变质，一般推荐在 $1\text{m/s} \leqslant v \leqslant 10 \sim 15\text{m/s}$ 的速度范围内应用。

（4）油雾润滑。以压缩空气为能源，用压缩空气把润滑油从喷嘴喷出，润滑油雾化后（油雾颗粒尺寸 $1 \sim 3\mu\text{m}$）随压缩空气弥散至摩擦表面起润滑作用。油雾润滑油膜层较薄，但很均匀。油雾能带走摩擦热和磨损屑末，起很好的冷却和清洗作用，常用于 $dn >$ 600000mm/min 的高速滚动轴承及 $v > 5 \sim 15$m/s 的齿轮传动上。

油雾润滑装置基本上由喷管、吸油管和油量调节器三部分组成，其原理如图 10-4 所示。压缩空气以一定速度通过喷管，根据空气动力学原理喷管的喉颈处形成负压区，吸油管即接在此处，依靠空气压差吸油。吸入的油量由油量调节器控制，并在管中被压缩空气雾化并送至润滑部位。油雾压力一般为 0.05 ~ 0.2MPa。

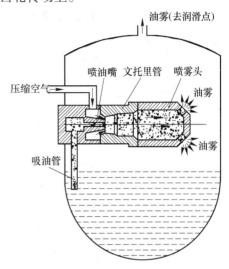

图 10-4 油雾发生器工作原理

这种润滑方式润滑效果较好，但油雾润滑所用的压缩空气应先除去水分和杂质，润滑油也需净化。排除的油雾有污染环境的副作用，必要时应采用通风装置排除废气，若油量大，则要妥善回收。这种方法将被油气润滑（以油泵为动力源，将压缩空气与油混合后，经喷嘴将油滴送往润滑点，油的颗粒尺寸为 50 ~ 100μm）所取代。

（5）压力供油润滑。这种润滑方式是利用油泵把润滑油加压至一定的工作压力（通常为 0.1 ~ 0.5MPa），经过油管把油连续输送到各个润滑部位，供油量充分，油循环使用，能起到冷却和冲洗磨屑的作用，常用于高速、大功率的闭式传动中。但这种方式的润滑系统较复杂，必须在系统内配置油泵、油管、过滤器、冷却器及控制阀等元件。

压力供油方式除可供应润滑油外，也可以供应润滑脂。

10.2.2 润滑方式的选择

选择润滑方式主要考虑机器零部件的工作状况、采用的润滑剂及其所需供油量。为了保证良好的润滑效果，润滑方式应满足：供油可靠并能根据工作情况的变化进行调节；使用、维护简单和安全可靠；防止泄漏沾污，保证机器的清洁等。

低速、轻载或不连续运转的机械需要油量少，一般采用简单的手工定期加油、加脂，滴油或油绳润滑。

中速、中载较重要的机械，要求连续供油并起一定的冷却作用，常用油浴（浸油）、油杯、飞溅润滑或压力供油润滑。

高速、轻载齿轮及轴承发热大，用油雾润滑效果较好。

高速、重载、供油量要求大的重要部件应采用循环压力供油润滑。

当机械设备中有大量润滑点或建立车间自动化润滑系统时，可使用集中润滑装置。如轧钢设备中广泛采用稀油集中循环润滑系统，将润滑油连续不断地送至轧钢机齿轮机座、压下装置、辊道、剪切机、矫直机等设备的润滑部位，采用润滑脂集中润滑系统，通过泵、分配阀和管道将润滑脂定时定量输送至高炉炉顶设备、上料系统、炼钢炉倾动设备、轧钢车间辊道、剪切机等设备。

10.3　密封装置

泄漏是指介质，如气体、液体、固体或它们的混合物，从一个空间进入另一个空间的人们不希望发生的现象。

防止工作介质从机器和设备中泄漏或防止外界杂质侵入机器和设备内部的装置或措施称为密封。能起密封作用的零部件称为密封件，较复杂的密封连接称为密封系统或密封装置。

10.3.1　密封的基本方法

密封的本质在于阻止被密封的空间与周围介质之间的质量交换。密封的方法主要有下述几种：

（1）尽量减少密封部位。在进行容器和设备设计时，应尽可能少设置密封部位。特别是对于那些处理易燃、易爆、有毒、强腐蚀性介质的容器和设备，更应少采用密封连接。

（2）堵塞或隔离泄漏通道。在密封部位设置垫片或采用密封胶，可大大提高连接的密封性能。由于垫片或密封胶均具有良好的变形特性，容易与被连接元件表面贴合，填满表面的微间隙，可堵塞或减小被密封流体的泄漏通道，实现密封。

（3）增加泄漏通道中的流动阻力。介质通过泄漏通道泄漏时会遇到阻力。流动阻力与泄漏通道的长度成正比，与泄漏通道的当量半径成反比。对于垫片密封来说，适当增加垫片宽度，即增加泄漏通道长度，提高垫片的密封比压，即减小泄漏通道的当量半径可增加泄漏阻力，改善连接的密封。

（4）采用永久性或半永久性连接。采用焊接、钎焊或利用胶粘剂可形成永久性或半永久性连接。

（5）将泄漏的物体引向无害的方向或使其流回储槽。

10.3.2　常用密封的类型

密封按被密封的两结合面之间是否有相对运动可分为静密封和动密封两大类。例如：减速器的输入轴、输出轴与箱体端盖之间有间隙，这种两个相对运动结合面之间的密封称为动密封；减速器箱盖与箱体之间或箱体与轴承端盖之间的结合面也易漏油，这种两个相对静止结合面之间的密封称为静密封。

10.3.2.1　动密封

动密封按相对运动类型的不同可分为旋转式动密封和移动式动密封两种基本类型。本节只讨论旋转式动密封。

旋转式动密封又按被密封的两结合面间是否有间隙，可分为接触式旋转动密封和非接触式旋转动密封两种。一般说来，接触式密封的密封性好，但受摩擦磨损限制，适用于密封面线速度较低的场合。非接触式密封的密封性较差，适用于较高速度的场合。在接触式密封中，按密封件的接触位置又可分为圆周（径向）密封和端面（轴向）密封。端面密封又称为机械密封。

A 接触式旋转动密封

这种密封装置是在轴和孔的缝隙中填入弹性材料并与转动轴间形成摩擦接触，阻止油或其他物质通过而起密封作用。其密封的有效性取决于密封材料的弹性及其在摩擦表面上所产生和保持的压力。

常用的接触形旋转动密封有：

（1）毡圈密封。毡圈密封是将羊毛制成的矩形剖面的毛毡圈放在轴承透盖或机座的梯形槽内（见图10-5），或用压盖轴向压紧，使毡圈受压缩而产生径向压力抱在轴上，达到密封的目的。也常用石棉、橡胶、塑料代替毛毡。这种密封结构简单，成本低，但密封效果差，且不能调整，一般用于低速、脂润滑处，主要起防尘作用。毡圈和梯形槽的尺寸有标准，设计时可查机械设计手册。

（2）密封圈密封。密封圈常用耐油橡胶、塑料或皮革制成，可以根据需要做成各种不同的断面形式。常用的密封圈有 O 形、J 形和 U 形。

O 形密封圈断面为圆形（见图10-6），依靠本身的弹力压在轴上，结构简单，装拆方便。当液体油要向外泄漏时，密封圈借助流体的压力挤向沟槽的一侧，在接触边缘上压力增高，构成有效的密封，这种随介质压力升高而提高密封效果的性能称为自封作用（或称为自紧作用），简称自封。

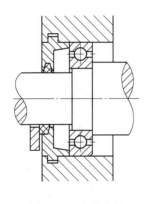

图 10-5 毡圈密封

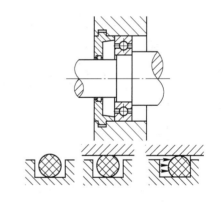

图 10-6 O 形密封圈

J 形和 U 形密封圈都具有唇形结构，使用时将开口面向密封介质，介质压力越大，密封唇与轴贴得越紧，也有自封作用。如图 10-7（a）中，密封唇口对着轴承，主要防止外泄；如果主要防止外部杂物侵入，则密封唇口应背着轴承；如果同时要防止内泄外漏，则应用两个相反方向的密封圈（见图10-7b）。当温度很高，转速较大时，最好密封唇也背向轴承朝外安装，因为此时渗入密封圈与轴间的润滑油所形成的油膜能使密封圈与轴间的摩擦系数降低。

密封圈比毡圈的密封效果好，可用于脂和油润滑的密封。为提高密封效果和使用寿命，与密封圈配合的轴颈表面应硬化或镀铬处理，硬度在 40HRC 以上，并且表面粗糙度 R_a 的数值为 0.32～1.25μm。

接触形密封的缺点是密封表面之间的摩擦将引起温度升高，致使密封元件逐渐硬化从而破坏密封作用，所以使用速度受到一定限制。

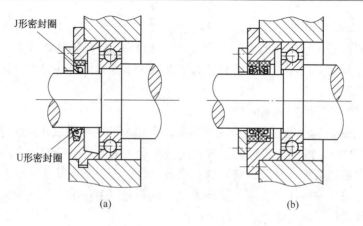

图 10-7 J、U 形密封圈密封

（3）端面密封（机械密封）装置。端面密封的形式很多，最简单的端面密封如图 10-8 所示，它由塑料、强化石墨等摩擦系数小的材料制成的密封环 1、2 及弹簧 3 等组成。1 是动环，随轴转动；2 是静环，固定于机座端盖。弹簧使动环和静环压紧，起到很好的密封作用。其特点是对轴无损伤，密封性能可靠，使用寿命长，需较高的加工精度。机械密封组件已标准化，使用时可参考设计手册。

B 非接触式旋转动密封

非接触形密封的密封元件与运动件不接触，故可用于较高转速。它通常有以下几种：

（1）隙缝密封。在轴和轴承盖之间留 0.1～0.3mm 的隙缝，或在轴承盖上车出环槽（见图 10-9），在槽中充填润滑脂，可提高密封效果。

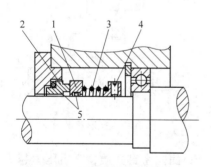

图 10-8 机械密封原理

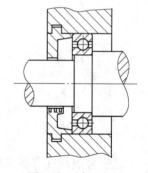

图 10-9 隙缝密封

1—动环；2—静环；3—弹簧；4—固定螺钉；5—密封圈

（2）曲路密封（迷宫式密封）。它由旋转的和固定的密封件之间拼合成的曲折隙缝所形成，隙缝中可填入润滑脂。曲路密封可以是径向的，也可以是轴向的（见图 10-10）。这种装置密封效果好，对润滑油和润滑脂都相当可靠，但结构复杂，适用于环境差、转速高的轴。

10.3.2.2 静密封

静密封是密封表面与接合零件之间没有相对运动的密封。它主要是保证两接合面间有一个连续的压力区，以防止泄漏，常用在凸缘、容器或箱盖等的接合处。

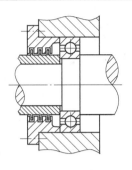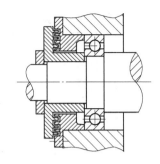

图 10-10　迷宫式密封

静密封主要有垫密封、胶密封和接触密封三大类。根据工作压力，静密封又可分为中低压静密封和高压静密封。中低压静密封常用材质较软、垫片较宽的垫密封，高压静密封则用材料较硬、接触宽度很窄的金属垫片。

最简单的静密封方式是靠接合面加工平整，有较小的表面粗糙度，在一定的压力下贴紧密封。这种方式对加工要求较高，且密封效果不太理想。为了加强密封效果，可把红丹漆、水玻璃、沥青等涂在接合面上。然后连接加固，如图 10-2 中减速器上盖与底座接合面之间的密封，但这类涂料密封使装拆修理不方便。

在接合面间加垫片密封是比较常用的方法，垫片可用工业纸、皮革、石棉、塑料及软金属作材料，采取螺栓固紧方式以一定压力压在接合面上。垫片产生塑性变形，填塞密封面上的不平，消除间隙而起密封作用。

目前生产中广泛使用密封胶代替垫片。液态密封胶有一定流动性，容易充满接合面的缝隙，黏附在金属表面上，能大大减少泄漏，即使在较粗糙的加工表面上密封效果也很好。密封胶的主要成分是合成树脂或合成橡胶，一般能耐 1.2MPa 左右的压力及 140 ~ 220℃的温度。接合面隙缝若大于 0.2mm，可考虑垫片与密封胶合用，此时垫片主要填塞结合面间隙，而密封胶则充满接合面间的凹坑，形成不易泄漏的压力区。

10.3.3　密封装置的选择与应用

10.3.3.1　密封装置的选择

各种密封装置的作用和原理不同，应根据具体工作条件合理选择。静密封比较简单，可根据工作压力、温度选择不同材料的垫片、密封胶。回转运动密封装置较多，可根据工作速度、压力、温度选择适当的密封形式和装置。一般回转轴常用密封圈、毡圈等结构简单的密封，速度高时用不接触的迷宫式密封，介质压力高或有特殊要求时采用机械密封。

密封装置的选择可参考表 10-2。

10.3.3.2　密封装置的应用

接触式密封工作时都有摩擦，消耗功率，引起零件磨损，摩擦热又会使密封材料老化变质，这是影响密封寿命的主要原因。因此，在使用密封时要特别注意润滑与冷却的问题。毡圈及密封圈装入前都应浸油或抹上润滑脂，以便工作时起润滑作用。机械密封两个密封环中往往有一个环是用自润滑材料石墨制成的，而且有时采用开楔形槽或偏心装配的

表 10-2　各种密封装置的性能

密封形式		工作速度 $v/mm \cdot s^{-1}$	压力 /MPa	温度/℃	备　注
动密封（回转轴）	O 形橡胶密封圈	≤2～3	35	-60～200	
	J 形橡胶密封圈	≤4～12	1	-40～100	
	毡圈	≤5	低压	≤90	常用于低速脂润滑，主要起防尘作用
	迷宫式密封	不限	低压	600	加工安装要求高
	机械密封	≤18～30	3～8	-190～400	
静密封	垫片　橡胶	—	1.6	-70～200	不同工作条件用不同材料，如腐蚀介质用聚四氟乙烯，高温用石棉
	垫片　塑料	—	0.6	-180～250	
	垫片　金属	—	20	600	
	液态密封胶	—	1.2～1.5	140～220	接合面间隙小于 0.2mm
	厌氧密封胶	—	5～30	100～150	同时能起连接接合面作用
	O 形橡胶密封圈	—	100	-60～200	接合面上要开密封圈槽

方法使润滑液在旋转时能进入摩擦表面形成流体动力润滑油膜。高速高温的密封部位除润滑外还应有冷却系统，用密封介质或水冷却摩擦副。

　　经验证明，密封并不是封得越严密封效果越好。闭式传动中有时因箱内传动件摩擦生热，油温升高，增加箱内压力，把油气从油面以上各处隙缝挤出，并遇冷凝成油珠而漏油，越堵箱内压力越高，漏油越严重。这种情况下可开通气孔降低箱内压力，以解决漏油问题，如减速箱上部的通气塞就是起放气防漏作用的。

　　某些情况下用导油的办法解决密封问题。如图 10-11 所示，某机床主轴后法兰盖与箱体结合面间漏油，改进结构加回油孔，将油导回箱体即不再漏油。图 10-12 所示为油雾润滑的轴承，轴上设甩油环，利用离心力将流出之油甩至端盖油槽，经回油孔流回箱体。这种结构与"迷宫密封"配合，密封效果较好。

　　总之，在实践中必须具体问题具体分析，找出泄漏的原因，处理好"封"与"放"，"封"与"导"的辩证关系，根据工作条件，合理选用密封的结构形式和材料，这样才能更好地解决机械的密封问题。

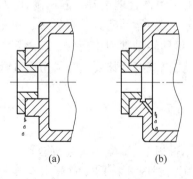

图 10-11　导油防漏
（a）改进前；（b）改进后

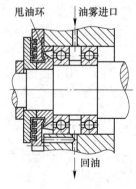

图 10-12　甩油防漏

思考题与习题

10-1　什么是润滑？润滑的作用是什么？

10-2　什么是黏度？黏度大小与润滑油膜的承载能力有何关系？

10-3　润滑油的黏度指数是表征润滑油的什么特性？它在使用中有何意义？

10-4　润滑脂的锥入度与承载能力有何关系？

10-5　选择润滑剂的牌号时应考虑哪几个方面？

10-6　选择润滑方式主要考虑哪些方面？

10-7　什么是密封、密封件、密封装置？

10-8　密封的基本方法有哪几种？

10-9　什么是动密封、静密封？试举例说明。

10-10　密封圈密封与毡圈密封比较有何优缺点？

10-11　观察并说出减速器底座与箱盖接合面之间是如何密封的。若接合面漏油可否采用增加垫片的方式？

参 考 文 献

［1］杨和建．机械设计基础［M］．保定：河北大学出版社，2010．

［2］杨黎明．机械原理及机械零件［M］．北京：高等教育出版社，1991．

［3］曲玉峰．机械设计基础［M］．北京：中国林业出版社，2006．

［4］戴裕崴．机械设计基础［M］．大连：大连理工大学出版社，2008．

［5］北京钢铁学院．机械零件［M］．北京：人民教育出版社，1979．

［6］毕勤胜．工程力学［M］．北京：北京大学出版社，2007．

［7］陈立德．机械设计基础［M］．北京：高等教育出版社，2008．

［8］孙宝均．机械设计基础［M］．北京：机械工业出版社，2002．

［9］濮良贵．机械设计［M］．北京：高等教育出版社，2004．

［10］邱宣怀．机械设计［M］．北京：高等教育出版社，2000．

［11］陈春．机械制造技术基础［M］．成都：西南交通大学出版社，2008．

［12］杜可可．机械制造技术基础［M］．北京：人民邮电出版社，2008．

［13］李英．工程材料及其成型［M］．北京：人民邮电出版社，2007．

冶金工业出版社部分图书推荐

书　名	作　者	定价(元)
现代企业管理(第2版)(高职高专教材)	李　鹰	42.00
Pro/Engineer Wildfire 4.0(中文版)钣金设计与 　焊接设计教程(高职高专教材)	王新江	40.00
Pro/Engineer Wildfire 4.0(中文版)钣金设计与 　焊接设计教程实训指导(高职高专教材)	王新江	25.00
应用心理学基础(高职高专教材)	许丽遐	40.00
建筑力学(高职高专教材)	王　铁	38.00
建筑CAD(高职高专教材)	田春德	28.00
冶金生产计算机控制(高职高专教材)	郭爱民	30.00
冶金过程检测与控制(第3版)(高职高专教材)	郭爱民	48.00
天车工培训教程(高职高专教材)	时彦林	33.00
机械制图(高职高专教材)	阎　霞	30.00
机械制图习题集(高职高专教材)	阎　霞	28.00
冶金通用机械与冶炼设备(第2版)(高职高专教材)	王庆春	56.00
矿山提升与运输(第2版)(高职高专教材)	陈国山	39.00
高职院校学生职业安全教育(高职高专教材)	邹红艳	22.00
煤矿安全监测监控技术实训指导(高职高专教材)	姚向荣	22.00
冶金企业安全生产与环境保护(高职高专教材)	贾继华	29.00
液压气动技术与实践(高职高专教材)	胡运林	39.00
数控技术与应用(高职高专教材)	胡运林	32.00
洁净煤技术(高职高专教材)	李桂芬	30.00
单片机及其控制技术(高职高专教材)	吴　南	35.00
焊接技能实训(高职高专教材)	任晓光	39.00
心理健康教育(中职教材)	郭兴民	22.00
起重与运输机械(高等学校教材)	纪　宏	35.00
控制工程基础(高等学校教材)	王晓梅	24.00
固体废物处置与处理(本科教材)	王　黎	34.00
环境工程学(本科教材)	罗　琳	39.00
机械优化设计方法(第4版)	陈立周	42.00
自动检测和过程控制(第4版)(本科国规教材)	刘玉长	50.00
金属材料工程认识实习指导书(本科教材)	张景进	15.00
电工与电子技术(第2版)(本科教材)	荣西林	49.00
计算机网络实验教程(本科教材)	白　淳	26.00
FORGE塑性成型有限元模拟教程(本科教材)	黄东男	32.00